智能制造之旅

赵 欢 张 永 李 娟 编著

丁汉院士智能制造科普工作室 组编

华中科技大学出版社

中国·武汉

内 容 简 介

智能制造是世界各国发展先进制造技术与产业的战略性制高点,为我国从"制造大国"跨越为"制造强国"提供了开道超车、跨越发展的重大历史机遇。本书由丁汉院士智能制造科普工作室牵头,依托作为湖北省科普教育基地的华中科技大学智能制造装备与技术全国重点实验室的研究成果编撰而成,凝聚了实验室及科普工作室多位专家学者的科研成果和心得体会,发挥了科普工作室及科普教育基地的科学普及作用。

全书分为智能制造的衍生与发展、智能制造的核心技术、智能制造的发展趋势、智能机器人实践案例4篇,具体包括:第1章智能制造的描述、第2章智能制造的发展历程、第3章智能制造的体系架构、第4章数字化制造、第5章人工智能、第6章机器人、第7章数字孪生、第8章智能制造的未来趋势、第9章智能机器人实践一之避障小车和擂台机器人、第10章智能机器人实践二之智能搬运机器人。作者以通俗易懂的语言结合融媒体的方式,将智能制造的前沿技术及应用系统全面地呈现给读者。

图书在版编目(CIP)数据

智能制造之旅/赵欢,张永,李娟编著;丁汉院士智能制造科普工作室组编. —武汉:华中科技大学出版社,2024.5
ISBN 978-7-5772-0716-2

Ⅰ.①智… Ⅱ.①赵… ②张… ③李… ④丁… Ⅲ.①智能制造系统 Ⅳ.①TH166

中国国家版本馆 CIP 数据核字(2024)第 088237 号

智能制造之旅   赵 欢 张 永 李 娟 编著
Zhineng Zhizao zhi Lü   丁汉院士智能制造科普工作室 组编

策划编辑:俞道凯 张少奇
责任编辑:杨赛君 周 麟
封面设计:龚艺潇 张 鑫 甘 艳
责任校对:刘 竣
责任监印:朱 玢
出版发行:华中科技大学出版社(中国·武汉)   电话:(027)81321913
         武汉市东湖新技术开发区华工科技园   邮编:430223
录 排:武汉市洪山区佳年华文印部
印 刷:武汉科源印刷设计有限公司
开 本:787mm×1092mm 1/16
印 张:17.5
字 数:415 千字
版 次:2024 年 5 月第 1 版第 1 次印刷
定 价:88.00 元

制造业是我国国民经济主体和国家综合实力的根本保障,我国制造业规模从 2010 年开始已连续 14 年位居世界第一。就规模而言,我国已是"制造大国"。然而,自 20 世纪 80 年代末开始,我国芯片、半导体等关键核心技术领域发展出现瓶颈。智能制造是实现我国制造业跨越式进步、抢占制造技术制高点的突破口。

智能制造实现的关键还是在于人才培养,尤其是卓越工程师的培养。当前,我国高校工程教育规模居世界第一,但高中工程教育尚显不足。高中阶段,同学们缺乏动手实践能力、创新能力提升方面的锻炼,缺乏对工程科学、技术科学的浓厚兴趣,缺乏基本的工程素养。这也导致同学们在进入大学后,难以快速适应工程专业交叉学科的学习。

为了填补高校工程教育和高中工程教育衔接的空白,实现对同学们的启智增慧、培根铸魂,我们也做了一些摸索和尝试。2021 年,高中工程教育太湖论坛会议在无锡召开。华中科技大学面向江苏省锡山高级中学、华中师范大学第一附属中学创建了"AI+机器人"科普教学基地,并在每年定期讲授"AI+机器人"课程。这些举措,在同学们中间引起了较大反响,促进了同学们对人工智能、机器人等前沿领域的认识与理解。

智能制造的核心技术包含数字化制造、人工智能、机器人、工业互联网、数字孪生等。为了让同学们更清晰地理解智能制造,并对人工智能和机器人等知识有一个全面把握,《智能制造之旅》应运而生。该书注重结合案例进行科普性讲述,同时配套动手实践内容,引导同学们快速理解智能制造的核心技术,比较适合做高中生的工程科学启蒙书。

同学们,未来的制造业呼唤工程科学、技术科学人才,希望更多的你们选择工程专业,为我们国家高水平科技自立自强贡献力量!

2024 年 1 月

在这个科技飞速发展的时代,制造业正融合互联网、大数据和人工智能等新一代信息技术,形成全新的发展模式,推动"制造"向"智能制造"转型升级。如今,全球市场经济交流合作规模空前庞大,全球经济的竞争不再仅仅局限于高效率的生产流程、高品质的商品货物,还拓展到了服务业态当中,而智能制造赋予了企业更多与消费者互动的机会,企业可以通过智能化的售后服务、定制化的产品体验等方式,与消费者建立更加紧密的关系,提升用户满意度。与此同时,绿色低碳的可持续发展理念逐渐成为共识,优化生产流程和利用先进的环保技术可以实现资源的有效配置和能源的节约利用。"智能"新技术正在从各个领域推动制造业发展,掀起世界范围内的新一轮工业革命。

2015 年,国务院正式发布了《中国制造 2025》,确立了"以推进智能制造为主攻方向"的行动纲领。为了完善多层次多类型人才培养体系,本书旨在向同学们介绍现代先进制造技术的现状和发展态势,以及当前智能制造领域的重要概念与研究热点。本书力求以通俗易懂、图文并茂的形式向同学们深入浅出地描绘当代高端制造行业的整体格局、核心技术、发展前景和典型案例。本书引导同学们多角度、全方位地了解和认识智能制造技术及其相关应用,厚植同学们对工程科学与技术科学的兴趣,为大中工程教育衔接奠定基础。

本书共分为 4 篇 10 章,其中:第 1 篇介绍智能制造的衍生与发展,包含第 1、2、3 章;第 2 篇介绍智能制造的核心技术,包含第 4、5、6、7 章;第 3 篇介绍智能制造的发展趋势,包含第 8 章;第 4 篇介绍智能机器人实践案例,包含第 9、10 章。

第 1 章智能制造的描述,阐述了"智能"与"制造"的概念,总结了智能制造的内涵。

第 2 章智能制造的发展历程,回顾了制造业从自动化到数字化再到智能化的发展历程,指出了传统工业强国的新时代发展框架对我国工业发展的启示。

第 3 章智能制造的体系架构,构建了智能制造体系框架,总结了数字化制造、人工智能、机器人、数字孪生、工业互联网五大核心技术,与制造资源的虚拟网络化、人机交互性、自分析/自学习和自维护三大特征。

第 4 章数字化制造,讲述了数字化制造的概念与发展历史,并通过波音飞机数字化制造典型案例,直观地介绍了数字化制造的关键技术及其效果。

第 5 章人工智能,解释了人工智能的由来,介绍了人工智能的发展历史和核心技术,对人工智能的主要任务与应用场景进行了探讨。

第 6 章机器人,阐述了机器人的内涵,介绍了机器人的发展历史和核心模块组成,并通过典型应用案例展示了机器人在多种任务场合中的实用性与优越性。

第 7 章数字孪生,揭示了数字孪生以虚控实的本质,探讨了建模技术、可视化技术、边缘计算技术等核心技术。

第 8 章智能制造的未来趋势,对智能制造的发展前景进行了展望,介绍了人-信息-物理系统、人-机-环境共融和未来工厂三个发展方向。

第 9、10 章智能机器人实践,介绍了避障小车、擂台机器人和智能搬运机器人的搭建步骤、调试流程和操作方法,为同学们积累机器人开发经验、提升学习兴趣提供帮助。

本书第 1、2、3、4、6、8 章由赵欢编著,第 5、7 章由张永编著,第 9、10 章由李娟编著。本书在撰写期间也得到了创首科技(武汉)有限公司、北京博创尚和科技有限公司的大力支持,在此表示诚挚感谢。

智能制造涉及的领域广泛,技术发展迅速。受限于编者视野和理论水平,书中难免存在错漏之处,敬请广大读者指正,以便后期校正修订。

赵 欢

2024 年 1 月

目　录

第3篇　智能制造的发展趋势

第1篇

智能制造的衍生与发展

第 1 章
智能制造的描述

在现今科技蓬勃发展的新时代,人工智能(artificial intelligence,AI)、机器人、工业互联网(industrial internet)及数字孪生(digital twin)等技术不断创新进步,制造的自动化、数字化程度不断提升,一场新的工业革命正在悄然发生。为抓住此次技术革命所带来的机遇,我国于 2015 年部署了"中国制造 2025"制造强国战略,其核心在于智能制造。然而,推进智能制造的全面实现,首先要认识和理解智能制造。为此,本章将从"什么是制造?什么是智能?如何理解智能制造?"三个问题出发,带领同学们初步了解智能制造的内涵。

1.1 什么是制造

1.1.1 制造的含义

海獭的前肢下长有松弛的皮囊,像两个随身携带的口袋。有时候它们会将幼崽装在"口袋"中出行,也会用"口袋"将多余的食物"打包带走",还会在"口袋"中储存一块用起来顺手的石头。由于海獭的牙齿不能直接咬开贝类、海胆、螃蟹等海洋生物坚硬的外壳,它们必须用前肢捧着储存的石头砸开猎物的外壳,才能进食。除此之外,还有许多动物被观察到有使用工具的能力,比如,乌鸦将坚果置于汽车车轮前,借助行驶的汽车来碾碎坚果的外壳。由此可见,使用工具并不是人类独有的技能。那么人类区别于其他动物的本质到底体现在何处呢?

人类不仅会使用工具,更能够根据需求来制造适用的工具。其他动物只是利用自然环境中已存在的东西来协助它们生存,而人类能够制造出自然界本身并不存在的"超自然"物品。"物自天生,工开于人",由明代著名科学家宋应星所著的《天工开物》,被后世公认为中国 17 世纪的工艺百科全书,其名取自"天工人其代之""开物成务",是指人借助自然,利用自然之中的已有之物,开创新物、成就万物,精炼地阐述了制造的本质。书中展示的中国古代生产制造活动如图 1-1 所示。

图 1-1 中国古代生产制造活动:制造陶缸、陶瓶

"制造"一词在中英文各类词典中可被概括地解释为"将原材料加工成适用的产品"。英语中"manufacture"一词是由两个拉丁文单词"manus"和"factus"构成,组合起来直译为手工制作。然而,随着科学以及社会的发展,手工作业的方式已经无法满足人类生产生活的需求,更多的内容被添加到制造当中,包括产品策划、方案设计、产品设计、工艺设计、生产过程、生产交付、运行、维护维修、管理、决策等重要环节和复杂的管理系统,形成了一套完整的产业[1],同时具有了技术内涵和经济内涵。

从技术层面上来说,制造包含两个部分:加工与装配。加工过程应用物理和化学手段来改变给定材料的初始几何形状、性能以及外观,以生成零件或产品;装配过程则是通过组装多个部件来制造产品。现代制造过程一系列的操作需要人工、工具、机器、动力配合完成,每一步操作都使得材料朝着预期的最终形态变化。从经济层面上来说,制造是一个增值的过程,赋予了原材料更高的实用价值和经济价值。举例来说,当沙子被熔炼锻压成玻璃时,其价值就有所提升[2]。故而,制造业企业可以通过购进原材料沙子,出售所制造的成品玻璃,来获取经济效益。制造业的强大和一个国家或民族的繁荣息息相关,18 世纪 60 年代第一次工业革命之后,世界各强国的兴衰史和中华民族的发展史都充分证明了这一事实。制造业作为我国国民经济主体,是立国之本、强国之基、兴国之器[3]。

"天有时,地有气,材有美,工有巧,合此四者,然后可以为良。"早期的制造,需要结合自然中的材料以及工匠的劳作巧思。随着现代社会的发展和科学技术的创新,电气化的机械装备、自动化的控制系统将人们从制造过程中解放出来,使得人们在参与制造时,只用完成流水线上一些枯燥重复、低技术含量的工作。制造似乎变成了一种廉价的劳动工作,人们都更倾向聚焦于新兴科技领域。然而,制造技术是所有科学技术实现的基础,先进制造技术仍是科学研究的核心内容[4]。

　　至此,我们可以这样理解"制造":制造是人类以各种已有的手段对原材料进行加工,形成"超自然"的产品,赋予其超越原材料本身的实用价值、经济价值、文化价值及社会价值,能够更加满足人们需求,具有更高的交易价格,具备人文内涵,可推动社会发展。通过制造,飞天遁地、移山填海不再仅存于神话故事中,而是能够发生在我们身边,制造使我们每个人都拥有"超能力"。然而,只有通过系统地学习,才能站在前人的基础上,更好地发挥我们的"超能力",为实现制造强国贡献出自己的力量。

1.1.2　制造的发展简史

　　早在人类出现之初,为了在弱肉强食的自然环境中更好地生存下去,人类开始根据生产生活需求,利用石块、动物残骸改造出适合的工具(图 1-2),逐步形成了早期制造生产的雏形。尽管人类没有庞大的体型、坚硬的甲壳、尖锐的利爪,但借助工具,人类在残酷的原始环境中生存了下来,从各种动物中脱颖而出,繁衍至今。

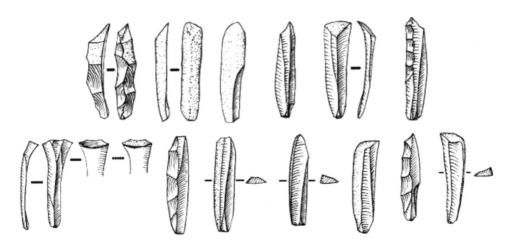

图 1-2　石制工具[5]:石刀、石铲等

　　除了工具外,推动人类社会发展更迭的另一关键是火的发现与使用。在此之前,人类只能采吃果实、生食鱼肉来勉强果腹生存,直到捡食了被雷暴所引起的森林大火烧死的动物,才发现了火的妙用。"惟火之为物,能镕金而销之,能燔木而烧之",人类开始了对火的探索,如用火加热食物、在冬天生火取暖御寒、用火制造物品等,至此人类的生活条件才有所提升,生存得到进一步的保障[6]。陶器、青铜器、铁器逐步出现在人类社会中,制造它们所需的温度依次递增,这也印证了它们在历史中的发展顺序。

1. 陶器时代

　　"水火既济而土合",陶器的发明是制造发展的第一个里程碑,陶器的烧制(温度在 700 ℃左右)表明人类已经能够通过化学方式来改变自然材料的性质。陶土能够轻松地被制成人们所需要的形状,经过煅烧后形状固定,并在密度和硬度上获得极大的提升,具有不漏水、耐火烧等优良特性,相较于以自然形状的物体制成的器皿,更符合人们的使用需求,成为史前时期人们在日常生活中广泛使用的器具。随着社会的发展更迭,陶器也被用作礼器(图1-3)。受外来金银器和玻璃器影响,陶器制作变得更精美、装饰更华丽,具有丰富的艺术内涵和文化内涵[7]。

图 1-3　陶器

2. 青铜器时代

《左传·宣公三年》记载:"昔夏之方有德也,远方图物,贡金九牧,铸鼎象物,百物而为之备,使民知神、奸。"可知早在夏朝初年,人们就已经掌握了合金技术和铸造技术,并以此来制作铜器[8]。浑铸法是出现最早的青铜器铸造方法,整个铸件在一次浇注中全部完成,主要用于铸造一些简单的小型器物。复杂铸件可以采用分铸法,通过多步铸造完成,将先前步骤中铸好的部分放入铸模中,浇注剩余部分形成一个整体。也可以将各部件铸造成型后,通过浇注焊料将其焊接为一个整体[9]。图1-4是我国具有代表性的青铜器。

图 1-4　青铜器:后母戊鼎、越王勾践剑

3. 铁器时代

铁相较于青铜来说材质更为坚硬,且矿藏资源更为丰富。然而,铁的熔点高,古时炉火

温度熔化不了铁矿石,于是人们发明了新的制造工艺——锻造,来生产铁器,如图1-5所示[10]。铁器属性优越,不仅被用作兵器,也被制成生产工具,极大地提升了生产力,推动了社会历史的发展[11]。同时,铁器的普及还为百姓们带来了新的烹饪方式——炒菜。

图 1-5 锻造(打铁)

4. 工业 1.0

手工制作在人类的发展历史中长期作为制造的主要方式,直到在近代迎来了工业革命(通常被称为工业 1.0),手工制作方式被取代。第一次工业革命起始于英国,推动本次工业革命的著名发明家詹姆斯·瓦特(James Watt)改良了蒸汽机,在纽科门(Thomas Newcomen)蒸汽机的基础上效率提升了3倍多,形成了瓦特蒸汽机(图1-6)。瓦特蒸汽机作为一个强劲的动力源,被广泛地应用在各种工作中:在炼铁行业中,带动了鼓风机、滚轧机和汽锤工作;在煤矿行业中,被用于抽水和运煤;在面粉、啤酒厂中,被用于推动磨机;在纺纱业中,被用于驱动纺纱机……机械生产极大地增加了人类对自然资源的利用,提升了产量,使大规模生产成为可能,代替了手工劳动。经济社会从以农业、手工业为基础转型到以机械制造带动经济发展的新模式[12]。

中国的近代工业,起始于鸦片战争后,洋务派兴起对西方先进机器技术的学习。通过对工厂机械大规模制造模式的引入,清政府和民间都开始设立工厂,洋务派主持兴建了军事工厂、煤矿、钢铁厂、机器棉纺织厂和铁路等,思想开放的华侨、商人、地主等投资创办了中国第一家玻璃厂、造纸厂、轧花厂、碾米厂等[13]。然而同一时期,美国及西欧地区已经开始进入了第二次工业革命(即工业 2.0)。

5. 工业 2.0

第二次工业革命是电气化、自动化的时代。在形成公共电力系统之前,人类生产生活主要靠蜡烛和煤油灯来照明。许多生产活动都是在白天完成,电力的使用从根本上改变了人们的工作和生活方式。1870 年,第一台实际可用的高效的商用发电机问世,电力成为补充和替代蒸汽机的新能源。利用继电器,机械设备实现了电气自动化控制,开创了产品流水线批量制造的高效生产新模式[14]。

图 1-6　瓦特蒸汽机

6. 工业 3.0

紧随其后的是第三次工业革命(即工业 3.0)。在前两次工业革命中形成的集中化、批量化的生产方式已无法满足制造个性化产品的需求。因为流水线上的一系列生产设备功能固定单一,制造出来的产品都是相同的,即便是对产品进行了微小的改动,也需要一条全新的流水线来进行制造,如果生产的批量很小,那么这些定制化修改设计的产品的制造成本就会非常高。而随着大规模集成电路、微处理机等电子信息技术的发展,各种生产设备具有更广泛的功能,且更容易被调控,制造过程自动化控制程度再一次大幅度提高,并在中、小批量生产上实现普遍应用[15,16]。数字通信技术和互联网改变了我们传输信息、开展业务和彼此互动的方式。互联网的开放特性,使得每个人都能有机会以较低的经济、学习成本参与产品的设计过程,个性化定制符合自身需求的产品。

7. 工业 4.0

2013 年,德国政府在汉诺威工业博览会上宣布了十大未来项目以及"工业 4.0"国家级战略规划,这标志着第四次工业革命来临。"工业 4.0"的基本思想是推动实体物理世界和虚拟网络世界的融合。克劳斯·施瓦布(Klaus Schwab)和尼古拉斯·戴维斯(Nicholas Davies)甄选了第四次工业革命的聚焦技术,包括有拓展数字技术的新计算技术、区块链和分布式账本技术、物联网(internet of things,IoT)、人工智能与机器人、先进材料、增材制造、多维打印、虚拟现实(virtual reality,VR)、增强现实(augmented reality,AR)等[17]。基于物联网的智能化,人类将步入以智能制造为主导的第四次工业革命。在新的生产模式下,制造方式具有去中心化、虚拟化的特征,能够小批量定制化灵活生产,精准响应需求,减少生产浪费,降低生产成本[18]。

从工业 1.0 到工业 4.0 的发展简史如图 1-7 所示,其中各阶段制造的特点如表 1-1 所示。总的来看,制造的发展可以在产品的设计、加工以及服务等三个方面体现。纵观制造的发展历程,可以看出,制造和人类文明有着密不可分的关系,制造的发展史,也是一部人类的发展史。

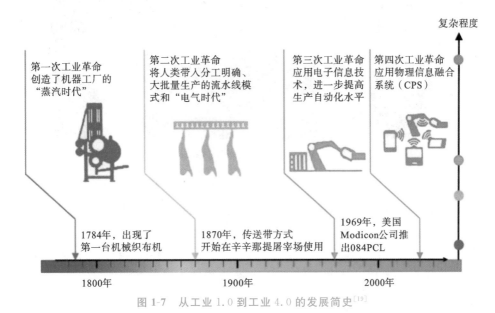

图 1-7 从工业 1.0 到工业 4.0 的发展简史[19]

表 1-1 各阶段制造的特点

分类	手工制造	机电制造	智能制造
设计	① 面向功能需求设计 ② 设计周期长	① 面向功能需求设计 ② 形式单一 ③ 产品及对应生产器械设计周期长、成本高	① 面向客户需求设计 ② 数值化设计 ③ 虚拟产品
加工	① 受人为及不确定因素影响较大 ② 人工检测 ③ 产量小	① 加工过程固定 ② 生产过程集中 ③ 半自动化半人工检测 ④ 减材加工成型方式 ⑤ 大批量加工	① 加工过程柔性化,可实时调整 ② 加工过程实时检测调控 ③ 加工过程可视化、可追踪 ④ 多种加工成型方式
服务	产品本身	产品本身	产品全生命周期

1.2 什么是智能

1.2.1 智能的含义

智能,是认知世界和改造世界的能力,是对智力和能力的总称。中国古代思想家一般将智与能看作两个相对独立的概念,也有不少思想家将其看为一个整体。下面以几位著名思想家(图1-8)为例,了解一下古人对智能的理解。

图1-8 我国古代思想家:孙子、孔子和荀子

名扬四海的《孙子兵法》中有"将者,智、信、仁、勇、严也。"其中的"智",就是指在错综复杂、瞬息万变的战场环境中,能够凭借敏锐洞察和良好判断,对局势进行精确分析,把握千钧一发的机会,做出最佳决策的能力,梅尧臣对其注解为"智能发谋"。

《论语》中孔子有言:"智者不惑,仁者不忧,勇者不惧。"这里的"智"则可以理解为对事物的内在根本或规律了然于心,不再有所困惑,也可以理解为遇见疑惑的事情时,会利用自己的智去求得解决问题的方法。

荀子认为:"所以知之在人者谓之知,知有所合谓之智;所以能之在人谓之能,能有所合谓之能。"人身上所具有的能够用来认识事物的能力称为知觉,知觉同所认识的事物有所符合称为智;人身上所具有的用来处置事物的能力称为本能,本能和外界的客观事物相适应所产生的能力,即对外界环境所产生的认知和决策称为智能。显然,古人对智能的理解与现在我们对智能的理解已经十分接近了。

西方对智能的理解是从数据、信息的角度出发的。托马斯·斯特尔那斯·艾略特(Thomas Stearns Eliot)在他的诗 Rock 中提出了 DIKW 模型的雏形:D 为 data(数据);I 为 information(信息);K 为 knowledge(知识);W 为 wisdom(智慧或智能)。

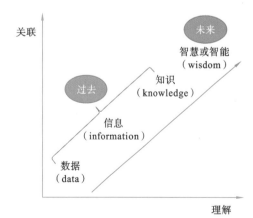

图1-9 DIKW 模型解读

DIKW 模型解读如图 1-9 所示,数据是未处理的、离散的、客观的观察,例如基于感知信号刺激或信号的输入,包括视觉、听觉、嗅觉、味觉、触觉和直觉等,不论数据是否具有意义,都可将其定义为某个对象、时间或所处环境的属性;信息则是具有目的和意义的、组织有序的数据,与某一对象或前后文相关;知识是一个隐晦的、难以形容和界定的概念,是被加工或组织过的、实际应用的信息,知识又是框架化的经验、价值、情景信息、专家观察和基本直

觉的流动混合,为评价和整合新的经验提供了框架;而智慧(或智能)则是启示性的,其本意是知道为什么以及如何去做,合理运用已有知识来解决不同状况下各种问题的能力。数据、信息和知识都属于过去,而智慧(或智能)则关注未来,试图在过去的基础上理解过去未曾理解的事物。

与 DIKW 模型中的定义有所不同,智能制造中的"智能"是一种以机器为载体的智能,即让机器具有像人一样思考的能力。对以机器为载体的智能研究从 20 世纪 40 年代就已经开始了,机器智能发展史如图 1-10 所示。

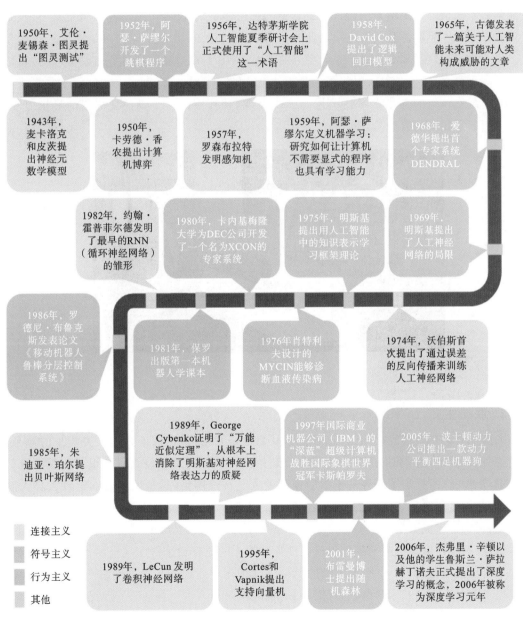

图 1-10　机器智能发展史

机器智能的研究主要学派有符号主义、联结主义和行为主义。

1. 符号主义

符号主义学派认为,符号是人认知和思考的基本单元,通过符号运算就能模拟人的认知过程。符号主义中,人和计算机都属于物理符号系统,因此我们能够用计算机来模拟人的智能,即用计算机的符号操作来模拟人的认知过程。结合人类左脑的抽象逻辑思维和认知系统机制,将人的认知过程抽象为某种符号,再输入计算机中完成对这些符号的处理,以此模拟人的认知过程,从而实现智能。因此,可以将符号主义的思想简化为"认知即计算"。符号主义学派希望能够用逻辑方法统一人工智能的理论体系,但符号主义本身具有定义不清、缺乏证据基础、过于理论化等问题,因此也受到其他学派的质疑。1952 年,阿瑟·萨缪尔(Arthur Samuel)在 IBM 研制了一个西洋跳棋程序(图 1-11),该程序具有自学习能力,可以不断提高下棋水平,通过对大量棋局的分析逐渐能够辨识出当前局面下的"好棋"和"坏棋",其本质与现在流行的强化学习技术相同。1962 年,该程序击败了康涅狄格州的跳棋冠军,在当时引起了很大的轰动。

图 1-11　萨缪尔调试程序

2. 联结主义

人脑中有万亿个神经元细胞,它们错综复杂地相互连接,也被认为是人类智慧的源泉。麦卡洛克(McCulloch)和皮茨(Pitts)结合认知神经科学和人工智能领域知识对脑模型进行了研究,于 1943 年提出了一种基于数学模型的人工神经网络,这种网络能够解释人类大脑的功能,开创了用电子装置模仿人脑结构和功能的新途径。联结主义学派认为,只要将一切标记化,再训练出巨大的神经网络模型进行离散预测,就可以产生智能。但这样的智能不具备常识,照顾不到极端情况。随着现代硬件计算能力的提升和数据库规模的扩大,神经网络迎来了真正的发展,2012 年横空出世的 AlexNet 使用了八层卷积神经网络[20],并以极大优势赢得了 ImageNet 2012 图像识别(图 1-12)挑战赛冠军。

3. 行为主义

行为主义学派的出发点与其他两个学派完全不同,它是一种基于"感知-行动"的行为智

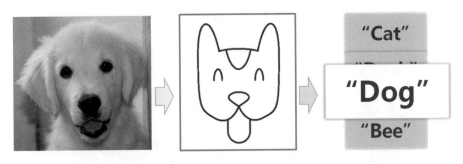

图 1-12　图像识别

能模拟方法。该学派以数据为中心,认为智能体的行为是由观察到的数据产生的,通过观察数据可以预测和控制行为。其观点包括自寻优、自适应、自镇定、自组织、自学习等。行为主义可总结为:让机器自己学规则以适应环境,自主演化[21]。1991 年,麻省理工学院布鲁克教授基于模拟昆虫行为的控制系统,制作了能在未知动态环境中漫游的六足机器人,而发展迅速的四足机器人(图 1-13)就是基于这一智能模拟方法研制的。

图 1-13　宇树科技四足机器人

三个学派长期共存,协同合作,走向共融发展。而如今智能的概念愈加广泛,智能开始在人们的生活中涌现,其中智能家居、智能工厂、智能制造、无人驾驶等名词似乎在暗示着"万物皆可智能化"。

1.2.2　智能的外在体现

相信同学们都听说过"黑灯工厂"(图 1-14),也就是从原材料到最终产品,所有的加工、运输、检测、封装等生产制造过程均在空无一人的"黑灯工厂"内由机器自主完成,无须人工干预,所以工厂能够处在关灯或者无灯光的情况下。

但是,黑灯工厂的原理具有局限性,仍无法满足生产过程的全部要求。黑灯工厂的数字化模式只适用于钟表宇宙框架(图 1-15),即工厂的中的一切都是既定的、不发生意外状况

图 1-14　小米黑灯工厂（在无人值守的情况下进行手机制造）

图 1-15　钟表宇宙框架：宇宙万物都遵循预定路线运行

的。送往工厂的原料定时定量送达，产品也定时定量售出，这种如同钟表指针行走一般精准的模式在现实中是难以实现的。微观粒子中尚有难以测量的状态，宏观世界里自然会有意外发生：天气或其他不可抗因素会导致原料和产品的物流中断、同行推出新产品导致产品不能及时售出、市场政策改变等都会导致钟表宇宙的崩溃，即工厂的生产不再符合人的需求，需要人的干预才能恢复到人期望的状态。

　　黑灯工厂并不是真正的智能化工厂，它解决的是生产现场的手工劳作问题和生产线的人工控制问题，其本质是通过手动或自动给设备下达控制指令，经由闭环控制系统完成各设备间的协调控制，最终达到人预期的生产目标。在这一过程中，最重要的依然是控制指令的下达，生产目标、生产时间等决策都需要人来完成。数字化系统可以自动完成乏味、繁杂的体力劳动，甚至辅助人完成一些简单的脑力劳动，但仍然无法在决策方面取代人。也就是说，黑灯工厂只是在工作现场实现了无人化，并不是真的实现了智能化。

　　那么究竟什么才是智能化呢？智能化的基础是信息化和数字化，如图 1-16 所示。因此,想要理解智能化必须先了解信息化和数字化。信息化是指培养、发展以计算机为主的智能化工具为代表的新生产力,并使之造福于社会的过程。与智能化工具相适应的生产力,称为信息化生产力[22]。信息化以现代通信、网络、数据库技术为基础,深入开发和广泛应用信息资源。数字化则是将物理世界中的信息转化成数字形式的过程,其本质在于使用离散的数值来表示连续的物理量,例如时间、距离、声音、图像等。数字化涉及将信息转换成二进制形式,即将人的所知、所感用计算机中的 1 和 0 表示,使其得以在计算机或其他数字设备中被处理和存储。

信息化:底层支撑　　数字化:控制实现　　智能化:自主决策

图 1-16　信息化、数字化、智能化

根据以上表述,我们再回到智能化的概念:智能化是指事物在网络、大数据、物联网和人工智能等技术的支持下,所具有的能动地满足人各种需求的属性[23]。将其拆解来看,前半句"事物在网络、大数据、物联网和人工智能等技术的支持下",可以看出智能化实现的前提是信息化和数字化;后半句"所具有的能动地满足人各种需求的属性"则是要求智能化系统能够自主做出决策,并指挥相应的系统执行决策。

通俗来讲,智能化系统是指应用各种先进技术,能够自主决策、自动化操作和高效优化的系统。智能化系统的本质在于将数据和算法应用于物理系统,根据环境变化自主做出决策和行动。

为了便于理解,这里以生活中常见的点外卖(图 1-17)的例子来具体说明信息化、数字化和智能化的关系。

图 1-17　智能外卖

用户通过外卖平台浏览餐饮店家的主页,里面按类别陈列了商品及其价格信息,用户按自己需求选完套餐并网上支付,订单食物在制作完成后经外卖小哥送到用户手里,这是信息化。

外卖行业还没有实现数字化和智能化,这里仅做一个想象:用户按自己需求选完套餐并网上支付后,食物加工中心的机器在收到订单后按订单制作食物,之后再由无人机送到用户手里,这是数字化;系统根据时间和用户心理及生理状况等信息,判断用户购买需求,自主决策用户需要的套餐并准时送达,用户只需用餐即可,这是智能化。

从上面的例子可以看出,信息化对应状态感知,数字化对应精准控制,智能化对应分析决策,智能即"决策"。当机器能够代替人对某些事物做出一个可获得较优结果的决策时,该机器就是智能的。

1.3 如何理解智能制造

在前面的 1.1 节和 1.2 节,我们分别介绍了"什么是制造"和"什么是智能",那么如何理解智能制造呢? 是简单的两个概念相加吗? 下面就让我们一起来学习理解智能制造的概念吧。

我国智能制造的概念最早出现于 20 世纪 80 年代,当时杨叔子院士就我国机械制造业高精度化与高效率化发展趋势,结合专家系统在故障诊断中的应用,提出了采用计算机和人工智能及其分支技术改造我国机械制造技术的指导意见[24],初步规划了我国当时的智能制造发展方向(图 1-18),展望了专家系统在我国机械制造领域的应用前景,并在 1988 年由国家自然科学基金委员会组织的"机械制造的未来"研讨会上,首次探讨了"智能制造"研究问题。

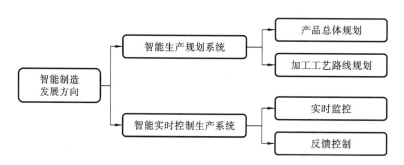

图 1-18 20 世纪 80 年代的智能制造发展方向

杨叔子院士对智能制造给出定义:在制造工业的各个环节以一种高度柔性与高度集成的方式,通过计算机模拟人类专家的智能活动,进行分析、判断、推理、构思和决策,旨在取代或延伸制造环境中人的部分脑力劳动;并对人类专家的制造智能进行收集、存贮、完善、共享、继承和发展[25]。

　　然而,当时第一代人工智能技术还较为粗浅,在知识的获取和处理方面存在严重缺陷,应用范围十分有限,难以解决复杂的工程实践问题。因此,实际上第一代智能制造主体上还是数字化制造(digital manufacturing)。虽然计算机辅助技术的发展,从根本上改变了产品的设计、制造和维护自动化的研究方向,在工业生产中引起了一场深刻的变革,信息时代的技术实现了生产过程和管理过程的关联,但仍依赖于人和人的智能水平。早期,初步自动化制造过程由于自身适应性和灵活性较差,难以适应生产线上的变化和需求,因此在精细加工、复杂轨迹规划、生产线优化和故障诊断等场景仍需要人的参与。所有这些都说明,即使在制造生产高度集成化的时代,生产过程仍不能脱离人,信息时代的数字化生产模式必然会向知识时代的智能生产模式进化[25]。

　　当今时代,我国制造业在全球市场上的竞争压力越来越大,人口红利逐渐消失,迫使制造业需要转型升级来提高劳动生产率,可持续发展也要求制造业采取更加环保的生产方式。同时,贸易保护主义的崛起和全球供应链的重构,使得我国制造业面临着更多的挑战。为促进我国制造业的升级转型,中国工程院于 2013 年 1 月启动了"制造强国战略研究"重大咨询项目。经过来自科研院所、企业单位、高等院校等 30 余家单位的 50 多位院士和 100 多位专家的反复研究论证,我国提出了"中国制造 2025"的规划实施建议,明确了我国成为制造强国的阶段性目标和各项指标。

　　时任中国工程院院长的周济院士表示,智能制造是"中国制造 2025"的主攻方向,要从模式、基础、生产、产品四个维度推进我国的智能制造发展(图 1-19),将用户作为产业模式变革的中心,以数字化设备和工业互联网等技术为基础,形成智能生产流程,打造智能产品。周济院士还解释了"中国制造 2025"中智能制造的内涵:智能制造是新一代信息技术和先进制造技术的深度融合,贯穿于产品、制造、服务生命周期的各个环节及相应系统的优化集成,旨在不断提高企业的产品质量、效益、服务水平,推动制造业创新、绿色、协调、开放、共享发展[26]。

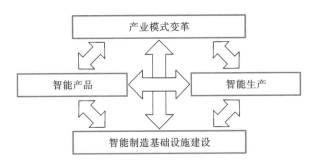

图 1-19　智能制造推进的四个维度

　　随着科学技术和时代的发展,智能制造在实践演化中不断变化,智能制造的内涵也在与时代同步发展。许多专家学者和单位也对智能制造的内涵进行了凝练,提出了自己的见解,如表 1-2 所示。

表 1-2　智能制造的内涵

提出者	内涵
Paul Kenneth Wright	通过集成知识工程、制造软件系统、机器人视觉和机器人控制来对制造技工们的技能与专家知识进行建模,以使智能机器能够在没有人工干预的情况下进行小批量生产[27]
路甬祥	一种由智能机器和人类专家共同组成的人机一体化智能系统,它在制造过程中能进行智能活动,诸如分析、推理、判断、构思和决策等。通过人与智能机器的合作共事,去扩大、延伸和部分地取代人类专家在制造过程中的脑力劳动。它把制造自动化的概念更新、扩展到柔性化、智能化和高度集成化
李培根	将机器智能融合于制造的各种活动中,满足企业相应目标[19]
工信部	智能制造是基于新一代信息通信技术与先进制造技术的深度融合,贯穿于设计、生产、管理、服务等制造活动的各个环节,具有自感知、自学习、自决策、自执行、自适应等功能的新型生产方式
Stefan Siwiecki	智能制造是由人工智能、机器学习、物联网和云技术组合而成的。关键在于具有嵌入式传感器的硬件和基于云技术的软件的实时通信,辅以机器学习和强大的数据分析,从而实现更高程度的生产过程的可见性和灵活性[28]
陈明	将智能技术、网络技术和制造技术等应用于产品管理和服务的全过程中,并能在产品的制造过程中分析、推理、感知等,以满足产品的动态需求。改变了制造业的生产方式、人机关系和商业模式。智能制造不是简单的技术突破,也不是简单的传统产业改造,而是通信技术和制造业的深度融合、创新集成[29]
黄培	智能制造技术是计算机、工业自动化、工业软件、智能装备、工业机器人、传感器、互联网、物联网、通信技术、人工智能、虚拟现实/增强现实、增材制造、云计算,以及新材料、新工艺等相关技术蓬勃发展与交叉融合的产物。其实现了整个制造业价值链的智能化和创新,帮助制造企业通过业务运作的可视化、透明化、柔性化,实现降本增效、节能减排,更加敏捷地应对市场波动,实现高效决策[30]
王立辉	通过使用集成信息技术和人工智能,在本地或全球范围内建立灵活和具有适应性的制造业务。这不仅依赖于制造车间的实时数据,更需要对整个产品生命周期内机器和流程的实时数据进行获取、传递和利用[31]
周济	智能制造是一个大系统工程,要从产品、生产、模式、基础四个维度推进,其中智能产品是主体,智能生产是主线,以用户为中心的产业模式变革是主题,以信息物理系统(cyber-physical systems, CPS)和工业互联网为基础[32]

目前,国际上与智能制造有关的术语有"smart manufacturing"和"intelligent manufacturing","smart"被理解为具有数据采集、处理和分析,以及精确执行指令和闭环反馈的能力,然而,自主学习、自主决策和优化还没有实现;"intelligent"则是更高层级的制造,完备了自主学习、自主决策和优化。我们将逐步从"smart manufacturing"阶段迈向并最终抵达"intelligent manufacturing"阶段。制造技术是所有科学技术实现的基础,可以想象面向未来各种需求的智能制造技术内涵将会不断扩充,将是已有的制造相关技术与各种新兴

技术交叉融合的产物,将会是一个"海纳百川"的集大成者[31](图 1-20)。

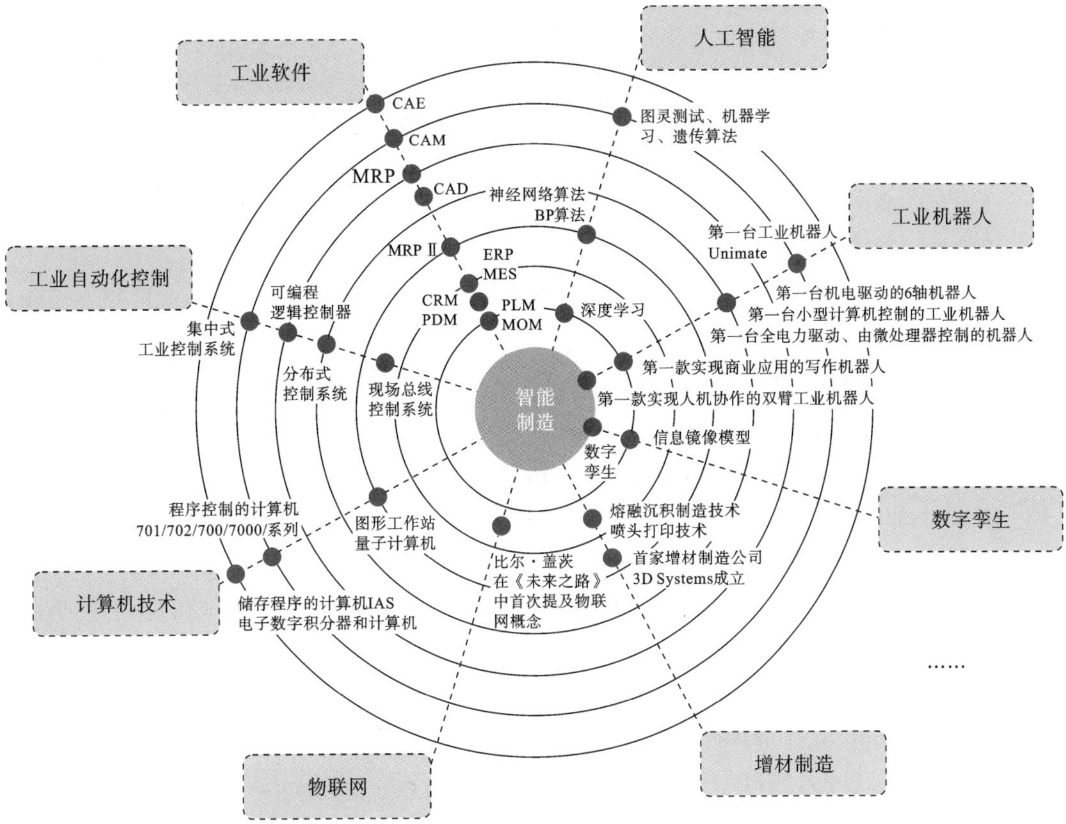

图 1-20 智能制造技术[32]

CAE—计算机辅助工程分析;CAM—计算机辅助制造;CAD—计算机辅助设计;
CRM—客户关系管理;ERP—企业资源计划;MOM—面向消息的中间件;
MRP—物料需求计划;PDM—产品数据管理;PLM—产品生命周期管理

参考文献

[1] 宁振波. 智能制造的本质[M]. 北京:机械工业出版社,2021.

[2] Groover M P. Fundamentals of modern manufacturing:materials,processes,and systems[M]. Hoboken:John Wiley & Sons,2020.

[3] 罗一斌,梁贵红,罗汝珍. 浅析"中国制造 2025"的战略意义[J]. 梧州学院学报,2018, 28(3):111-115.

[4] 朱剑英. 智能制造的意义、技术与实现[J]. 航空制造技术,2013,(Z2):30-35.

[5] SORIANO S,VILLA P,WADLEY L. Blade technology and tool forms in the Middle Stone Age of South Africa:the Howiesons Poort and post-Howiesons Poort at Rose

Cottage Cave[J]. Journal of Archaeological Science，2007，34(5)：681-703.

［6］李晓兵. 中国古代对火的性质的认识[J]. 广西民族大学学报：自然科学版，2017，23(2)：24-29.

［7］李家治. 中国早期陶器的出现及其对中华文明的贡献[J]. 陶瓷学报，2001(2)：78-83.

［8］詹婷. 中国青铜器起源及其与早期国家关系的新考察[D]. 西安：陕西师范大学，2015.

［9］胡春良. 商代青铜器铸造工艺的分析[J]. 铸造工程，2019，43(1)：46-47.

［10］李晓岑，韩汝玢. 古滇国金属技术研究[M]. 北京：科学出版社，2011.

［11］白云翔. 先秦两汉铁器的考古学研究[M]. 北京：科学出版社，2005.

［12］DEANE P M. The first industrial revolution[M]. Cambridge：Cambridge University Press，1979.

［13］刘国良. 中国工业史[M]. 江苏：江苏科学技术出版社，1992.

［14］MOKYR J，STROTZ R H. The second industrial revolution，1870—1914[J]. Storia dell′economia Mondiale，1998，21945(1)：219-245.

［15］GREENWOOD J. The third industrial revolution：technology，productivity，and income inequality[M]. Washington：American Enterprise Institute，1997.

［16］吴才根. 第三次科技革命推动生产力发展的新特点[J]. 宁波师院学报：社会科学版，1987(2)：36-39.

［17］SCHWAB K，DAVIS N. Shaping the future of the fourth industrial revolution：a guide to building a better world[M]. Australia：Currency，2018.

［18］CARVALHO N，CHAIM O，CAZARINI E，et al. Manufacturing in the fourth industrial revolution：a positive prospect in sustainable manufacturing[J]. Procedia Manufacturing，2018，21：671-678.

［19］李培根，高亮. 智能制造概论[M]. 北京：清华大学出版社，2021.

［20］KRIZHEVSKY A，SUTSKEVER I，HINTON G E. ImageNet classification with deep convolutional neural networks［C］//International Conference on Neural Information Processing Systems. Pennsylvania：Curran Associates Inc.，2012：1097-1105.

［21］王万良. 人工智能及其应用[M]. 3 版. 北京：高等教育出版社，2016.

［22］张津航. 信息化发展对生活的影响[J]. 通讯世界，2017(23)：367.

［23］程栋. 智能时代新媒体概论[M]. 北京：清华大学出版社，2019.

［24］杨叔子，丁洪. 机械制造的发展及人工智能的应用[J]. 中国机械工程，1988(1)：34-36.

［25］杨叔子，丁洪. 智能制造技术与智能制造系统的发展与研究[J]. 中国机械工程，1992，3(2)：4.

［26］周济. 走向新一代智能制造[J]. 中国科技产业，2018(6)：20-23.

［27］WRIGHT P K，BOURNE D A. Manufacturing intelligence[M]. Massachusetts：Addison-Wesley，1988.

［28］SIWIECKI S. What is intelligent manufacturing，and how can it help discrete manufacturers navigate the changing landscape［J］. International Conference on Information Science and Control Engineering，2020：18-20.

［29］陈明. 智能制造之路：数字化工厂［M］. 北京：机械工业出版社，2022.

［30］黄培. 智能制造实践［M］. 北京：清华大学出版社，2021.

［31］WANG L. From intelligence science to intelligent manufacturing［J］. Engineering，2019，5(4)：615-618.

［32］周济. 智能制造——"中国制造 2025"的主攻方向［J］. 中国机械工程，2015，26(17)：12.

第2章
智能制造的发展历程

第1章从"什么是制造？""什么是智能？""如何理解智能制造？"这三个问题出发介绍了智能制造的概念。从工业 1.0 出发，在经历了自动化、数字化的发展之后，工业 4.0 正朝着智能化的方向发展。世界各国都提出了智能制造在新时代的新目标，而我国也相应地提出了"中国制造 2025"这一战略目标，我们可以从世界各国的智能制造发展历程汲取经验，进而取长补短。本章将从智能制造的发展简史、智能制造的发展现状、智能制造发展所得到的启示这三个方面向同学们介绍智能制造的发展历程。

2.1 智能制造的发展简史

智能制造的发展从一定程度上来讲是随着工业革命的发展而进行的。2021 年，我国率先从疫情环境中复苏，制造业增加值同比名义增长 25.9%，总值达到 48639.4 亿美元。这个规模要比同年美、日、德三国相加总和还要高，占 GDP（国内生产总值）的 28.57%，中国自 2010 年开始已连续 12 年成为全球制造业产值最高的国家。虽然美国、日本等发达国家在努力召唤本国在外企业回流，但由于种种原因效果并不明显。以下，我们将以美国、日本、德国、中国这四个智能制造强国为例，为同学们介绍智能制造的发展简史。

首先，简单回顾一下工业革命的进程（表 2-1）：工业 1.0 是蒸汽时代；工业 2.0 是电气时代；工业 3.0 是电子信息时代；工业 4.0 是实体物理世界与虚拟网络世界融合的时代，具有灵活、高效、柔性化等特点。近几年，"云计算大数据"以及"AI 人工智能"开始流行，进一步弥补了"工业 4.0"之前在技术方面的缺失。

1. 美国工业互联网的发展历史

"工业互联网"的概念最早由美国通用电气公司（GE）于 2012 年提出，随后美国电话电报公司（AT&T）、思科公司、国际商业机器有限公司（IBM）和英特尔公司也参与其中，联合组建了美国工业互联网联盟（industrial internet consortium，IIC），并将这一概念在行业中

表 2-1　工业革命的进程

发展阶段	工业 1.0	工业 2.0	工业 3.0	工业 4.0
社会形态	工业社会	工业社会	信息社会	超智能社会
驱动因素	第一次工业革命	第二次工业革命	第三次工业革命	第四次工业革命
工业特征	获取动力	动力创新	自动化发展	信息继承
标志性技术	蒸汽汽车	电力电机	计算机	人工智能
产业关联	产业各自发展		产业融合	

大力推广。美国工业互联网概念的核心是通过工业互联网平台,将设备、生产线、工厂接入一个互联系统,从而进一步将产业链中的供应商、产品和客户等单元紧密地连接起来,可以帮助制造业延伸产业链上下游长度,形成各生产组织单元间跨设备、跨系统、跨地区的互联互通,从而从底层提高生产制造效率,自下而上推动制造服务体系整体向智能化转变。工业互联网作为该转变的底层支撑技术,也成为美国工业界推动智能制造升级的强大驱动力。

在 2008 年全球性金融危机后,为了提振经济发展,美国政府出台多个工业互联网相关政策,以期促进国内产业的升级转型和技术创新。奥巴马执政时期,美国政府于 2009 年提出"再工业化"的产业改革战略并首次发布了《重振美国制造业框架》,随后又提出了《先进制造业伙伴计划》和《先进制造业国家战略计划》[1],首次将推动先进制造业转型升级这一目标提升到了国家战略层面,提高了社会对人工智能、工业机器人等数字化技术在产业界应用的关注度。美国总统行政办公室联合美国国家科学技术委员会、国家先进制造业项目办公室等部门在 2012 年提出了"国家制造业创新中心网络"(NNMI)计划,以期建立一个适配先进制造业技术、促进技术快速商业化的生产模式,首期投资 10 亿美元。计划在未来 10 年内建成 40 余个底层自治型的联合创新研究组织,以适应不同领域的扁平化发展现状。2018 年,美国国家科学技术委员会联合国家先进制造技术委员会共同发布了《先进制造业美国领导力战略》提案,明确了将发展智能制造技术和保障制造业网络安全上升为国家层次的目标。美国国家科学基金会(NSF)、商务部积极响应,都向数字制造、先进制造等方向提供了倾向性的政策支持,同时提供了资金保障。2021 年,美国政府发布了一项基础设施的投资计划,针对制造业转型升级、欠发达地区互联通信设施建设、5G 商业开发等重点领域拟投入数千亿美元进行重点研发,并呼吁国会追加投资以提升美国在人工智能、云计算等技术上的行业地位和竞争力,并出台了一系列倾向性政策以鼓励行业发展。

2. 日本智能制造的发展历史

不同于美国对未来布局,日本更加关注自动化和智能化技术在工业生产中的落地应用与大范围普及,它以精密生产与智能制造为抓手,推进工业结构体系向技术密集型的方向转变,助力日本重回全球先进制造业发达国家之一。按照战略目标和实施范围划分,日本智能制造的升级计划可以分为布局规划、整合发展和突破引领三个阶段[2]。

1)布局规划阶段(1990—1999 年)

自 1990 年开始,日本每十年就制定并实施一期智能制造发展计划,成立了国家层面的智能制造系统(IMS)国际委员会来监督推进计划,自此开启了日本制造业的"智能化"升级转型时代;1994 年,日本启动了先进制造国际合作研究项目;1995 年,日本提出了对智能制造系统的规划构想,以提升对先进制造技术研发的抗风险能力,日本从此进入了智能制造全速发展阶段;从 1996 年开始,日本政府每五年发布一份"科学技术基本计划",同时每年会推出"科学技术创新综合战略"以提供最新的指导意见。

2)整合发展阶段(2000—2014 年)

通过布局规划阶段带来的技术沉淀,日本在当时已获得了相对的技术优势。于是自 2000 年开始,日本逐渐降低对低端制造业产品的研发投入,将更多的资源投入数字信息技术、新材料与新能源、人工智能技术、高科技硬件等新兴领域的创新研究,推进制造业向智能化稳步转型。自 2000 年以来,日本获得诺贝尔奖的学者共计 16 人,大部分是凭借在新兴领域做出的巨大贡献而获得的,同时每年新增近 20 万项专利,连续十几年名列全球前三。诺贝尔奖获得者赤崎勇及其研发的蓝色 LED(发光二极管)如图 2-1 所示。

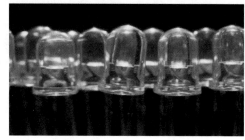

图 2-1　日本诺贝尔奖获得者赤崎勇(左)及其研发出的蓝色 LED(右)

3)突破引领阶段(2015 年至今)

近十年以来,日本先后推出并实施了一系列巩固智能制造成果、推进深化智能制造发展的举措。2015 年,为了巩固在机器人行业的领先地位并适应产业环境的新形势,日本政府发布了《机器人新战略》。同年 6 月,在日本经济产业省的支持下,日本机械工程学会启动了工业价值链计划,致力于构建"官-产-学-研"一体化合作的重要工业创新网络。《科学技术指标 2018》的摘要显示,日本全国的研发支出在 2016 年度总额为 18.4 万亿日元,位列世界第三。2017 年的统计数据显示,日本当前的研究人员人数约为 85.37 万人,仅次于中国、美国。2017 年 3 月,日本正式提出了"互联工业"的概念,以物联网的应用为核心驱动力,并将"机器人新战略"这一国家战略融入日本国际外交,以期促进其快速发展。

3. 德国工业 4.0 的发展历史

德国政府也实施了强有力的工业互联网倾向性政策。2010 年,德国发布了《高科技战略 2020》,确定了将工业 4.0 作为十大"未来项目"之一进行推广(图 2-2)。在 2013 年的汉诺威工业博览会上,德国工业 4.0 工作组正式提出将"工业 4.0"战略作为德国未来经济领域的重点发展战略[3]。德国政府计划在相关的工业互联网技术领域,投入 2 亿欧元以支持研发创新。2014 年颁布的《数字议程(2014—2017)》聚焦于工业 4.0,以工业 4.0 为底层支撑,将传统制造技术与现代信息技术融合,以提高生产效率和生产质量为首要目标进行产业升级,同时将数字强国战略从国家层面进行落实。2016 年,德国政府发布了《数字战略 2025》指导意见,对工业 4.0 在生产环境中的实际应用落地提出了具体的实施措施。两年后,德国又发布了《高技术战略 2025》,指出了至 2025 年需要重点进行技术创新的高科技发展领域,其中包括智能制造、人工智能等前沿方向。同年 11 月,德国政府发布了口号为 "AI Made in Germany" 的发展战略,从国家层面高度确定和强调了发展人工智能技术的重要性。2019 年,德国政府正式发布《德国工业战略 2030》,内容涉及未来十年的展望(图 2-3),探讨了数字化、智能化时代发展背景下,德国工业面临的外部环境威胁和内在隐忧,提出通过支持数字技术创新与技术融合的方式来提振德国工业、增强行业竞争力的指导意见。

图 2-2 工业 4.0

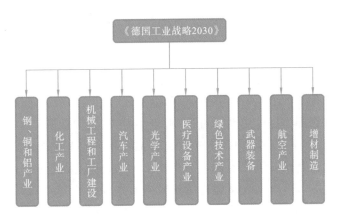

图 2-3 《德国工业战略 2030》的主要领域

4. 中国制造 2025 的发展历史

德国工业 4.0 的特点是其工业硬件基础好,所以其发展战略是以硬件为本,从 "硬" 到 "软";美国先进制造业的特点是软件基础和信息技术好,所以美国的战略是以软件为本,从

"软"到"硬"。而我国则是博采百家之长,取其精华,走出了具有中国特色的第四次工业革命道路,因此"中国制造 2025≈互联网＋工业"。通过"中国制造 2025"战略的逐步推进,中国将要从工业大国转变为工业强国。这个战略有以下三个重要的目标节点[4](图 2-4):

第一步,到 2025 年,迈入制造强国行列;

第二步,到 2035 年,中国制造业整体达到世界制造强国阵营中等水平;

第三步,到新中国成立一百年时,制造业大国地位更加巩固,综合实力进入世界制造强国前列。

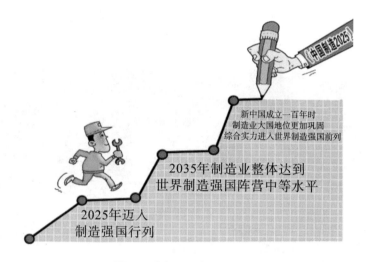

图 2-4 "中国制造 2025"规划

从 2015 年首次被提出至今,"中国制造 2025"经历了如下重要时间节点。

2015 年 3 月 5 日,李克强总理在全国两会上作《政府工作报告》,首次提出"中国制造 2025"的概念与宏伟构想。

2015 年 3 月 25 日,李克强总理组织召开国务院常务会议,会议决定推进实施"中国制造 2025"发展战略,并审议通过了《中国制造 2025》,以帮助推动制造业升级。

2015 年 5 月 19 日,国务院正式印发《中国制造 2025》。

2015 年 6 月 15 日,李克强总理考察中国核电工程有限公司与工业和信息化部,并指出:"中国制造在国家综合国力提升中功不可没,但也要看到,我们在国际产业分工中总体还处于中低端水平。新形势下,实施'中国制造 2025',推动制造业由大变强,不仅在一般的消费品领域,更要在技术含量高的重大装备等先进制造领域勇于争先。"

2015 年 4 月至 11 月,李克强总理先后就经济形势召开了三次专家和企业负责人座谈会。三次座谈会围绕着装备制造、钢铁等传统制造领域开展,讨论了中国现行环境下存在的问题,李克强总理在座谈会上也多次强调了"中国制造 2025"这一重要概念。

2016 年 8 月 24 日,李克强总理在国务院常务会议上,部署促进消费品标准和质量提升的具体实施工作,增加"中国制造"有效供给,满足消费升级需求。

2021 年 11 月 4 日,工业和信息化部等四部门对外发布《智能制造试点示范行动实施方案》,旨在到 2025 年,建设一批具有先进技术水平、显著示范效果的智能制造示范工厂。

《中国制造 2025》重点聚焦于十大领域,如图 2-5 所示。

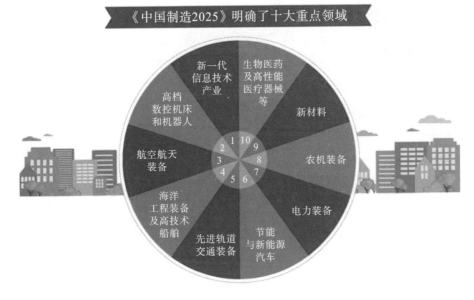

图 2-5　《中国制造 2025》十大领域

2.2　智能制造的发展现状

　　智能制造的概念从提出至今已经过了七八年,中国、美国、德国和日本作为全球制造业体量居于前列的国家,积极推进智能制造体量的增长并致力于全球制造水平的提升。以下以上述四国为例,介绍智能制造的发展现状(图 2-6)以及所取得的成就。

- 2015年发布《中国制造2025》、2016年发布《智能制造发展规划(2016—2020)》以及后续多政策支撑,并于2018年颁布《工业互联网发展行动计划(2018—2020)》
- 目前大力推动工业互联网平台建设

中国
2016年
中国工业互联网产业联盟(AII)
中国《工业互联网体系架构2.0》

美国
2014年
美国工业互联网联盟(IIC)
工业互联网参考架构(IIRA)

- 2009年美国提出"再工业化"计划,2012年发布《先进制造业国家战略计划》,政策颗粒度也较细,主要目的是保持制造业价值链的高端水平和全球控制者地位
- 重点在于工业物联网,重视ICT(信息通信技术)技术在制造业的应用

- 2013年发布《工业4.0战略实施建议》,2019年发布《国家工业战略2030》,利用工业4.0应对中美在互联网领域的优势
- 核心是建立信息物理系统(CPS),即从工业角度出发构建有竞争力的未来应用网络

德国
2015年
德国电气和工业电子联合会(ZVEI)
工业4.0参考架构模型(RAMI 4.0)

日本
2016年
日本工业价值链促进会
日本工业价值链参考框架(IVRA)

- 2014年起每年发布《日本制造业白皮书》,2015年发布《机器人新战略》,主要目的是提升工业附加值和解决劳动力问题,强调制造现场
- 2017年日本正式提出"互联工业",强调各产业的相互连接

图 2-6　智能制造发展现状

1. 美国工业互联网的发展现状

　　2008 年全球性的次贷危机引发的全球金融危机对各国经济造成了巨大的冲击,世界各

图 2-7 美国《先进制造
国家战略计划》

大经济体的各项产业都受到不同程度的打击。美国政府意识到制造业外流带来的产业空心化,其所导致的国家财富外流和失业率上升带来的巨大危机迫使美国政府开始重新规划设计经济发展战略,并于 2009 年末公布了《重振美国制造业框架》,次年 6 月启动了"先进制造业伙伴计划"(advanced manufacturing partnership, AMP),期望通过探寻发展新技术和开辟投资新方向来为经济发展注入新的活力。美国国家科学技术委员会于 2012 年提出了《先进制造业国家战略计划》(图 2-7),该计划坚持三项基本原则,分别是完善先进制造业的创新政策、加强制造业的设备建设以及优化政府投资,并且明确了五个主攻目标,即加大对中小企业的帮扶力度、增加先进制造技术研发投入、建立多层次的多方合作关系、调整优化政府投资和提高科研经费投入。

奥巴马执政时的"再工业化"战略和特朗普执政时的"美国优先"策略有效地提振了美国经济,制造业各领域发展逐步回暖,在总产值、拉动投资价值、进出口总额、提供岗位数量等方面的表现都可圈可点。2017 年 7 月,美国供应管理协会(ISM)发布的表征制造业繁荣水平的 ISM 制造业指数为 57.8,创两年以来的新高。以美国通用电气、福特、英特尔为首的各大制造业巨头公司加大了生产线回迁的力度,投入更多资源在本土的研发和扩张上。特朗普上任以来一直大力宣传制造业回流战略,出台了一系列倾向性政策促进美国产业向国内转移,为美国本土的先进制造业提供了正向积极的政策扶持。2012 年美国通用电气公司首次提出"工业互联网"这一概念,并将其作为该企业内部实现数字化转型升级的关键概念和方法。IBM、英特尔、微软在内的巨头企业紧接着也发布了在相关领域展开布局的规划任务。两年后,上述企业等共同推进建立了美国工业互联网联盟(IIC),全球 30 余个国家和地区的相关机构和企业高度关注并参与其中,包括博世、戴尔、华为等各行业巨头公司(图 2-8)。

图 2-8 IIC 及其部分成员

美国制造业企业凭借其在先进制造领域的先发优势和市场优势,积极推动工业界各部分的互联互通,期望构建工业互联网的开放生态系统,具体体现在以下三个方面。

第一,聚合全球力量协同发展。2014 年成立的 IIC 已经发展成为全球最重要的工业互联网产业合作组织。IIC 现在已汇聚 33 个国家/地区超过 300 家单位,涉及的领域包含但不限于制造业、信息设备行业、自动化设备行业,其中包括西门子、ABB 等工业自动化解决方案提供厂商,波音、海尔、三菱等传统大型制造企业,以及微软、华为等通信终端设备企业。IIC 的部署和影响范围涉及 40 多家跨国集团,同时与德、日、法等多国政府保持密切的沟通交流,和电气与电子工程师协会(IEEE)、国际标准化组织(ISO)等 20 多个全球知名行业组织形成合作关系,影响力逐日提升,正成为全球工业互联网的推进枢纽之一。随着信息技术以及智能化技术的爆炸式发展,美国希望在物联网的模式之上,通过互联互通网络、大数据的智能化分析技术以及智能管理流程调度等实现对传统制造业的升级转型,进而提升其在全球的行业竞争力,巩固其在全球制造业的领先地位。美国工业界与信息技术巨头都认为,传统生产过程中的机械设备和互联网络会与新一代信息技术融合,以智能设备、智能系统和智能决策的形式在工业生产环境中落地铺开,这些新的技术、新的生产单元将通过数据的互联互通平台进行连接,构成一个互联的整体,通过分析生产全流程数据探寻新的业务机遇,由此开创"工业互联网时代"。

第二,行业巨头企业所具备的强大的平台构建能力。工业界巨头通过推进全球布局,打造具备工业设备连接能力、工业大数据分析能力和工业应用开发与部署服务能力的工业互联网平台(云协作架构,如图 2-9 所示),依托于现有的制造装备的全球垄断地位,加紧构建"国际品牌+高端产品+先进平台""制造+服务"的立体新优势,提升对全球生产资料和资源配置的话语权,巩固现有的优势地位。仅 2016 年,美国通用电气公司围绕着 Predix 平台的收购案就有十余起,花费近 400 亿美元完成了对石油化工、能源风电等领域先进解决方案的资源整合。通信终端企业则借助云计算、大数据、人工智能等新兴技术的活力,融合新技术来增强工业互联网的活力,输出更高质量的服务。微软公司将工业解决方案作为 Azure 云平台的重点应用新领域之一,传统制造领域成为其"云优先"战略的重要组成部分。自 2016 年以来,Azure 平台分别为美国通用电气公司的 Predix 平台和西门子的 MindSphere 系统提供基础套件服务,提供了微软在云服务、人工智能、数据可视化等方面的技术支持,Azure 平台相关部署如图 2-10 所示。IBM 的 Bluemix、思科的 Jasper 和美国参数技术公司

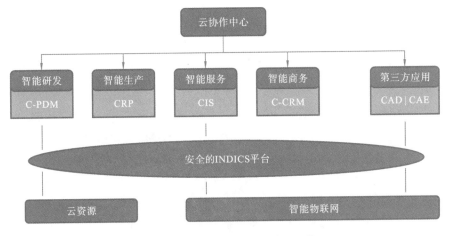

图 2-9　美国工业互联网云协作架构

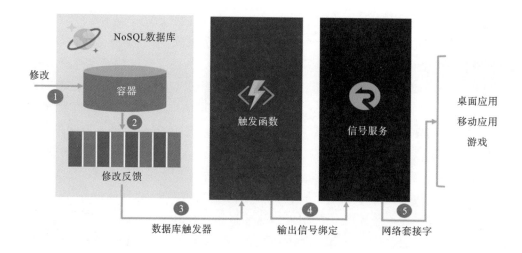

图 2-10　Azure 平台相关部署

(PTC)的 ThingWorx 等平台,也都将工业领域纳入自己的拓展方向,致力于为工业互联网提供通用的连接、计算、存储服务。

第三,前沿技术领域开展的布局。随着新兴的无线网络技术在工业领域的应用越来越广泛,霍尼韦尔发布了整合无线技术的整机设备解决方案和分立系统的技术支持,无线网络的应用场景正从弱时间要求的非实时控制系统(如监控等),向强时间要求的实时控制领域扩展。TSN(time-sensitive networking,时间敏感网络)、边缘计算等新一代网络技术的出现及其具有的潜力引起了全球各行业巨头和行业组织的普遍关注。在行业标准构建上,IIC 以自顶向下的方式,把架构设计作为标准设计的原则,从需求出发,以技术研发、验证测试、环境部署等作为行业的重要抓手,与 ISO 等国际标准化组织、行业相关开源社区和区域标准制定部门保持紧密的沟通合作,加快对行业标准的具体研究和改进。IIC 高度重视工业互联网的安全问题,2016 年发布的工业互联网安全框架(IISF),旨在向企业提供工业互联网安全措施部署的相关建议,随后 IIC 又启动了"工业互联网安全成熟度模型"等相关建议的编纂工作,以进一步推动安全解决方案的推广落地。

2. 日本智能制造的发展现状

日本近年来在智能制造产业上实施了一系列战略举措,意在重振日本经济,带动日本制造领域重回世界领先地位。日本在 2016 年的《日本制造业白皮书》中为智能制造的发展方向和内容提出了顶层设计体系:坚持科学技术创新综合战略,以此作为坚实的支撑,以工业价值链计划、机器人创新发展战略、互联工业战略等为重要突破口,不断强化日本智能制造的竞争力,争取获得国际领先地位。

1)工业价值链计划

工业价值链计划的主要实施方式是改进制造业顶层框架设计,以龙头企业为先行探索者和核心、中小企业跟随的形式,通过企业间事先约定的接口形成互联耦合的网络,催生一种模块化的创新形式。工业价值链计划旨在解决智能制造生产过程中,各中小企业存在的低价值、重复性技术开发问题。工业价值链计划秉承互联制造、耦合创新和以人才驱动的三个理念,将寻求智能制造领域的技术突破作为核心驱动力,运用模块化组织的理念整合集成现有的制造单元,构建一个互联互通的协作运营平台,以此来减少构建复杂模型和复杂解决方案所需的时间成本和人力成本。

2016 年底,工业价值链计划相关机构发布了关于智能工厂工业价值链组织架构的参考标准,将智能制造单元作为整个生产活动在制造层面的基本单位,利用流程调度系统实现各个子系统之间的互联通信,最后集成得到一个广泛适配的、能够满足企业生产需求的功能系统,并将此组织模式确定为日本工业价值链互联互通的基本框架。该框架在战略层面上对标美国工业互联网、德国工业 4.0 参考框架,对于日本智能制造战略中工业价值链的正式落地具有里程碑式的意义。工业价值链参考架构是极具日本特色的独立顶层框架,基于智能制造领域长期以来积累的特色行业优势与发展特性,在诸如精益制造管理、现场执行力等方面进行特色性倾向,重点聚焦在生产现场管理、生产活动的资源整合,同时融入 PDCA (plan、do、check、act,戴明环)的质量管理思想,使其更能发挥日本的精细化制造优势。工业价值链计划部分成员如图 2-11 所示。

图 2-11　工业价值链计划部分成员

2018 年,工业价值链计划相关机构对新一代工业价值链参考架构提出了优化建议,对工业价值链及其关联产业在实施方面遇到的问题,从底层进行了更深层次和实用性的研究。在工业价值链参考架构中,将执行智能制造的基本组成部分进一步明确为由专业管理人员管理且具备区域性自主决策能力的小型企业或更小的生产单元(图 2-12),基于生产现场、管理组织形式、生产节拍调度等方面的循环螺旋式提升,实现制造主体、原材料、信息数据等生产要素在不同单元间的高效准确传递,以此实现提升制造效率和质量的最终目标。

图 2-12　智能制造单元

2）机器人创新发展战略

日本作为全球智能制造的先发国家之一,通过完善和提升网络化创新环境、建立多层次重点领域人才培育体系和突破新一代智能制造核心技术等系列举措,提高了日本在全球制造领域的竞争力,巩固了其在制造领域的地位。2015 年日本提出了《机器人新战略》,强调了机器人在制造工业中的核心地位,并提出了三大核心战略:一是建立领先世界的机器人先进技术本土研发基地,通过"官-产-学-研"的合作,将原本孤立的客户、厂商、高校与政府等参与主体进行整合,将需求信息在上下游间进行传递,同时推进机器人制造相关研究的培育体系建设,加快重点领域的人才培养、新一代技术研发以及行业规范化标准制定等工作;二是从国家层面推广机器人技术在各领域中的应用,包括但不限于基础设施建设、制造业与农业生产、灾害应急等领域,提升全社会的智能化覆盖率和智能化水平;三是从前瞻性角度出发,规划一个世界领先的机器人时代(图 2-13),以物联网发展为边缘硬件基础,网络互联系统为承载平台,实现万物互联,融合大数据技术,提升机器人在人类生活中的附加值。

3）互联工业战略

2016 年日本提出了"制造＋企业"的互联工业战略,旨在通过实现各单元之间的互联来提升其各自在工业社会的附加值,实现企业管理与决策、数据管理与传输、生产人员和生产设备的互联,形成产品新形态和服务新模式,从而提高企业的竞争力和行业地位。日本着力于物联网技术(图 2-14),抓住人工智能和机器人领域的技术突破所带来的产业升级契机,引领不同行业迅速发展,将前沿技术与人们的生活结合,以期促发一场社会层面的变革。受限于人口老龄化加剧、适龄劳动力总数下降、社会整体氛围低迷等因素,日本的经济发展劲头不足,而日本基于自身强大的先发优势,正在尝试构建一个超智能社会——"社会 5.0",从生产力的角度缓解这些社会问题。"社会 5.0"将基于工业社会、信息社会等积累的经验,从低耦合度的产业链上下游关系逐步过渡到强耦合的协作关系,形成以人工智能为核心驱动的、信息高度集成的超智能社会。

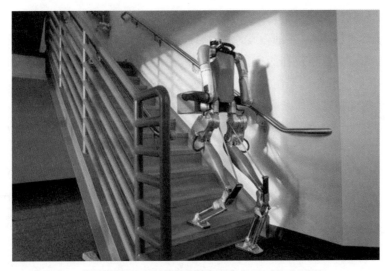

图 2-13　双足机器人

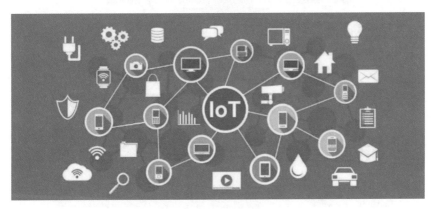

图 2-14　物联网

　　日本继德国之后也提出了"互联工业"的概念,并发布了极具影响力的"东京倡议",推进互联网在工业应用现场的落地实现。在"汉诺威宣言"中,德日两国提出要通过构建实现人、设备、技术互联的系统来创造更具价值的互联工业,在物联网相关技术的国际标准规范制定上进行协商,促进两国在 AI、智能交通等领域的技术合作。"东京倡议"将移动服务领域的无人驾驶技术、生产制造领域的机器人技术、生物学领域的新材料技术、工厂安全领域的基础设施安全技术等确定为未来关键发展方向。"东京倡议"提出了三类横向政策——促进开放市场和自由贸易、促进可持续发展、促进科学技术创新,进而交叉推进互联工业建设。互联工业的表现形式包括但不限于工厂内部技术、流程、管理等信息的互联,同行业、合作伙伴、用户和市场反馈等信息的互联。互联工业在不同行业背景、不同应用背景、不同业态、不同程度和阶段的 IT(信息技术)化中被部分性地应用着,推动了日本智能制造的发展。

　　4)制造业白皮书

　　由日本经济产业省牵头,厚生劳动省、文部科学省参与,联合制定发布年度报告,即《日本制造业白皮书》,该报告对日本制造业的发展趋势、市场、政策、技术等进行分析和展望,是日本政府对本国制造业的权威研究分析报告。为应对第四次工业革命中的工序改革和商业模式变革,日本政府在 2016 年的白皮书中对日本制造业提出了新的顶层体系设计构想:将物联网、机器人和工业价值链作为智能制造的核心;计划通过"官-产-学-研"合作的方式推动日本先进计算分析技术和机器制造技术的发展,赋予制造业新的价值;提倡"制造+企业"的产业升级,依靠智能制造技术所具备的柔性化制造和所提供的多样化服务解决方案,为产品赋予新价值,提高生产效率、增加附加价值,从而提升日本制造业的国际竞争力。2017 年度制造业白皮书则聚焦于国际环境,致力于缓解由于日元升值引起的日本制造业发展缓慢的问题,通过战略性撤退实现日本的制造业回流,优化国内智能制造的整体布局,以提升制造创新力。2018 年度制造业白皮书明确了互联工业这一制造业发展战略目标,不同于美国的以互联网为核心,日本确定了工业这一要素在互联工业中的核心地位。日本制造业发展如图 2-15 所示。

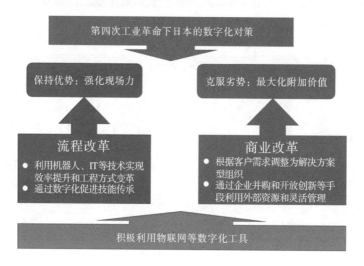

图 2-15 日本制造业发展

5) 科学技术创新综合战略

为提升科技创新能力及促进经济发展,作为日本国家创新战略的阶段性规划,科学技术创新综合战略被提出。日本在该战略方针的指导下对智能制造领域实施一系列战略性措施。2014 年日本首次提出了完善基础设施,推进面向下一代城市建设的智慧城市建设。次年日本的改革重心聚焦在研究机构和高校的资金方面,以融资手段多元化来加强高校及科研机构的自主经营能力,着力于通过物联网和大数据等新技术来培育新产业,拉动新需求。在接下来的两年中,日本实现两步走的跨越:第一步是推进智能社会的平台建设与智能社会技术体系架构的建设;第二步是在前述基础上构建起一个超智能社会,深度利用通信技术来实现现实世界和虚拟世界的融合,推动"关联产业"的实施落地。科学技术创新综合战略的最新阶段措施则强调了人工智能在制造行业中的重要地位,着力于解决 IT 技术及理工科等学科的人才培养问题,从而解决信息技术及人工智能领域的人才短缺问题。

3. 德国工业 4.0 的发展现状

自工业革命时代开始,德国就是欧洲乃至全球制造业最发达、科技水平最高的经济体之一,出口价值总额位居欧洲第一、全球第三。德国工业的优势行业包括汽车、化工、电子以及机械等,其产品在全球范围内都有较好的口碑。即便是遭受了严重的欧洲债务危机,德国仍能凭借产品出口促进国内经济快速恢复,经济发展在欧洲各国中遥遥领先。尽管如此,在后危机时代德国仍然从外部的国际环境以及自身的产业结构中感受到一些隐忧,即劳动力成本上升和国际竞争力相对下降而导致制造业整体低迷,因此提出了"工业 4.0"方案来加以应对(图 2-16)。

图 2-16　德国工业 4.0

德国产、学、研各界共同制定起草了"工业 4.0"的发展战略及系列举措,以期提高德国工业竞争力,使德国工业的全球领先地位得以保持和巩固。"工业 4.0"概念首次于 2011 年 4 月的汉诺威工业博览会被提出,2013 年德国"工业 4.0"工作组发表了名为《保障德国制造业的未来——关于实施"工业 4.0"战略的建议》的报告,这是"工业 4.0"首次以书面报告的形式被提出。2013 年 12 月,德国电气电子和信息技术协会提出了"工业 4.0"的标准化路线图。截至此时,"工业 4.0"已经上升至国家战略,成为德国面向 2020 年高科技战略的十大目标之一。

"工业 4.0"战略强调系统的数字化思维,有机衔接各个生产单位,底层依托于大数据分析、物理信息系统、智能机器人、分布式能源、虚拟工厂等技术,促使企业的产出个性化、本地化、大规模定制化。在此基础上进行商业模式和竞争领域的创新融合。"工业 4.0"概念被视为德国再工业化的重要方式,旨在平衡德国工业发展水平和有效实现德国工业的整体增长。实际上,以"工业 4.0"为核心的德国新一轮工业革命着力于经济复苏、竞争力增强、能源安全等方面,借助信息互联、可再生能源、新材料等技术的扩散效应带动周边相关产业的发展,通过更高质量、更高效率地培育新产业、创造新业态、发展新模式,促进经济结构调整与产业升级,为产业发展注入新活力。

"工业 4.0"可以理解为制造业历史发展的新阶段。"工业 1.0"的代表是蒸汽机,"工业 2.0"的代表是发电机,"工业 3.0"的代表是计算机,"工业 4.0"则体现为以信息技术为核心驱动力的产业升级变革,即人工智能。前三次革命所带来的提升在于生产机械化、电力的广泛应用和信息革命,而在不久的未来,如何构建全球性的互联网络将成为一个新的议题。通过一个互联的信息系统,生产设备、仓储系统以及生产基础设施等可以进行设备接入和信息连接,从而既可相互独立地控制,也可以进行相关的生产协同操作。"工业 4.0"的核心驱动力来自信息物理系统,依托于信息物理系统带来的智能化制造,智能工厂(图 2-17)可以进行客制化产品的流水线式生产。而信息物理系统本质上也是一种网络平台,通过接入大量的、封装有特定功能的嵌入式芯片来实现边缘连接,之后借助此平台高质量、高效率的主体连接,实现设备之间的消息会话,从而达到智能化的目标,从部分层面取代之前需由人工操作的生产活动。

图 2-17　智能工厂:多机器人协同实现汽车焊接

"工业 4.0"的关键目标在于实现信息通信技术与信息物理系统的紧密结合,通过多步战略实现从传统制造到智能制造的转型升级,其具体的表现形式主要体现在自适应性强的智能物流系统、客制化智能制造等方面。"工业 4.0"战略的主要内容可以划分为智能工厂、智能生产和智能物流三大项目,三者各有侧重,但又紧密结合,通过上下游的关系组成一个整体系统。其中,智能工厂聚焦于对生产系统、生产过程的智能化升级,同时推进网络化分布式生产设施的实现和调度方案的决策优化;智能生产(图 2-18)则侧重于对企业物流管理、人机交互等方面在工业生产中的落地应用;智能物流(图 2-19)主要借助于互联网、物联网、务联网技术的迅速发展,通过集成物流资源来实现资源的合理有效分配,进而最大化已有物流资源供应方的效率,向需求方提供更迅捷和可靠的物流支持服务。

沿着德国"工业 4.0"的规划架构(图 2-20),智能工厂通过信息互联系统集成物联网、务联网以及互联网,向客户提供定制化、差异化的服务,输出客制化的智能制造产品。在该架构下,生产组织模式被高度灵活化,整个生产过程更加个性化、数字化、智能化。这种新的生产模式使得物联网与务联网能够渗透到从客户需求到企业生产全流程的每一个关键环节,模糊了制造业与服务业的行业界限。价值创造过程发生的重大变革会进一步带动产业链分工的重新组合,拆分原有的生产单元从而形成各种新的活动单元和同步协作模式。德国"工业 4.0"是一个包含复杂内容体系的战略,如果要进一步解析的话,可以从技术边界的延展与集成、渠道和供应链的强化这两个维度来进行深化。

图 2-18　智能生产

图 2-19　智能物流

图 2-20　工业 4.0 组成

1）技术边界的延展与集成

"工业 4.0"被认为是现代制造的"升级版",因为其在传统制造业的硬件基础之上融入了大量的传感器和嵌入式终端,并且通过智能控制系统和通信设施等实现信息之间的互联共享,借助于信息物理系统平台构建了一个智能化的网络世界,不断深化推动人与人、人与设备、设备与设备之间的互联,从而加快全球价值链在横向与纵向的集成。根据集成方式的不同,"工业4.0"战略又可以详细划分为"通过全流程智能化和价值链实现的企业间横向集成""贯穿价值链的端到端工程数字化集成"以及"网络化制造体系自顶向下的纵向集成"三个维度。

(1)通过全流程智能化和价值链实现的企业间横向集成,主要内容是:促进价值链上下游的各参与主体利用智能化技术进行产业迭代升级,加强相互之间的交流,提高包括客制化生产、售后维保在内的全流程服务质量;借助智能化网络平台处理信息的多对多传输、生产安全性、生产柔性等一系列智能制造领域内存在的问题。

(2)贯穿价值链的端到端工程数字化集成,主要包括在终端进行数字化更新和增加终端的联网控制能力两方面。在此基础之上,用户能在价值链的下游随时参与上游的生产选择与决策。

(3)网络化制造体系自顶向下的纵向集成,主要涉及的是在智能工厂中,客制化产品的生产流程不会按照事先预设的固定流程进行,而是根据定制化需求对一组结构化模块进行拼接,依据生产需求自动拼接形成一个包含模型、数据、通信、算法在内的完整可行的拓扑结构。新的模块化生产方式将慢慢取代传统的固定的流水线生产方式。为此,一方面应尽可能地保证每个层次上的传感器都被接入信息物理系统中,实现端到端的数据传输功能;另一方面应尽量为传感器的网络化和基于模块拼接的制造系统提供合适的模块化策略。

2)渠道和供应链的强化

"工业4.0"战略对产业链上游提出的更新措施就是从供给角度开展领先的供应商战略,从客制化需求反推供应层,从用户视角升级市场战略,使其更加契合用户感受。这两大战略主要解释如下。

(1)先进的供应商战略:强调生产设备供应商需要依靠技术创新与系统集成,在政府提出的倾向性政策指导下,提出切实合理的新生产模式;提高"工业4.0"战略在生产设备供应商、生产厂家、政策制定者之间的认可度,开展技术研发、应用推广、技能培训等活动推广"工业4.0"概念,为制造业相关企业提供领先的解决方案,提升其行业竞争力,提高其市场占有度。

(2)主导市场战略:强调从德国国内市场开始推广"工业4.0"战略,之后向世界推广。根据德国各大调查机构2013年年初的调查结果,在参与调查的两百余家企业中,近半数表示明确支持并积极参与"工业4.0"计划,超过60%的机械和设备制造商认为其在未来5年内仍将保持并扩大在世界范围内的技术优势。主导市场战略面对的首要问题是推广"工业4.0",其概念可以加强当前面向全球运作的大型企业和倾向德国国内区域经营的中小企业之间的合作交流,尤其倾向于促进国内中小企业向"工业4.0"转型。因此,需要向目标群体阐释"工业4.0"战略的明朗前景,帮助中小企业走出对信息物理系统应用的认识误区,排除畏难情绪和惰性情绪,帮助推进包括高速宽带通信等在内的生产环境基础设施建设。

4."中国制造2025"的发展现状

2014年,由工业和信息化部牵头,国家发展改革委、科技部、财政部、国家质检总局、中国工程院等部门单位参与,联合编制了《中国制造 2025》,这是党中央和国务院基于当前的国际环境和国内的产业结构发展现状,以增强综合国力、提升行业国际竞争力、保障国家重点行业安全为出发点做出的重大战略决策部署,其主要核心可以概括为:加快推进制造业创新发展和提质增效,实现我国从制造大国向制造强国的重大转变[5]。《中国制造 2025》是我国吸取错失前两次工业革命的历史经验教训,基于国内的工业发展考量而做出的主动响应新一轮工业革命和产业升级的重大战略决策。当前世界经济和产业格局正处于大调整、大变革和大发展的新的历史时期。一方面全球金融危机带来的影响仍未消退,世界经济复苏势头缓慢,各行业的发展充满不确定性;另一方面,新一轮世界性的工业革命和产业变革正在酝酿,以信息技术与制造业的深度融合为出发点,加上新能源、新材料、生物技术等带来的突破口,一场影响深远的产业变革正在到来。

各工业强国纷纷上马"再工业化"战略布局,大力推进制造业创新发展,创造制造业竞争新优势;部分发展中国家也在加快进行谋划布局,积极参与全球产业再分工,在新一轮竞争中谋求有利位置。加快实施《中国制造 2025》,推动传统制造业进行产业升级,是实现"两个百年"奋斗目标和中华民族伟大复兴的"中国梦"的战略需要。"两个百年"奋斗目标和中华民族伟大复兴的"中国梦"是 14 亿中国人民共同的向往和追求,奋斗目标的实现需要充足的物质基础,只有坚实的经济基础和领先的制造业做支撑,才能给我国的制造业转型升级提供肥沃的土壤,因此对社会经济的发展和国防设施的建设提出了迫切的要求。

我国致力于实现从制造大国向制造强国的转变,提出了制造强国的战略方针,而制造强国战略本身也与"两个百年"奋斗目标和"中国梦"的时代要求和历史使命相契合。在阶段性地推进实施《中国制造 2025》的同时,力争通过三个十年的努力,在 21 世纪中叶成为全球领先的制造强国,以世界领先的繁荣制造业承载起中华民族伟大复兴的"中国梦"。实施《中国制造 2025》,推动制造业由大转强,是实现经济稳增长、调结构、提质增效的客观要求。改革开放以来,制造业出口和内销对我国经济增长的贡献率常年保持在 40% 左右,其中工业制成品的出口份额占全国出口总量的 90% 以上,是我国经济的中流砥柱,工业的发展能够拉动投资、带动消费,促进经济增长,从而形成一个正循环。当前我国经济发展短期处于新常态,正在爬坡过坎的重要阶段,此时制造业发展的速度和质量就显得尤为重要。要实现我国经济发展的平稳换挡而不失速,推动产业结构向中高端转型,重点、难点和突破口都在制造业。《中国制造 2025》战略规划的制定,就是为了应对当今复杂的国际局势以及国内的阶段性产业升级困境,以产业创新为核心驱动力,以智能转型、强化基础、绿色发展等为关键步骤和环节,推动我国制造业实现由大向强的转变,使得我国从制造大国转变为制造强国。

制造业的智能化产业升级是一项艰巨而复杂耗时的庞大工程。其以工业互联网和信息物理系统(图 2-21)作为必要条件和基础要求,以智能化生产工具(如工业机器人)作为生产主体,进行产业整体架构的升级,以智能化的新生产模式为主阵地,坚持以客户为中心的产业模式变革这一中心思想。智能制造的基础设施建设工作主要可以分为以下几个方面:工业互联网系统与网络信息平台建设、CPS 的搭建与推广、行业标准制定体系建设和工业信息安全系统建设。

生产工具的智能化是产业智能化升级的主体部分,它的升级离不开数字化技术和网络

图 2-21　信息物理系统

化技术的支持。生产工具由人工操作向数字化和智能化自动控制方向发展，一方面可以减小人为失误的发生频率，另一方面可以显著地提高生产效率，从而提高制造行业各个领域的生产效率和质量，从源头上提高中国制造的市场竞争力。生产工具的各组成部分主要包括：动力模块、传动模块和执行模块。除了生产工具的智能化外，生产模式的智能化也是产业升级的主阵地，它的实现同样需要数字化、网络化、智能化技术的支持。智能化设计这一概念是在数据库与网络、虚拟现实等技术的基础上发展而来的，以数据丰富完整的知识库作为后备支撑，以虚拟仿真技术作为前端输出，构建一个强大的智能设计平台，从而实现在虚拟的数字世界中对新产品进行智能化设计。智能化生产的核心是"互联"。各个智能生产设备的模块化互联组成了智能化生产线，智能化生产线层级的模块化互联组成了智能化生产车间，智能化生产车间层级的模块化互联又组成了智能工厂，最后各智能工厂按照不同的生产加工计划进行动态组合互联，通过多层次、多设备的分级互联，最终形成一个制造能力和制造适应性都强大的智能化供应链系统。智能化生产工具、智能化设计和智能化生产模式的推广应用将会同步推动各制造企业向智能化的新模式发展，从而实现企业在生产的全生命周期中各个节点、要素和业务的协同设计和决策优化，缩短了从用户需求变更到企业生产响应的传播时间，极大加快了企业对市场变动的响应速度，显著降低了产品的全周期管理成本和制造成本，减少由企业决策错误带来的损失，从而提高企业的生产效益和行业竞争力。以客户需求为企业决策出发点的产业模式变革同样离不开数字化、网络化、智能化技术的支持。其实现与推广将会促进客制化产品的规模生产的极大发展，促进企业面向消费者服务的快速转型，从而更新制造业的生产模式和产业形态。

　　工业界一般认为规模化制造与柔性制造（图 2-22）是相冲突的，规模化制造的最主要优势在于低廉的成本，而这一点在柔性制造中难以实现。但是，智能制造技术带来了新的可能性，它将柔性制造进行规模化，促使制造领域的生产模式从大规模、标准化、流水线式的传统制造向定制化、柔性化的客制化规模制造转变。生产驱动的制造模式正在向服务驱动的制造模式转变，在大数据分布式存储、云计算、工业互联网等技术的推动下，这一转变正在加速发生。同时，通过整合客户服务需求，将服务扩展到从产品制造到销售的全生命周期，为服务赋予了新的产业价值。

图 2-22　柔性制造

2.3　我国智能制造发展所得到的启示

　　虽然近年来中国在工业数字化领域、网络化和智能化方向发展迅速，制造业各领域企业也具有较强的智能化转型意愿，但是由于中国智能制造起步较晚，积累不足，总体上看与发达国家仍有不小差距。因此，在国际工业化升级的时代浪潮之中，我国要通过借鉴美、日、德等传统工业强国的发展经验和新时代发展规划框架，取长补短，加快推进我国工业互联网的建设。

　　美国工业互联网的发展历程对我国有较大的参考价值，其主要表现在以下几个方面[6]。第一，将数字化、网络化和智能化作为中国工业互联网发展的几个基本方向和突破口。第二，充分发挥中小企业在科技创新领域的作用。作为工业互联网建设的微观主体，中小企业的创新技术在美国推进工业互联网发展过程中起到了重要的作用。第三，构建完善的工业互联平台，积极开展国际交流合作。工业互联网是传统制造业和现代互联网的融合，两者应充分发挥各自行业特色，以构建跨行业、跨领域的工业互联网平台为核心，建立一套完备的服务体系。第四，积极推进工业互联网的行业标准制定工作，推进行业体系向规范化发展。工业互联网标准体系主要包括智能生产标准、网络协同标准、服务延伸标准等，它是发挥工业互联网的互联平台作用的关键。第五，构建并完善工业互联网信息安全架构。在工业互联网当中，数据作为一种新的生产资料，成为企业重要的生产资源之一，需要有安全标准对数据的采集、加密传输、分析和应用等跨部门、跨行业的使用进行规范。第六，加强工业互联网的人才队伍建设和人才储备。

日本在智能制造发展方面的经验同样值得我国借鉴,具体表现为以下两个方面[7,8]。

第一,构建完善的智能制造顶层设计体系。一方面,对智能制造系统从需求端进行顶层设计和整体规划,综合考量制造企业的发展现状、存在的业务痛点难点、市场环境的难以预测性等共性问题,通过智能化评估定位各企业的智能化水平,并据此制定合理的调度计划,引进第三方专业机构,为企业提供规划、评估等上层设计的服务。另一方面,遵循"试点突破、全局发展"的原则,由关键点的技术突破带动相关产业发展,从而推动智能制造全产业链及周边产业发展。选取意愿强烈且在技术领域具有发展潜力的科技创新型企业作为试点,提供一系列政策支持,鼓励其在技术研发、应用落地等方面先行探索,探寻突破式技术创新,从而形成可复制推广的新技术、新模式,进而带动智能制造整体发展。

第二,提升智能制造核心技术。一是推进协作创新。按照模块化理念做好人工智能等技术创新的规划设计和产业分工,明确产业智能化这一总体目标对不同行业领域、不同研发阶段和不同技术特征所提出的不同的分工需求,从而有目的地组织和引导人工智能企业、科研机构进行合理的分工协作,发挥各自所长,开展差异化研究,重点突破不同的技术领域瓶颈,并通过创新成果的对接共享来避免出现重复性的无意义工作。二是加快解决智能制造领域中存在的一些共性的关键技术问题,构建自动化、柔性化、智能化的智能制造平台。

德国"工业4.0"战略由于目标明晰、措施明确,且强调在生产方式市场化发展的基础上融合现有的制造系统,依靠一种更加符合事物发展自然规律的、可控的方式进行实现,因此在国际社会上的认可度较高。德国"工业4.0"战略同样为中国制造业转型升级提供了很多宝贵的经验[9,10]。

第一,德国"工业4.0"战略使得传统制造业得到了重大突破,成为推动制造业转型升级的有效路径。德国"工业4.0"以信息物理系统为中心,广泛开展技术创新,充分依靠智能制造来不断提升产业竞争力,进而大幅度促进制造服务业、生产性服务业以及信息产业的发展。这显然能为制造业转型升级带来新的发展动力。

第二,德国"工业4.0"战略不仅重视技术发展,更重视配套系统设施的完善。一方面,德国"工业4.0"战略的主要目的是依靠现代制造业的转型升级来主导对新技术产品的供应,进而以此为基础控制产业发展脉络,强化德国在高端技术服务业的先导地位。这充分说明了核心技术仍是提升产业竞争力的关键要素。另一方面,相较于美国、日本的制造业战略,德国"工业4.0"战略着眼于制造业体系的全行业整体发展,重点关注系统集成、资源的再分配利用等一系列问题。

第三,大型企业既可以为新技术和新产品提供测试平台,也能在制造业转型升级中起到强力的带头作用。在德国"工业4.0"战略的实施过程中,德国政府强调了应发挥包括西门子在内的各大行业巨头所拥有的技术实力与市场控制力,在博世、西门子的个别产品生产单元上对德国"工业4.0"战略的部分研究成果进行尝试性实施和效果测试,促使信息物理系统技术成为将来制造业的"事实标准"。

第四,德国"工业4.0"战略的重要驱动力是人力资本要素,尤其是知识经验的积累与重组,强调对制造业人才培育体系的建设应当不断适应产业发展趋势和技术创新现状。德国"工业4.0"战略的关键在于人机关系发生了深刻变革,其将技术发展的重点放在对人的发展培养上,认为在信息经济、知识经济的背景下,应充分借助在线知识平台等新兴媒体,多层次、多手段地对技术人员进行培训指导。在未来,员工的身份角色可能会发生革命性改变,工作内容、工作流程以及工作环境的改变会在工作灵活性、休闲娱乐等方面产生不同程度的影响。

参考文献

[1] 杜传忠,金文翰. 美国工业互联网发展经验及其对中国的借鉴[J]. 太平洋学报,2020, 28(7):80-93.

[2] 王立岩,李晓欣. 日本智能制造产业发展的经验借鉴与启示[J]. 东北亚学刊,2019(6): 100-110.

[3] 丁纯,李君扬. 德国"工业4.0":内容、动因与前景及其启示[J]. 德国研究,2014,29 (4):49-66.

[4] 张莹婷.《中国制造2025》解读之:中国制造2025,我国制造强国建设的宏伟蓝图[J]. 工业炉,2022,44(2):11-54.

[5] 崔慧明,陈林. "中国制造2025"战略之"智能制造"[J]. 科技经济市场,2022(4):7-9.

[6] 闫敏,张令奇,陈爱玉. 美国工业互联网发展启示[J]. 中国金融,2016(3):80-81.

[7] 李毅. "中国制造"如何形成国际竞争优势——日本产业创新的重要历史经验[J]. 人民论坛学术前沿,2015(11):49-61.

[8] 王德显,王跃生. 日本智能制造发展的教训及对中国的启示[J]. 税务与经济,2019 (1):20-24.

[9] 黄阳华. 德国"工业4.0"计划及其对我国产业创新的启示[J]. 经济社会体制比较, 2015(2):1-10.

[10] 黄顺魁. 制造业转型升级:德国"工业4.0"的启示[J]. 学习与实践,2015(1):44-51.

第 3 章
智能制造的体系架构

　　智能制造的进步取决于数字化制造、人工智能、机器人、工业互联网和数字孪生等核心技术的发展。这些技术的应用使得生产模式更加智能、生产过程更加清晰、生产调控更加精确,也提高了产品制造全生命周期的信息化、网络化和智能化水平。本章首先为同学们介绍智能制造的核心技术以及智能制造的特征,最后对智能制造的核心技术进行总结,带领同学们感受智能制造技术对制造业发展的深远影响。

3.1　智能制造的核心技术

　　本节将介绍构建智能制造体系框架的智能制造五大核心技术,智能制造的体系框架如图 3-1 所示,帮助同学们快速掌握相关技术概念。在随后的第 4 至 7 章,我们还会针对智能

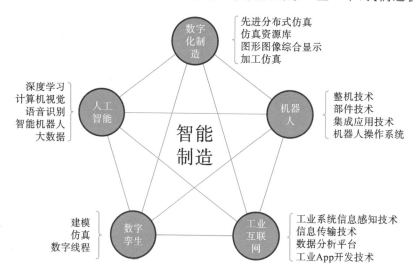

图 3-1　智能制造的体系框架

制造的核心技术,如数字化制造、人工智能、机器人、数字孪生展开详细阐述,本章仅做总体
说明。

3.1.1　数字化制造与人工智能

在当今高度信息化、集成化、网络化、智能化的时代,数字化制造已被广泛应用于各行各
业,包括智能制造、产业链分析预测、军事模拟、车间调度、能源管理等方面[1]。人工智能和
数字化制造的融合,是指通过人工智能技术实现制造业的数字化转型,采用智能设计、智能
加工、智能管理等方法,进一步提高产品设计制造管理全过程的效率和质量。

1. 数字化制造的概念

在介绍数字化制造技术之前,我们需要先对传统制造技术有所认识。传统制造技术是
以机械制造中的加工工艺问题为研究对象的一门应用技术学科,它是各种机械制造方法和
过程的总称。传统制造通过对生产对象进行理论分析,结合实际生产经验,找出技术指标之
间的客观规律并解决生产制造工艺问题。由于人的计算局限性,很多时候人们无法对生产
对象进行全面细致的分类和指标分析,很多时候对于加工精度只能依靠工人的经验和眼观
手摸,这对生产是不利的。

数字化是利用数字技术对传统的技术内容和体系进行改造的过程。数字化的核心是离
散化,其本质是将连续的物理现象、模糊的不确定现象、设计制造过程的物理量、伴随制造过
程而出现和产生的几何量、设计制造环境以及个人的知识、经验和能力离散化,进而实现数
字化。

概括起来,数字化制造本质上是产品设计制造信息的数字化,是将产品的结构特征、材
料特征、制造特征和功能特征统一起来,应用数字技术对设计制造所涉及的所有对象和活动
进行表达、处理和控制,从而在数字空间中完成产品设计制造过程。

2. 数字化制造的技术架构

在计算机、网络、软件(管理软件、应用软件和通信软件)、数据库、图形图像可视化的基
础上,构建数字化制造支撑环境。数字化制造支撑环境是建模和进行仿真实验的软硬件环
境。根据仿真任务的需求,可以从资源、通信和应用三部分进行环境搭建。开发环境主要用
于建模、仿真系统设计、仿真软件开发等。一般情况下,仿真系统调用的是固定资源,开发者
可以构建仿真规律,在程序运行之前先预设好主要参数,按照既定的控制逻辑进行仿真,如
图 3-2 中通过预设接触力和固定条件,计算螺栓各部位的应力分布云图,以分析哪里受力较
大,哪里冗余较多。对于动态资源的建模仿真环境体系,其结构更为复杂,如图 3-3 中小车
对周围环境进行实时建模,进而规划出运动轨迹。随着环境参数维度的增加和工业互联网
的发展,数字化制造技术的支撑环境也越来越复杂。为了突破单个计算平台的局限性,现在
计算平台已经由个人迁移到云端,个人计算机只作为指令的发送端,数据的计算处理都在云
端完成。我们熟知的微软公司目前主要的营收来源为为大型科技企业提供云计算平台。数
据化制造支撑环境底层技术包括系统支撑层、服务层、系统应用层和界面层四部分。

系统支撑层:包括基础支撑环境和基础平台/运行支撑服务。基础支撑环境包括异构分

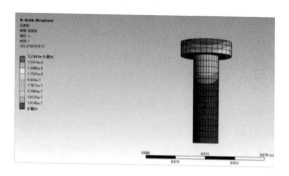

图 3-2　ANSYS(计算机辅助工程软件)静力学分析

图 3-3　Rviz(robot visualization,机器人可视化平台)中激光雷达建图

布的计算机硬件环境、操作系统、网络与信息协议以及数据库、模型库、知识库,其中后三者用来存储与应用无关的数据、模型和知识。基础平台/运行支撑服务主要负责同基础支撑环境进行数据信息交换,为服务层提供各种基本的应用程序编程接口(application programming interface,API),同时整合高层体系结构的运行支撑服务。图 3-4 所示为 ROS (robot operating system,机器人操作系统)的一个工作空间文件架构。

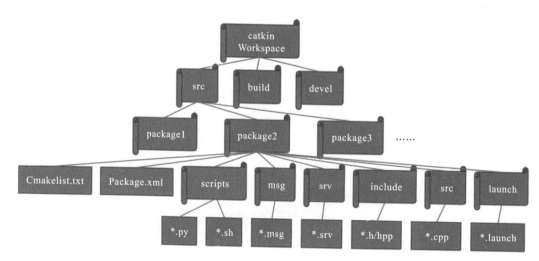

图 3-4　ROS 的一个工作空间文件架构

服务层：由基于产品设计、仿真分析、性能评估的软件构成。服务层根据功能需求划分为产品设计建模、协同仿真、力学分析、性能评价与优化、工艺规划、虚拟演示与操作等模块。基于 SOLIDWORKS 的数字化建模技术，FANUC 机器人的 3D 模型如图 3-5 所示。

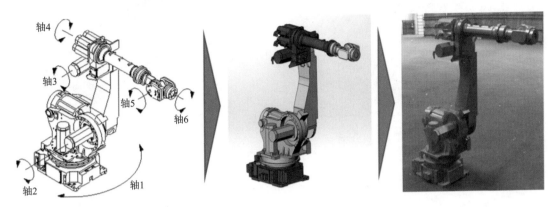

图 3-5　FANUC 机器人的 3D 模型

系统应用层：包括产品信息管理、数据库管理、模型库管理、知识库管理以及用户管理，为建模、仿真运行及仿真后处理等提供统一的数字存储维护机制。

界面层：可以为不同领域的工程师提供不同的工作空间视图，任其注册各自的软件工具，用户可以自定义个性化的用户界面，从而实现不同岗位的工作人员协同工作。

完成数字化制造支撑环境构建后，我们对数字化制造核心技术——数字化设计建模和仿真技术进行如下简要概括。

数字化设计建模是指对制造过程中的载体（如数控加工机床、机器人等）、制造过程中的问题（如加工过程中的热、力、液等问题）和被加工对象（如被制造的汽车、飞机及零部件），甚至是智能车间、智能调度过程等一切需要管理的目标，应用机械、物理、力学、计算机和数学等科学知识进行近似化、参数化的表达。

仿真是对模型进行图像化、数值化、程序化等的表达。利用仿真平台，可以看到建模对象的虚拟形态（图 3-6），看到数控机床刀路的加工过程（图 3-7），看到焊接机器人的运动路径（图 3-8），甚至可以对加工过程中的热与力等看不见的物理量分析进行虚拟再现（图 3-9）。因此，仿真技术让模型的分析过程变得可量化和可控化。通过数字化制造技术，我们可以得到对应的数字模型，进行虚拟加载和虚拟模型调控，这是一种对认识和调整智能制造中的研究对象都有效的科学手段。

3. 人工智能的起源与发展

人工智能是以机器为载体实现的人类智能。人脑的进化经历了漫长的 400 万年，根据科学研究，人类在从能够直立行走到制造工具再到使用火、产生语言、狩猎这一系列过程中，脑容量越来越大，能力也越来越强。在人类智能演化过程中，从希腊神话中火神赫菲斯托斯的黄金机器女仆到三国的木牛流马，再到现代的沙特第一个机器人公民索菲亚，无一不体现着人类对人类之外智能的思考和追求。

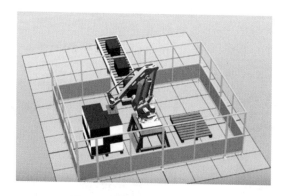

图 3-6　机器人码垛过程分析

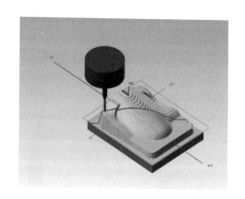

图 3-7　数控机床加工刀路分析

图 3-8　焊接机器人运动轨迹复现

图 3-9　航空发动机计算流体动力学分析

　　人工智能希望机器人能够模拟人类思考和认知自然的过程。爱因斯坦曾指出：所有科学中最重大的目标就是，从最少量的假设和公理出发，用逻辑演绎推理的方法解释最大量的经验事实。对于数学问题的证明（或计算），人们尝试通过演绎推理的方式在有限的步骤内完成。这也指明了人工智能的实现离不开可计算思想的发展。然而可计算思想就是对的吗？在 20 世纪初，人们发现有许多问题无法找到解决办法，如图 3-10 所示的费马猜想从被提出到被证明的全过程，计算机虽然可以得出猜想成立的范围，却无法证明猜想对任意正整数都是成立的，最终还是怀尔斯在数位前人的工作基础上，通过数学语言完成了证明，证明

费马
法国业余数学家
（1601—1665）

1637年，费马在书本空白处提出费马猜想，当整数$n>2$时，关于x，y，z的方程$x^n+y^n=z^n$没有正整数解。
1770年，欧拉证明$n=3$时定理成立。
1823年，勒让德证明$n=5$时定理成立。
1832年，狄利克雷试图证明$n=7$失败，但证明$n=14$时定理成立。
1839年，拉梅证明$n=7$时定理成立。
1850年，库默尔证明$2<n<100$时除37、59、67三数外定理成立。
1955年，范迪维尔以电脑计算证明了$2<n<4002$时定理成立。
1976年，瓦格斯塔夫以电脑计算证明$2<n<125000$时定理成立。
1985年，罗瑟以电脑计算证明$2<n<41000000$时定理成立。
1987年，格朗维尔以电脑计算证明了$2<n<10^{180000}$时定理成立。
1995年，怀尔斯证明$n>2$时定理成立。

图 3-10　费马猜想从提出到被证明的全过程

过程发表在《数学年刊》上，长达 108 页，占满了整卷。

费马大定理的证明过程是一部精彩的数学史，人们发明的计算机终究是败给数学家的纸笔。这也从侧面给人们启发，对于判定性问题来说，是否根本就不存在算法，或者说不可计算呢？计算机只能复现人类教给它的内容或进行排列组合，而无法自己做出判定性结论呢？随着图灵机的产生，图灵（Alan Mathison Turing）指出对于判定性问题，计算机是无法解决的，图灵机并不是什么都能计算。最著名的例子就是停机问题，即没有计算机能通过查看一段代码就知道自己是会永远执行下去还是会最终停止。而图灵机模型也使得人们放下对可计算思想的执念，进入自动计算时代。

近代以来，全球发生了两次科学革命和三次技术革命。第一次科学革命以牛顿力学三定律为基础，建立了近代科学体系；第二次科学革命以爱因斯坦提出的质能转化关系为基础，提出了新的时空观。而第一次技术革命发明了蒸汽机，人类从此进入工业文明时代；第二次技术革命推动人类从蒸汽时代进入电气时代。目前，第三次技术革命正在发生，其推动人类社会进入全球化、知识化、信息化、网络化的新时代。如图 3-11 所示，可以发现技术革命是工业革命兴起的重要推动力。20 世纪以来，人工智能在发展过程中受软硬件、理论等限制也经历了几次繁荣和低谷。最近算法、大数据、计算能力的发展使得人工智能迎来了新一轮高潮，这也势必会推动人类社会进入新一轮的工业革命。

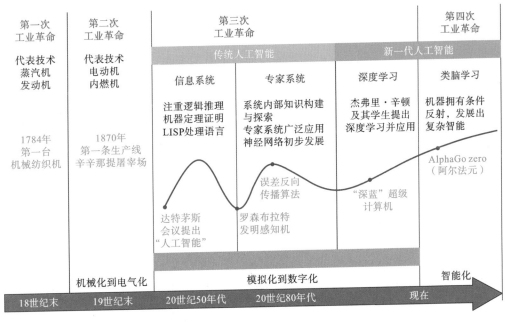

图 3-11　人工智能发展历程

4. 人工智能的理论基础和研究领域

人类的思考过程也是权衡利弊的过程，人们会通过综合多种因素做出最后决定。对于计算机而言，模仿人学习、思考的过程是十分复杂的，必须构建内在的逻辑关系，且每个因素在输入时都必须是量化的、具体的。因此人工智能所涉及的理论基础十分广泛，可分为八个大类：哲学、数学、经济学、神经科学、心理学、计算机工程、控制论和语言学[2]。这里只取其中五个大类进行介绍。

（1）数学对人工智能的理论支撑包括逻辑学、计算和概率三个方面。其中，逻辑学是得出正确结论的形式规则；计算是研究什么是可计算的，这部分已用 3.1.1 节中的费马大定理说明；最后是概率，即研究如何根据不确定信息进行推理。

（2）神经科学研究大脑如何处理信息。大脑在记性决策方面（预测和仿真是决策关键）非常优越，且不像软件那样模块化。人脑和计算机之间存在一些不同的性能，其运行速率对比如表 3-1 所示（CPU，中央处理器）。

表 3-1　计算机和人脑运行速率对比

性能参数	超级计算机	个人计算机	人脑
计算单元数	10^4 个 CPU	4 个 CPU	10^{11} 个神经元
存储单元数	10^{14} 比特 RAM	10^{11} 比特 RAM	10^{11} 个神经元
周波时间/秒	10^{-9}	10^{-9}	10^{-3}
操作数/秒	10^{15}	10^{10}	10^{17}
存储更新次数/秒	10^{14}	10^{10}	10^{14}

可以看到，计算机有比人脑快 100 万倍的周波时间，人脑用比个人计算机计算和存储单元更多的神经元弥补这些不足。然而，超级计算机具有和人脑接近的容量。单从这一点看，计算机是有可能具有像人脑一样的处理能力的。但是需要指出的是，人脑智能不是参数的简单堆砌，目前人脑智能还处在研究中。

（3）心理学将大脑作为信息处理中心，研究人类思考分析的逻辑，主要包括注意机制（意识集中在某个有用的感知信息子集时的状态）、语言应用（研究语言习得、语言形成的组件、语言使用的语气及其他相关领域）、记忆（包括过程、语义和情景三个子集）、感知（研究人类物理感知及认知过程）、问题求解、创造力以及思考。

（4）计算机工程为人工智能提供了操作系统、编程语言和编写现代程序（以及相关的程序文档）所需要的工具。人工智能工作中开创的许多思想也已纳入主流计算机科学，包括分时、交互式解释器、使用窗口和鼠标的个人计算机、快速开发环境、链表数据类型、自动储存管理以及符号化、函数式、说明性和面向对象编程的关键概念。

（5）控制论研究机器如何能在自身的控制下运行。控制论涉及工程和数学，研究系统对不同输入的响应和调整策略。控制论是跨学科的研究途径，探索调控系统的结构、约束和可能性。

人工智能的主要研究领域包括多个方面，这里仅列举部分进行说明。

（1）深度学习。深度学习作为机器学习算法研究中的新技术，其动机在于建立、模拟人脑进行分析学习。人在进行判断时会有一系列的价值考量，有时会通过"直觉"，深度学习就是通过构建一系列的价值指标进行分析，最终输出决策。例如，AlphaGo、智能语音助手等都是深度学习的应用。深度学习也是人工智能一个重要的实现途径，可以通过深层卷积神经网络来模拟人脑复杂的信息处理过程。图 3-12 为卷积神经网络的架构。

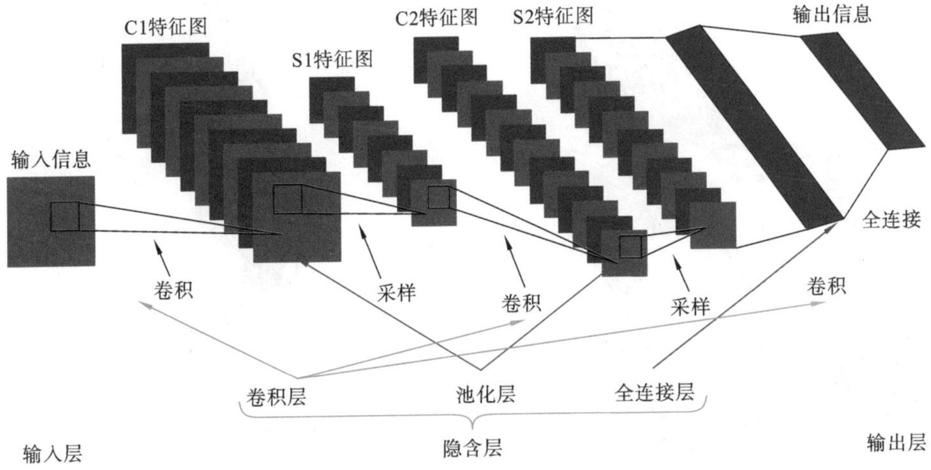

C1特征图　　S1特征图　　C2特征图　S2特征图　　　　输出信息

输入信息　　　　　　　　　　　　　　　　　　　　　　全连接

卷积　　　　　采样　　　卷积　　　　采样　　　　卷积

卷积层　　　　池化层　　　全连接层

输入层　　　　　　　　隐含层　　　　　　　　输出层

图 3-12　卷积神经网络

（2）计算机视觉。计算机视觉是指计算机从图像中识别出物体、场景和活动的能力。人们通常喜欢把计算机和人脑进行对比。对于一个婴儿，父母会拿着一张图，告诉他图中是什么，这就是最简单的图像识别。等孩子大一些，接触的环境更多样后，他可以自己学习，去划分动物、植物、人等，并对这些信息进行运用，这就是语义分割。图 3-13 所示为计算机对图像进行图像识别和语义分割。基于计算机识别，我们可以实现手机的解锁、支付；公安系统的天网可以进行人员追踪；加拿大有家公司通过用户上传的 CT（计算机断层扫描）图片可以帮助用户识别早期癌症，这无疑对人类的健康有较大帮助。

（a）　　　　　　　　　　　　　　　　（b）

图 3-13　图像识别与语义分割

（3）语音识别。语音识别最通俗易懂的说法就是将语音转化为文字，并对其进行识别认知和处理。相信同学们也不陌生，目前这项技术在微信上已经得到了广泛的应用。在将语音转化成语言文字后，可以通过智能对话软件（如在 2022 年发布的 ChatGPT）进行进一步的应用。

（4）智能机器人。智能机器人在生活中随处可见，如扫地机器人、智能语音机器人、智能汽车……这些机器人不论是和人对话交流，还是自主定位导航行走、执行任务等，都离不开人工智能技术的支持。如图 3-14 所示，波士顿动力公司研制的四足机器人和人形机器人是目前技术已经较为成熟的智能机器人。

图 3-14   波士顿动力公司的四足机器人(左)和人形机器人(右)

（5）大数据技术。我们在网站浏览各种信息,网站会根据你之前浏览过的页面、搜索过的关键字推送一些相关的网站内容,这其实就是大数据技术的一种表现。Google(谷歌)通过免费搜索引擎,搜集大量的自然搜索信息,这些信息极大地丰富了其数据库,且将会进一步应用在人工智能的信息处理决策过程中。

3.1.2   机器人

党的二十大指出:"建设现代化产业体系,坚持把发展经济的着力点放在实体经济上,推进新型工业化,加快建设制造强国"。而机器人是"制造业皇冠顶端的明珠",其研发、制造、应用是衡量一个国家科技创新和高端制造业水平的重要标志。在智能制造领域,机器人作为一种集多种先进技术于一体的自动化装备,体现了现代工业技术的高效益、软硬结合等特点,成为柔性制造系统、自动化工厂、智能工厂等现代化制造系统的重要组成部分。在国外制造业发达国家机器人已经有了广泛应用,国内在航空航天、汽车等领域也有广泛应用,相信未来机器人的应用将会更加广泛,重体力、重复性工作都将逐步由机器人承担。

1. 机器人的组成

机器人一般由三个部分六个子系统组成,如图 3-15 所示为工业机器人结构。三个部分是机械部分、传感部分和控制部分;六个子系统是驱动系统、机械结构系统、感知系统、人机交互系统、机器人-环境交互系统和控制系统[3]。

机械部分决定了机器人的用途、性能和控制特性[4],包括机器人的机械结构系统和驱动系统。机械结构系统包括基座和执行机构,有些机器人还具有行走机构,是机器人的主要承载体。机械结构系统的强度、刚度及稳定性是机器人灵活性和精确性的重要保证。驱动系统包括机器人动力装置和传动机构,按动力源分为液压、气动、电动和混合动力驱动系统。驱动系统可以与机械结构系统直接相连,也可通过同步带、齿轮、谐波传动装置等与机械结

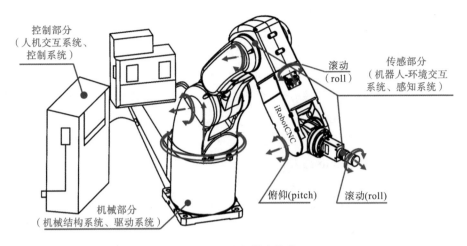

图 3-15　工业机器人结构

构系统间接相连。

传感部分包括机器人的感知系统和机器人-环境交互系统。感知系统是机器人获取外界信息的主要窗口,机器人根据布置的各种传感元件获取周围环境状态信息,对信息进行分析处理后,控制系统对执行元件下达相应的动作命令。机器人-环境交互系统是机器人与外部环境中的设备进行相互联系和协调的系统。在实际生产环境中,机器人通常与外部设备集成为一个功能单元,如加工制造单元、焊接单元、装配单元等,或者多台机器人、多台机床或设备、多个零件存储装置等集成为一个执行复杂任务的功能单元。这些单元通常集成在机器人末端执行器位置。

控制部分包括机器人的人机交互系统和控制系统,是机器人的核心,决定了生产过程的加工质量和效率。其中,人机交互系统是人与机器人进行信息交换的设备,主要包括控制面板、信号发送装置。控制系统根据预先编写的程序以及从传感器反馈回来的信号,通过闭环控制机器人的执行机构来完成规定动作。

由此可以看出,机器人的组成结构是实现其功能的基础。而随着信息化时代的到来,AI对制造业的影响和冲击愈发明显,各行各业已不仅仅满足于功能的实现,对智能化的需求也愈发迫切,希望能够实现智能工厂,降低生产成本,提高效率。可是,要想实现足够的、稳定可靠的智能化,还有很多问题需要解决,而这仍需我们的共同努力。

2. 机器人的关键技术

机器人的关键技术是推动机器人系统不断发展和进步的重要支撑,其技术的研发和突破能够提高机器人系统的控制性能、人机交互性能和安全可靠性,还可以提高机器人任务重构、偏差自适应调整能力,实现机器人的系列化设计和批量化制造[5]。在智能制造领域中,机器人有三类关键技术:整机技术、部件技术以及集成应用技术[6]。

（1）整机技术是指以提高机器人产品的可靠性和控制性能,提升机器人的负载/自重比,实现机器人的系列化设计和批量化制造为目标的机器人技术,主要有本体优化设计技术、机器人系列化标准化设计技术、机器人批量化生产制造技术、快速标定和误差修正技术、机器人系统软件平台等。

在现代工业生产的一些高速、重载的应用场合下，需要确保机器人加工过程中的运动精度和运动平稳性。因此在机器人的本体结构设计开发时，必须对其惯性参数和结构参数进行优化，使机构的质量、刚度等参数得到合理的分布，从而保证机器人整机具有良好的动态性能[7]。

（2）部件技术是指以研发高性能机器人零部件，满足机器人关键部件需求为目标的机器人技术，主要有高性能伺服电机设计制造技术、高性能/高精度机器人专用减速器设计制造技术、开放式/跨平台机器人专用控制（软件）技术、变负载高性能伺服控制技术等。高性能伺服电机设计制造技术和高性能/高精度机器人专用减速器设计制造技术是其中的代表技术。

伺服电机能将电压信号转化为转矩和转速信号以驱动控制对象，是机器人的核心零部件之一，如图 3-16 所示。伺服电机作为机器人的关键执行部件，其性能很大程度上决定了机器人的整体动力性能[8]。机器人领域中应用的伺服电机具有响应快、启动转矩高、惯量低、调速范围宽广且平滑等性能，目前应用较多的是交流伺服电机。

减速器是工业机器人的核心部件之一，其起到匹配转速和传递转矩的作用。常用的精密传动装置主要有轻载条件下的谐波减速器和重载条件下的 RV 减速器。谐波减速器有轻量小型、无齿轮间隙、高转矩容量等优点下，但其精度寿命较差，通常应用在关节型机器人的末端执行器等轻载部位，如图 3-17 所示；RV 减速器主要包含行星齿轮与摆线针轮两级减速部分，具有减速范围宽、功率密度大、运行平稳等优点，已成为机器人最常用的精密减速器。

图 3-16　伺服电机　　　　　　　图 3-17　谐波减速机

（3）集成应用技术是指以提升机器人任务重构、偏差自适应调整能力、提高机器人人机交互性能为目标的机器人技术，主要有基于智能传感器的智能控制技术、远程故障诊断及维护技术、基于末端力检测的力控制及应用技术、快速编程和智能示教技术、生产线快速标定技术、视觉识别和定位技术等，而视觉识别和定位技术是其代表性技术。

视觉识别和定位技术（又称机器视觉技术）是一项涉及人工智能、图像处理、传感器技术和计算机技术等多领域的综合技术，与机器人结合非常紧密，广泛地应用在工业生产中的缺陷检测、目标识别与定位和智能导航等方面。机器人能够通过视觉传感器获取环境的二维图像,将二维图像传递给图像处理系统,分析得到对象的信息,根据预先确定的图像指标(像素分布、亮度、颜色等),将对象信息转变成数字信号,进行特征提取并分析决策,进而控制机器人动作[9]。典型的视觉应用系统如图 3-18 所示。

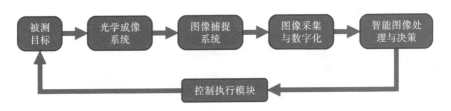

图 3-18　视觉应用系统

机器视觉已广泛应用于工业机器人领域,主要有以下三个功能。

① 引导和定位:机器人在运动过程中需要实时判断其与目标对象的相对位置,在半导体制造领域,通过机器视觉获取芯片的位置,进而调整机器人末端的位姿;在搬运流水线上,通过无标定的视觉引导,实现机器人的快速部署应用。

② 高精度检测:机器视觉用于完成品的制造工艺检测,如在齿轮生产线上通过机器视觉对齿轮加工缺陷进行检测,提高了产品筛检的效率;在自动化跟踪、追溯与控制等生产环节中,利用机器视觉识别零件是否存在或缺失,保证生产质量。

③ 图像识别:用机器视觉对图像进行处理、分析和理解,以识别各种不同模式的目标和对象,可以达到数据追溯和采集的目的。最为常见的图像识别就是在产品的表面张贴二维码或者条形码,特别是在汽车零部件流水线生产过程中,快速的图像信息识别大大提升了现代化工业生产的效率。

视觉识别和定位技术应用使得工业机器人能够适应复杂工业环境中的智能柔性化生产,大大提高了工业生产中的智能化和自动化水平。

3. 机器人的操作系统

硬件技术的发展在促进机器人快速发展和复杂化的同时,也对机器人的软件开发提出了巨大挑战。机器人平台与硬件设备越来越丰富,对提供基本功能代码的复用需求越来越多,因此在近 10 年里产生了多种优秀的机器人软件框架,为软件的开发工作提供了极大的便利。目前可以说已经成为机器人领域事实标准的软件框架 ROS(robot operation system,机器人操作系统)如图 3-19 所示。

从机器人的角度来看,那些人类微不足道的行为常常基于复杂的环境和执行过程,涉及手、眼、脑并用。而这些任务的处理,对于当下机器人来说还很有难度,单一的开发者难以独立完成。因此,ROS 的出现就是为了鼓励、帮助更多的开发者集中注意力在自己的专业方向。例如一个开发者希望能够测试基于激光雷达的避障过程,采用小车进行测试,但是小车的方向、速度控制是基础,在没有 ROS 的情况下,他需要先完成小车的基础运动控制,再结合激光雷达进行避障,这个过程无疑使工作量翻倍。但是有了 ROS 后,他可以直接跳过小车底层控制部分架构,通过函数接口(简单的一行命令 car_target_velocity_angle(v, θ))直

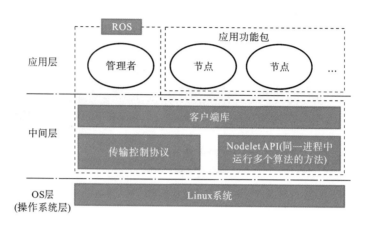

图 3-19　ROS 架构

接控制小车运动。另外，现在可以在一台普通电脑上，基于 Linux 系统运行 ROS 及其仿真环境，测试 GitHub(软件项目托管平台)上各种有趣的功能。同学们可以亲自试一试，不需要任何额外的设备，几乎可以做到零成本学习，这也促进了 ROS 的普及。

我们希望机器人做到"眼观六路，耳听八方"，为了实现这一目的，需要建立多传感器融合的控制算法(虽然现在大部分融合得一般)。这就离不开 ROS 的核心要件——分布式网络，使用基于 TCP/IP(transmission control protocol/internet protocol，传输控制协议/网际协议)的通信方式，实现模块间点对点的松耦合连接，以执行若干种类型的通信，包括基于话题的异步数据流通信(图 3-20)、基于服务的同步数据流通信等。

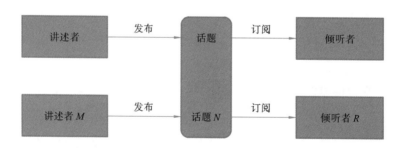

图 3-20　话题通信模型($M/N/R$ 互不相关，随着传递信息需求的变化而变化)

总体来讲，ROS 主要有以下几个特点。

(1) 点对点的设计。

在 ROS 中，每一个进程都以一个节点的形式运行，可以分布于多个不同的主机。节点间的通信消息通过一个带有发布和订阅功能的 RPC(remote procedure call，远程过程调用)传输系统，从发布节点传输到接收节点。

(2) 多语言支持。

ROS 目前已经支持 Python、C++、Java、OCTAVE 和 LISP 等多种不同的语言，可以同时使用这些语言完成不同模块的编程。

（3）架构精简、集成度高。

ROS 各模块中的代码可以单独编译，而且编译使用的 CMake（cross platform make，跨平台的安装（编译））工具使它很容易就实现精简的理念。ROS 基本将复杂的代码封装在库里，只是创建了一些小的应用程序作为 ROS 显示库的功能，这就允许它对简单的代码超越原型进行移植和重新使用。ROS 利用了很多现在已经存在的开源项目的代码，比如说从 Player 项目中借鉴了驱动、运动控制和仿真方面的代码，从 OpenCV（跨平台计算机视觉库）中借鉴了视觉算法方面的代码，从 OpenRAVE（一款机器人仿真软件）中借鉴了规划算法的内容，还有很多其他的项目。开发者可以使用丰富的资源实现机器人应用的快速开发。

（4）组件化工具包丰富。

机器人的开发过程一般需要在仿真平台上先进行验证，保证代码的基本逻辑无误，这就需要直观的仿真平台进行实验。ROS 提供了这些接口，例如 3D 可视化工具 Rviz，可以在其可视化界面上显示机器人模型、环境地图、导航路线等信息。如图 3-21 所示，在 Rviz 仿真环境中实现了 RGB-D（色彩模式）相机的场景实时建模。

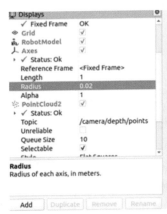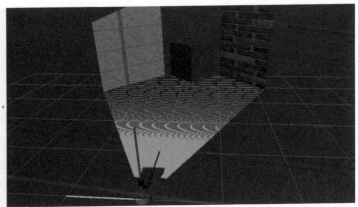

图 3-21　Rviz 中相机建模

（5）免费并且开源。

ROS 开源社区中的应用代码以维护者来分类，主要包含由柳树车库（Willow Garage）公司和一些开发者设计、维护的核心库部分。开发者可以在社区（如 ROS 维基社区、GitHub，上面有大量开源代码功能包）中下载、复用琳琅满目的机器人功能模块，这大大加速了机器人应用算法的开发。

3.1.3　工业互联网与数字孪生

工业互联网是全球工业系统与高级计算、分析、感应技术以及互联网连接融合的结果。工业互联网平台是智能制造的核心技术之一[10]。各行业的龙头企业围绕技术、管理、商业模式等方面，结合自身需求，正积极探索发展规律，并取得了一些进展[11]。而工业互联网的发展也使得数字孪生技术从软件环境中解脱出来，在设备管理、产品生命周期管理（product lifecycle management，PLM）和制造流程管理之间形成关联，相互补充。

1. 工业互联网的概念

工业革命以来,机器生产取代人力,大规模工厂化生产取代个体工场手工生产。传统手工生产时,人通过视觉、听觉、触觉等方面来感知生产要素信息,在大脑中对信息进行整合、分析。传统手工生产以生产需求为驱动,对生产要素进行配置。但是,传统的、通过人的知觉来感知全部生产要素十分困难。此外,生产要素之间通常是跨越空间和时间的,人们感知到的信息通常具有局限性和延迟性,而基于感知到的信息所制定的决策,通常不是全局最优的策略。而进入机器大生产时代以来,生产分工越来越细致,生产设备大幅增加,且生产设备朝着精密化、智能化的方向发展。

随着智能传感器的广泛应用,人们得以实时感知离散的生产要素信息。而在工业互联网时代,这类信息可在云平台上进行整合、分析,来优化制造过程,实现智能化生产,工业互联网平台也就应运而生[12]。

工业互联网集成了大数据技术和各类分析工具,并通过无线网络技术将工业设备连接起来。其功能是将不同任务的人工智能模型快速应用于分布式系统,通过云计算优化控制过程,实现高程度的自动化;其目的是借助飞速发展的信息技术,在更高的层次将生产所涉及的离散信息联结起来,利用大数据分析技术,优化生产过程,提高智能制造水平[13]。

工业互联网可以分为 4 层,如图 3-22 所示,包含边缘层、平台层(PaaS)、应用层以及 IaaS(infrastructure as a service,基础设施即服务)层。

其中,边缘层解决数据采集的问题,其通过大范围、深层次的数据采集,对异构数据进行转换处理,构建工业互联网的平台基础;平台层解决数据的处理和分类问题,对大数据进行分析并提供最优策略,构成开发环境;应用层结合工业生产过程中的实际问题,对于特定的生产过程,构建生产模型,并进行软件化,即编写对应 App 程序,用户可以直接根据程序进行资源的分配;IaaS 层通过数字化技术对计算、储存、网络等资源进行池化,并为用户提供相应资源服务。

2. 工业互联网的技术体系与关键技术

根据工业互联网的功能和结构,工业互联网技术体系可分为 4 个部分:工业系统信息感知技术、信息传输技术、数据分析平台和工业 App 开发技术[14]。

(1)工业系统信息感知技术。工业互联网平台需要实现跨部门、跨层次、跨地域、跨领域的工业系统信息全面感知,因此,需要将多源、多形式的数据整合,准确描述生产要素状态。然而,边缘层数据采集仍有很多问题,比如如何将老旧设备联网,如何采集到聋哑设备的数据;随着加工过程和生产线精益化、智能化水平的提高,如何将不同传感器信息进行整合同样非常重要;车间面积广、设备众多,如何对设备及人员进行远程管理也是边缘层需要解决的问题。

(2)信息传输技术。工业互联网平台需要完成工业数据集成、实时存储与传输任务。物联网主要通过有线或者无线的方式来对感知层获取的信息进行传递。根据无线传输距离不同,信息传输主要可以分为以蓝牙和 Wi-Fi 为代表的短距离传输(一般用于室内无障碍环境)和广域网通信技术(基于连接在机器人上的各种传感器通过不同的协议进行数据传输并

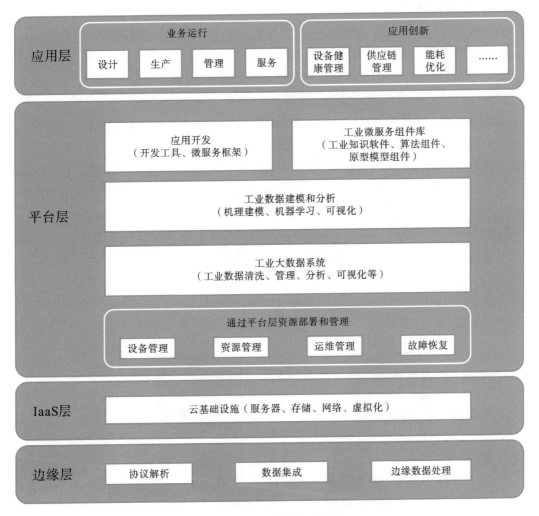

图 3-22　工业互联网结构层次

反馈）。对于协议转化，一方面可通过中间技术兼容 Modbus、CAN 等通信协议，另一方面可采用 HTTP（超文本传输协议）、MQTT（消息队列遥测传输）等方式将从传感器采集到的数据传到云端。

（3）数据分析平台。工业互联网平台需要实时高效处理不断产生的工业数据，从中挖掘出对工业生产有价值的决策方案。工业互联网平台需要借助大数据分析技术、人工智能等方法，基于专家经验，结合物理、数学等基础学科知识，从工业大数据中获得有价值的经验。

（4）工业 App 开发技术。工业互联网平台需要将分析出的结果实时推送给用户，同时也需要接口将决策传输到智能设备。因此，工业互联网平台需要开发面向新模式场景、个性化需求的 App。将手机互联的易用性、便携性与易传播性利用起来，使得人能够随时随地优化生产过程，进而提高生产效率。

3. 数字孪生的概念

数字世界的存在为物理世界的优化提供了有力的支撑。物理世界和数字世界正形成两大体系并行发展、互相影响的局面。人们对数字世界的发展需求催生了数字孪生技术。

数字孪生是以数字化方式创建物理实体的虚拟模型,借助数据模拟物理实体在现实环境中的行为,是现实世界实体或系统的数字化体现[15]。

数字孪生最早的概念模型(图 3-23)于 2002 年 10 月在美国制造工程协会管理论坛上提出。2010 年,美国国家航空航天局(NASA)在《建模、仿真、信息技术和处理》和《材料、结构、机械系统和制造》两份技术路线图中正式开始使用了"数字孪生"这一名称[16,17]。2011 年 Michael Grieves 博士在其新书《虚拟完美》中引用了数字孪生这一概念,作为其书中信息镜像模型的别名[18]。从数字孪生这一概念提出的历程中,我们不难发现,其最终目的是在数字化环境中实现对生产过程的完全预测。关于数字孪生的定义目前并未统一,北京航空航天大学的陶飞在 Nature 杂志的概述较为详细:数字孪生作为实现虚实之间双向映射、动态交互、实时连接的关键途径,可将物理实体与系统的属性、结构、状态、性能、功能和行为映射到虚拟世界,形成高保真的动态多维、多尺度、多物理量模型,为观察物理世界、认识物理世界、理解物理世界、控制物理世界、改造物理世界提供了一种有效手段[19]。

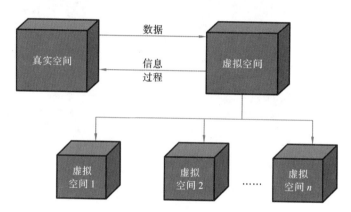

图 3-23　数字孪生最早的概念模型

4. 数字孪生的技术体系与关键技术

数字孪生技术目前仍处于发展阶段,典型的数字孪生系统包括用户域、数字孪生体、测量与控制实体、现实物理域,共四个层次,图 3-24 为数字孪生系统的通用架构。另外,跨域功能实体的功能为实现用户域、数字孪生体和测量与控制实体之间信息的安全稳定传输。

第一层是用户域,包括人、人机接口、应用软件和共智孪生体;第二层是根据物理模型创建的数字孪生体,提供建模管理、仿真服务和孪生共智三类功能;第三层是测量与控制实体,主要功能为感知物理对象并对其进行控制;第四层是现实物理域,主要功能为测量与控制现实物理域实体对象。

从数字孪生系统的通用架构可以看出,建模、仿真和数字线程是数字孪生的三项核心技术。

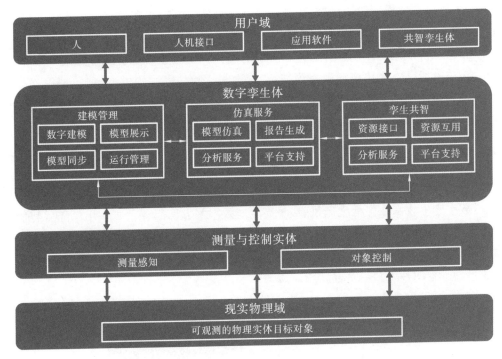

图 3-24　数字孪生系统的通用架构

数字化建模技术的目的是将我们对物理世界或问题的理解进行简化和模型化。数字孪生通过数字化技术构建模型，通过分析消除复杂系统的不确定性。数字化阶段或者说数字孪生技术的核心是建立物理实体的数字化模型。

需要注意的是，这里的模型和数字化制造中的模型概念有些许不同，数字化制造模型强调的是对真实环境的复现和参数化表达，而数字孪生在此之上要实现双方的交互，能够像"照镜子"一样，你中有我，我中有你。目前数字孪生的模型发展分为四个阶段，如图 3-25 所示，这种划分代表了工业界对数字孪生模型发展的普遍认识。

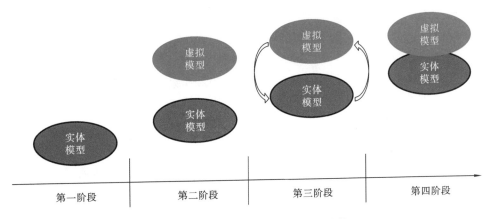

图 3-25　数字孪生模型发展的四个阶段

第一阶段是实体模型阶段,没有虚拟模型与之对应。NASA 在太空飞船飞行过程中,会在地面构建太空飞船的双胞胎实体模型,这套实体模型曾在拯救 Apollo 13 的过程中起到了关键作用;第二阶段是实体模型有与其相对应的部分实现的虚拟模型,但它们之间不存在数据通信;第三阶段是在实体模型生命周期里,存在与之对应的虚拟模型,但虚拟模型是部分实现的,在实体模型和虚拟模型之间可以进行有限的双向数据通信,当前数字孪生的建模能够较好地满足这个阶段的要求;第四阶段是完整数字孪生阶段,即实体模型和虚拟模型一一对应,虚拟模型完整表达了实体模型,并且两者之间实现了融合,相互之间的状态能够实时保真地保持同步。

数字化仿真技术兴起于工业领域,目前已经被应用于实际工业生产过程中,特别是高端制造业,数字孪生技术在降低生产风险、提高生产效率等方面起着重要作用。随着智能制造等工业革命的蓬勃发展,新技术在应用到制造业的过程中也产生了大量的新应用。工程仿真软件在研发设计、生产制造、试验运维等环节发挥非常重要的作用,如图 3-26 所示,工作人员通过增强现实技术检测产品。

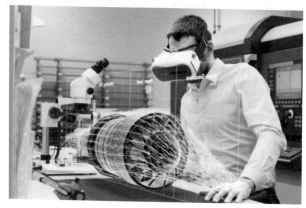

图 3-26　数字孪生构想(通过增强现实技术对产品信息进行跟踪识别)

目前,与数字孪生紧密相关的工业制造场景所涉及的仿真技术如下:

(1)产品仿真,如系统仿真、多体仿真、物理场仿真、虚拟实验等;

(2)制造仿真,如工艺仿真、装配仿真、数控加工仿真等;

(3)生产仿真,如离散制造工厂仿真、流程制造仿真等。

随着仿真技术的发展,这些技术被越来越多的领域所采用,逐渐发展出更多类型的仿真技术和软件。那么我们可以思考一下:如果按照这样的发展态势,物理世界可以像电影《黑客帝国》那样被事无巨细地仿真和模拟吗?

数字线程是指一种信息交互的框架,能够联通设备全生命周期数据,其通过强大的端到端的互联系统模型和基于模型的系统工程流程来支撑。在制造过程的任意部分发生的任何操作或活动都是数字线程的一部分。其主要作用:产生、交换和流转产品的设计、制造、运维等各方面的数据;在一些相对独立的系统之间实现数据的无缝流动;为设计、工程、制造和售后部门提供一个统一的参考点,使其能够协同行动;实现时间、地点、信息的智能同步且可追溯;对连接的效果进行评估;等等。

3.2　智能制造的特征与技术总结

3.2.1　智能制造的特征

根据以上对智能制造核心技术的分析,我们将智能制造的特征概括为三部分:制造资源的虚拟化、网络化;人机交互性;自分析、自学习和自维护。

(1) 制造资源的虚拟化、网络化。智能制造将实现以信息物理系统(CPS)为核心的智能生产,形成全球性的制造资源虚拟化、网络化,使得制造企业能够高效地整合和利用海量的制造资源,确保产品的质量和可靠性,或提供高质量的制造服务。

(2) 人机交互性。工业互联网和物联网协同交互,实现智能制造的人和机器在任何时间和空间上都可以相互联系、相互协同完成任务;形成机器智能与人的智能相结合、人机相互协作的关系;构建多层级、多方面的数字孪生体;实现人对生产过程的动态感知与实时分析。

(3) 自分析、自学习和自维护。智能制造能够搜集、理解环境和自身的信息。各组成单元能够依据工作任务需要,自行构建最佳结构。智能制造应用的知识来源于知识库,并在生产制造中不断学习,充实知识库。同时,智能制造还能在运行过程中对故障自行诊断、排除以及维护,而后进行自主决策与精准执行。

综上,智能制造能够整体实现不同企业之间的横向网络化合作,同时纵向打通企业内部各生产关系,实现从上游生产系统到最终产品消费的端到端数字化工业开发,围绕着 CPS/CPPS(cyber-physical production system,信息物理生产系统)形成智能工厂与智能生产的模式,最终实现高效、优质、低耗、绿色与安全的目标。

3.2.2　智能制造的技术总结

根据 3.1 节对智能制造核心技术的介绍,我们了解到智能制造主要包括基础技术、支撑技术和通用技术三方面。基础技术包括工业设备基础,例如基础工艺、基础材料等,以及设施基础,例如数字化基础、网络化基础、信息安全基础等;支撑技术涉及新一代信息技术和人工智能技术,包括传感器、工业互联网、大数据、云计算和数字孪生等技术;通用技术主要包括系统性集成技术和应用层面技术,包括"端到端集成、纵向集成、横向集成"三大集成技术和"动态感知、实时分析、自主决策、精准执行"四项应用层技术。这些技术的综合运用使得制造过程能够基于 CPS 进行感知分析、即时决策,并实现数据自主流动、资源高效配置、生产全面优化。

参考文献

[1] 李伯虎,柴旭东,朱文海,等. 现代建模与仿真技术发展中的几个焦点[J]. 系统仿真学

报，2004(9)：1871-1878.

[2] RUSSELL S, NORVIG P. 人工智能：一种现代方法(英文版)[M]. 北京：人民邮电出版社，2002.

[3] 董春利. 机器人应用技术[M]. 北京：机械工业出版社，2014.

[4] 李瑞峰. 工业机器人设计与应用[M]. 哈尔滨：哈尔滨工业大学出版社，2017.

[5] 李梦洋，侯凯洋，翟东升. 基于专利和面向园区的机器人产业技术路线图研究与应用2019[J]. 中国科技论坛，2019(8)：27-34.

[6] 国家制造强国建设战略咨询委员会.《中国制造2025》机器人领域技术路线图[J]. 机器人产业，2015(5)：38-43.

[7] 陈金炫. 工业机器人用永磁同步交流伺服电动机的设计[D]. 广东：华南理工大学，2016.

[8] 朱赵慧娟. 机器人用减速器传动理论研究与仿真分析[D]. 苏州：苏州大学，2019.

[9] 马红卫. 基于机器视觉的工业机器人定位系统研究[J]. 制造业自动化，2020，42(3)：58-62.

[10] 陈肇雄. 工业互联网是智能制造的核心[J]. 中国信息化，2016(1)：7-8.

[11] 周剑，肖琳琳. 工业互联网平台发展现状、趋势与对策[J]. 智慧中国，2017(12)：56-58.

[12] 钱志鸿，王义君. 物联网技术与应用研究[J]. 电子学报，2012，40(5)：1023-1029.

[13] AAZAM M, ZEADALLY S, HARRAS K A. Deploying fog computing in industrial internet of things and industry 4.0[J]. IEEE Transactions on Industrial Informatics，2018，14(10)：4674-4682.

[14] 夏志杰. 工业互联网的体系框架与关键技术——解读《工业互联网：体系与技术》[J]. 中国机械工程，2018，29(10)：1248-1259.

[15] COSTELLO K, OMALE G. Gartner survey reveals digital twins are entering mainstream use[EB/OL]. (2019-02-20)[2020-04-13]. https://www.gartner.com/en/newsroom/press-releases/2019-02-20-gartner-survey-reveals-digital-twins-are-ent-ering-mai.

[16] SHAFTO M, CONROY M, DOYLE R, et al. Modeling, simulation, information technology and processing roadmap[M]. Washington：NASA，2010.

[17] PIASCIK B, VICKERS J, LOWRY D, et al. Materials, structures, mechanical systems, and manufacturing roadmap[J]. NASA，2012：12-20.

[18] GRIEVES M. Virtually perfect：driving innovative and lean products through product lifecycle management[M]. Florida：Space Coast Press，2011.

[19] TAO F, QI Q. Make more digital twins[J]. Nature，2019(573)：490-491.

第2篇

智能制造的核心技术

第 4 章
数字化制造

数字化制造,通俗来讲就是将数字化技术应用于制造行业所形成的一套专门的技术和标准(数字化制造技术)。目前,数字化制造已成为制造业转型的趋势,学习和了解数字化制造技术有利于把握制造业发展的前沿技术。本章将首先介绍数字化制造的概念,了解数字化制造的组成和特征,然后介绍数字化制造的发展历史,最后以波音飞机的制造为例,系统地为同学们讲解数字化制造的流程与阶段、关键技术,并总结其发展趋势。

4.1 什么是数字化制造

数字化制造就是指制造领域的数字化,是数字化技术和制造技术的融合。想要理解数字化制造的内涵,首先就得了解数字化是什么。本节将从数字化的含义入手,让同学们对数字化有一个基础的认知。

4.1.1 数字化的含义

美国学者尼葛洛庞帝早在其 1966 年出版的《数字化生存》一书中就提出了"数字化生存"这一概念,且表明数字化将给人类的生存方式带来翻天覆地的变化,并由此产生一种新的生存方式。随着 21 世纪人类社会进入第四次工业革命,不论从社会、经济还是科学技术等层面出发,数字化已经在中国乃至世界上各个领域间渗透及发展,并成为这个信息化、智能化时代的代名词。

数字化从技术层面上解释,即连续变化的模拟信号转变为不连续的数字信号的过程,这是一个用数字去量化的过程,通俗来说其实就是将我们所在的真实物理世界映射到虚拟数字世界。这个过程中模拟量和数字量之间转换的实现,依赖于由哈里·奈奎斯特提出并经克劳德·香农验证的采样定理。我们需要利用各类传感器及其他信息采集通信技术,对物理世界中一些复杂多变的信息进行采样和传输,再输入计算机中进行表达和储存。计算机内部都是由二进制的 0/1 组成的数据,最小的数据编码单位为 bit(字),也就是一个二进制位,而 8 位 bit 组成 byte(字节),进而由这些基础数据单位组成各式各样不同类型及不同含义的数据单元,然后这些数据单元再经过特定规则的组合便可以表示特定事物的数字化模型。

举个例子,相机想必同学们都很熟悉,传统胶卷相机的工作原理为光线从镜头进入,通过镜头把景物影像聚焦在胶片上,胶片上的银盐(主要为溴化银 AgBr)感光剂随光照发生化学变化,最后胶片上受到光照变化的感光剂经显影液冲洗方能显影和定影。而现在的数字相机,也称数码相机,其原理是以影像传感器(如 CCD(电荷耦合器件)、CMOS(互补金属氧化物半导体)等)代替了胶片,光线进入镜头,由影像传感器将光强度转化为电荷的积累,最后通过模数转换芯片转换为数字信号,即由 0 和 1 组成的二进制数字信息。如图 4-1 所示,数字图像由多个像素点构成,每个像素点都有着各自的像素值。在不考虑设备限制及感光剂分子的影响下,理论上一张胶片照片放大时,细节依然很清晰。而当你将一张由一个个像素点组成的数字图像放大到一定程度,便会出现"马赛克效应",这很好地反映了数字信号是离散的、不连续的。

 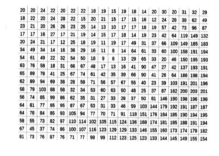

（a）原图　　　　　　　　（b）截取区域　　　　　　　（c）量化数据

图 4-1　图像数字化示例

但之所以生活中数字化的应用如此广泛,是因为相比于模拟信号,数字信号处理技术更加经济、灵活和方便,且抗干扰性强,不像模拟信号易受噪声影响,而且模拟信号处理系统往往受硬件限制较大,功耗更高。所以数字化技术更适用于计算和数字电子领域,如计算机、CD、DVD 等。

4.1.2　数字化制造的概念

传统制造系统由两部分组成:人和物理系统。如图 4-2 所示,物理系统是主体,人是整个系统的主导者。各种任务都是通过人对物理系统(如机器)的操纵来完成的。其中物理系统代替了人的体力劳动,而人需要自行完成信息感知、决策分析、操作控制及学习认知等多方面工作,劳动强度仍旧十分大,且效率不高,难以完成复杂任务。例如,在传统手工加工机床上加工零件时,操作者需要根据加工需求,通过肉眼观察、分析决策并操作机床,控制刀具

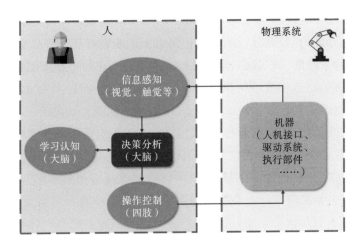

图 4-2　传统制造系统结构

相对于工件的加工轨迹以完成加工任务。

20 世纪中期,随着制造业需求不断提升,以及计算机、数字控制(numerical control,NC)等技术的发展,数字化制造迎来了开端。数字化制造的核心是在传统制造的人与物理系统之间加入信息系统。这使得原来的人-物理二元系统(human-physical systems,HPS)升级成为人-信息-物理三元系统(human-cyber-physical systems,HCPS),如图 4-3 所示,集成了人、信息系统和物理系统各自的优势,这所带来的提升是巨大的。信息系统是由软件和硬件共同构成的,其主要功能是感测并收集信息,对输入的信息进行数据处理与分析,并自动控制物理系统完成任务,无须人为干预。例如,不同于上述传统加工机床系统,数控机床加工系统作为数字化制造的典型代表,在人和机床之间增加了计算机数控系统,操作者仅需根据加工要求在计算机中计算分析被加工零件的加工轮廓、形状以及机床刀具的运动轨迹、主轴旋转速度、进给速度等,并进行规定格式的编程,计算机数控系统就会自动根据给定程

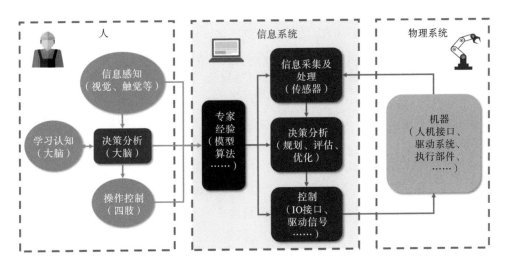

图 4-3　数字化制造系统结构

序控制机床完成加工任务。

信息系统在感知能力、计算分析和精确控制方面的表现都远超于传统系统中扮演主导角色的人,另外物理系统的工作效率、稳定性以及准确性都在信息系统的加持下得以显著提升。同时,人所拥有的制造相关经验和知识可以迁移到信息系统,让机器可以继承和使用,提高了知识的利用效率[1]。

早在 20 世纪 80 年代,智能制造的概念就被提出了,而当时智能制造的主要体系就是数字化制造。2017 年 12 月,中国工程院院长周济在世界智能制造大会上提出了中国智能制造发展的三个基本范式,分别是数字化制造、数字化网络化制造和数字化网络化智能化制造,其中数字化制造被概括为将以计算机数字控制为代表的数字化技术广泛应用于制造领域,并形成"数字一代"的创新装备产品,覆盖全生命周期的制造系统和以计算机集成制造系统(computer integrated manufacturing system,CIMS)为代表的解决方案。而作为智能制造的第一个基本范式,数字化制造也可以称为"第一代智能制造"。数字化网络化制造和数字化网络化智能化制造则是在数字化制造的基础上发展而来的[2]。

4.1.3 数字化制造的架构和特征

根据上文的定义,数字化制造涵盖了三个部分内容:数字化技术、数字化装备以及数字化制造系统[3]。其中的技术路线可以概括为"设计—制造—管理"三个方面,下面逐一介绍。

1. 数字化技术

数字化技术是数字化制造最基本的部分,其特征表现为将整个制造过程中涉及的对象信息用数字化来表征、储存、处理、传输,包括产品设计及其加工制造过程的数字化,制造所用被加工零件、材料、刀具、模具的数字化,以及人的知识和经验的数字化。其中核心技术包括计算机辅助设计(computer aided design,CAD)、计算机辅助工程分析(computer aided engineering analysis,CAE)、数字控制(NC)、计算机辅助工艺规划(computer aided process planning,CAPP)和计算机辅助制造(computer aided manufacturing,CAM)。这里将整个技术划分成两大部分,以 CAD、CAE 为核心的数字化设计及仿真技术和以 CAM、NC、CAPP 为代表的数字化制造技术。前者是后者的重要基础,早期两者是相互独立发展的,但从 20 世纪 70 年代起,两者结合形成了如今的 CAD/CAM(数字化设计与制造)技术并开始被广泛使用。

计算机辅助设计(CAD)系统是数字化制造中信息与数据的来源,是一项辅助创建、分析、修改和优化的设计技术。其主要功能是辅助工程技术人员根据预期产品的功能及性能需求完成产品的总体结构设计、部件设计、零件设计以及零件装配,包括产品的三维几何造型和二维产品输出工程图。CAD 产生并储存的数据主要有零件的几何和拓扑信息,表面精度、公差和材料等制造信息。其支撑技术主要包含交互技术、图形变换技术、曲面造型和实体造型技术等。图 4-4、图 4-5 所示分别为工业机器人经常使用的 RV 减速器二维爆炸图以及 RV 减速器二维装配图。

CAD 在定义零件几何信息时,通常使用线框模型、边界表示模型和实体模型。边界表

图 4-4　RV 减速器三维爆炸图

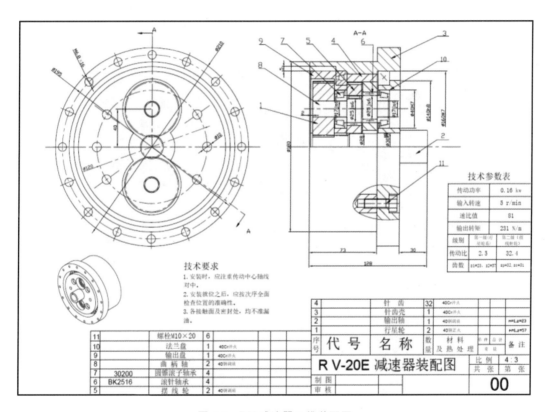

图 4-5　RV 减速器二维装配图

示模型的核心思想是通过物体的边界面来定义物体,边界面则是借助数学上不具备边界限制的点、线、面等基本单元来表示,而这些基本单元又被一起用来定义面。基于模型定义(model based definition,MBD)的产品数字化定义技术是随着 CAD 发展产生的阶段性技术,其使用集成的 3D 实体模型来完整表达产品定义信息,并详细规定了产品定义、公差标注规则和过程信息表达方法,3D 实体模型成为制造过程中的唯一依据。

　　计算机辅助工程分析(CAE)系统集产品设计、工程分析、仿真、制造和优化设计于一体，以产品数字化模型为基础，以力学、材料学、运动学、动力学等为理论依据，主要用计算机对产品进行未来性能及可靠性分析，对产品工作时的物理状态与产生的行为进行仿真模拟、评估和优化，及早发现产品的设计制造缺陷，保证产品在使用过程中的安全可靠性。在计算机中分析和模拟某个产品时，首先需要 CAD 建立产品模型，有了产品的数字模型后，就可以使用多样的 CAE 分析手段，如有限元分析(finite element analysis，FEA)和模态分析(modal analysis)，来模拟分析产品在实际工作环境下的受力变形、损耗或者振动，并通过分析数据来判定产品是否满足预期设计要求[4]。例如，CAE 系统可以对金属零件的切削、磨削、铣削、焊接以及装配等工艺流程进行仿真，在此过程中，不仅可以对产品的性能质量进行检测，还可以对加工工艺背后的科学机理展开进一步的研究。同时，CAE 系统也可以对汽车、飞机等产品整体或其零部件的工作场景进行仿真。如图 4-6 所示，分别是金属切削过程中的有限元分析和车辆行驶过程中外流场的仿真。CAE 最大的优点是无须制造物理样机和进行物理测试，为工程师提供提前发现产品设计缺陷的手段，从而大大减少了产品开发的成本，缩短产品开发周期。

图 4-6　金属切削过程中的有限元分析(上)和车辆行驶过程中外流场的仿真(下)

数字控制（NC）是一种自动控制技术，是利用数字信号对物理系统对象进行控制的技术。数字控制系统中的控制信息是数字信息，而模拟控制系统中的控制信息为模拟信息。数字控制相对于模拟控制具有许多优势，如数字信号的表示方法灵活多样，不同的大小、格式可以表示不同的信息含义，而且计算机可以很容易地对数字信号进行逻辑运算、数学运算等复杂的处理工作。另外，当模拟控制系统功能发生变化时，需要软硬件都做出相应的变动来实现功能变化，而数字控制系统很好地规避了这一缺点。数字控制系统可仅通过软件来改变整个信息处理过程及实现功能，使机械系统具有很高的灵活性和集成性。因此，数字控制被广泛运用于机械运动的轨迹控制和机械系统的开关控制，如数控机床和机器人的控制等。

制造工艺规划是数字化制造中重要的研究领域，就是根据零件的结构以及工艺特征，在考虑生产成本、效率及生产条件的前提下，确定零件的加工制造及装配流程安排。传统的制造工艺规划通常是由具有一定经验的工程师来完成的，往往具有一定的主观性和不确定性，而计算机辅助工艺规划（CAPP）就是利用计算机技术实现制造工艺流程的自动生成和优化。将被加工零件的几何信息（如形状、尺寸等）、工艺要求（如材料、热处理等）及加工要求等输入计算机，然后由计算机自动生成优化后的工艺内容和工艺路线。成组技术（GT）是 CAPP 的核心技术，其基本原理是以成组分析为依据，以零件的几何形状特征及加工工艺流程的相似性为原则，以基于成组技术的工艺设计合理化及标注化作为基础，采用先进生产技术，设计成组工艺过程、成组工序和成组夹具。CAPP 可谓是产品设计和数控加工技术之间的桥梁，它可以使数字化设计的结果快速应用于实际生产制造，充分发挥了数控加工的优势，从而实现了数字化设计与制造之间的信息集成。

计算机辅助制造（CAM）系统其实就是集三维设计、分析、NC 加工于一体，将曲面造型和数控编程集成在一起，能够辅助自动生成刀具路径、测量路径及数控加工，并具有几何造型、零件几何形状显示、交互设计、修改刀具轨迹、加工过程仿真等功能，促进了 CAD/CAM 技术的一体化。

2. 数字化装备

数字化装备是指传统的机电装备中，加入传感器、集成电路、软件和其他信息化元器件，从而形成的机电信息一体化装备，例如数控机床、工业机器人、数字化测量设备和快速成型设备等。与传统机电装备相比较，数字化装备具有效率高、兼容性强、易于维护和集成、智能化等优点。下面将介绍数控机床、工业机器人、数字化测量设备、快速成型设备。

数控机床就是采用了数控技术的机床或者装备了数控系统的机床。国际信息处理联盟第五技术委员会对数控机床作了如下定义：数控机床是一种装有程序控制系统的机床，该系统能逻辑地处理具有特定代码或其他符号编码指令规定的程序，如图 4-7 所示。

而数控加工是根据零件数字化模型及工艺要求等初始条件编制零件的数控加工程序，并输入数控系统，控制数控机床中刀具和工件的相对运动来完成零件的自动加工，具体过程及内容如图 4-8 所示。其中，由计算机硬件和软件组成的计算机数控系统称为 CNC（computer numerical control）。

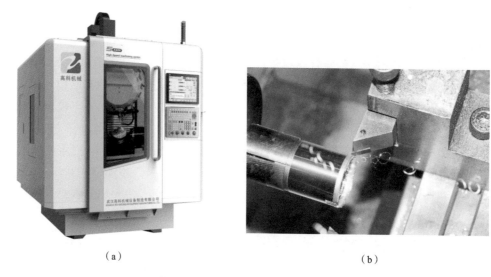

（a）　　　　　　　　　　　　　　　（b）

图 4-7　数控机床（a）及车削过程（b）

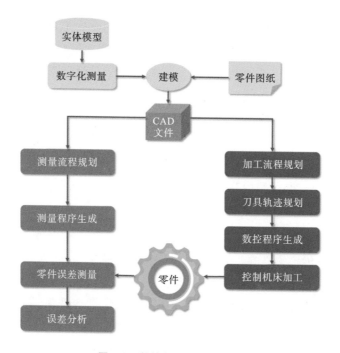

图 4-8　数控加工过程及内容

　　数控机床主要由控制介质（信息载体）、数控系统、伺服系统和机床本体组成，如表 4-1 所示为数控机床组成及基本原理。

　　数控机床种类丰富，按照加工方式可分为金属切削类数控机床、金属成型类数控机床、特种加工数控机床和其他类型（如测量绘图类）数控机床。金属切削类数控机床又可根据自动化程度不同分为普通数控机床、加工中心和柔性制造单元。

表 4-1　数控机床组成及基本原理

数控机床组成	基本原理
控制介质	控制介质是人与机床间的联系介质,用于记录数控机床上加工零件所必需的各种信息,即数控加工程序,包括零件加工的几何信息、工艺参数和辅助运动等。通常采用操作面板直接输入加工信息或者通过串口连接计算机进行传输
数控系统	数控系统是数控机床的核心,由译码器、运算器、储存器、控制器、显示器、输入输出装置等组成,其功能是输入加工程序,经计算和处理程序信息后,发出相应脉冲指令,驱动伺服系统控制机床动作
伺服系统	伺服系统是数控系统和机床的连接部分,其作用是接收数控系统经插补输出的位移、位置等信息,经功率放大后转换成机床执行机构的运动,以完成加工。伺服系统的精度和动态响应能力直接影响了数控机床的生产效率和加工精度。常见的伺服驱动元件有步进电机、直流伺服电机和交流伺服电机等
机床本体	机床本体是指用于完成各种加工的机械部分,包括床身、底座、立柱、工作台、主轴箱、进给机构及刀架等机械部件。相比于传统机床,其主要特点为:① 采用高性能主轴及伺服传动系统,因此机械传动机构得到了简化,传动链较短;② 为适应连续自动化加工,数控机床具有较高的动态刚度、阻尼精度及耐磨性,热变形较小;③ 采用高效、高精度、无间隙传动部件,如滚珠丝杠螺母副、直线滚动导轨等;④ 采用刀库和自动换刀装置以提高机床工作效率

其中普通数控机床有数控车床、数控铣床、数控钻床、数控磨床等,这类机床和传统通用机床特征类似,但具有更加优异的复杂形状零件加工的能力。在普通数控机床上加装刀具库和自动换刀装置就构成了加工中心,如镗铣类加工中心和车削类加工中心,其特点是过程中工件只需要进行一次装夹,数控系统能控制机床自动更换刀具,连续自动地完成多道加工工序。柔性制造单元则是拥有更高自动化水平的数控机床,使用单台或者多台加工中心配合自动化立体仓库、传送带及搬运机器人等物料储运系统工作,甚至可以集成一些具备测量、清洗等功能的加工辅助设备。

如今 CNC 机床的坐标轴联动控制已从最初的两轴、三轴发展到五轴,并可以实现更多轴的控制。五轴联动控制 CNC 机床可以实现对五面体零件、复杂空间曲线及曲面的高精度加工,主要用于飞机结构件、航空发动机零件、磨具等各种复杂零件的切削加工。

工业机器人具有多轴灵活性、宽阔的工作空间和轴扩展能力,且具有自主规划、可编程、可协调作业和基于传感器控制等特点,能够实现大尺寸、复杂产品加工,有效降低加工成本,是 CNC 机床加工的扩展和延伸,图 4-9 所示是一台六轴工业机器人。机器人加工已成为现代数字化制造生产装备及系统的重要组成部分,推动了数字化制造技术在汽车、电子、军工、航空等相关产业的应用[5]。后续第 6 章对机器人有十分详尽的介绍,这里就不再赘述。

数字化测量设备通常为获取物体表面三维信息的设备,基本可分为两大类,即接触式、非接触式,如 CMM(三坐标测量)设备、激光测距传感设备、立体视觉三维成像设备等。当前测量硬件发展迅猛,大大提升了零件表面三维信息的快速获取能力。图 4-10 所示是一台 CMM 设备,其工作原理是通过结合三个不同方向上的线性测量单元(通常是光学、机械或电学测量单元)的测量数据得到物体的几何形状。对于复杂形状零件,以自由曲面轮廓及复杂结构零件的测量为典型,将激光扫描仪、视觉系统以及三坐标测量设备有机结合,构建成一个快速测量建模环境,是一个可行的研究趋势。

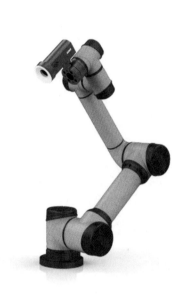 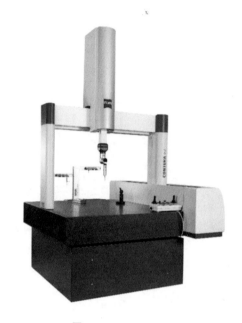

图 4-9　六轴工业机器人　　　　　　　　图 4-10　CMM 设备

　　快速成型设备基于快速成型和制造技术,是一种集 CAD、CAM、CNC、激光和新材料等技术于一体,根据离散/堆积成型思想的新型成型技术,也就是我们常说的 3D 打印技术,其基本构思是任何三维零件都可以看作沿一定坐标方向堆叠的等厚二维平面轮廓。将计算机上 CAD 系统内的三维模型切分成一系列的二维平面几何信息,按照这些平面轮廓,使用激光束一层层固化液态光敏树脂(立体光固化成型,SLA),或一层层烧结金属粉末材料(选择性激光烧结,SLS),或通过喷嘴喷洒金属粉末于激光聚焦点,再一层层熔化粉末获得堆积的熔覆实体(激光熔覆成型技术,LMD,如图 4-11 所示),形成各截面轮廓并逐层堆叠成三维实体。

3. 数字化制造系统

　　数字化制造系统是数字化技术、制造技术及管理科学的有机结合,是自动化系统与信息系统的融合。数字化制造系统实现了内外部数据的互通互联,能够收集和调配各种过程资源信息,利用这些数据和信息实现整个制造过程各环节的协同,以及制造中工艺、材料、任务等的分析、规划和优化重组,实现对产品设计和功能的仿真以及原型制造。

　　数字化制造系统重要特征之一便是覆盖产品的全生命周期,实现生产过程中各环节的集成和优化运行,产生了以计算机集成制造系统(CIMS)为标志的解决方案,其中也包括用

图 4-11　激光熔覆成型技术

于实现产品数据统一管理和共享的产品数据管理（product data management，PDM）技术，与以数字化模型为载体、改变传统串行开发模式的并行工程（concurrent engineering，CE）技术和产品生命周期管理技术等。

其中 CIMS 是伴随着 CAD/CAM 的发展而产生的，在这个系统中，集成化显得尤为关键。生产经营过程本质上是数据的采集、传递和处理过程，最终产品也可以被视为数据的物质呈现。因此，对 CIMS 的通俗解释可以是"使用计算机信息集成的方式实现现代生产制造，以提高企业效益"。CIMS 的研究开发，在系统的任务、结构、限制、优化和执行等方面，体现了系统的总体性及一致性。

在产品的生命周期中，各项作业都有相应的计算机辅助系统，如 CAD、CAE、CAPP 等，这些单项技术"CAX"原本在生产过程中都是独立的，追求各自技术的最优化，但最终不一定能够实现为企业降低产品成本、改善产品质量以及提高竞争力的目标。CIMS 的基本组成如图 4-12 所示。CIMS 就是将技术上的各个单项信息处理和制造企业管理信息系统集成在一起，将产品生命周期中的所有相关功能，包括产品设计、加工制造、管理和市场等信息处理全部用于集成。其关键点是建立统一的数据格式与数据语义，确保信息能够正确且方便地共享。

一个制造型企业采用 CIMS，可以使企业的整体生产效率提升，具体体现在以下三个方面。

（1）在产品设计方面，可提升产品自动化开发和生产能力，确保产品设计质量过关，缩短产品设计与工艺规划的周期，从而加速产品的更新迭代，以利于开发具有先进技术及复杂结构的产品，满足顾客需求，从而提升市场竞争力。

（2）在制造自动化或柔性制造方面，加强了产品制造的品质和灵活性，提高了设备利用率，缩短了产品制造周期，提高生产效率，保证产品供货量充足。

（3）在经营管理方面，实现了公司的经营决策与生产管理的科学化。为企业在激烈的市场竞争中快速准确地报价争取了更多的时间；在实际生产中，突破限制，降低在制品数量；同时减少了存货的资本占用。

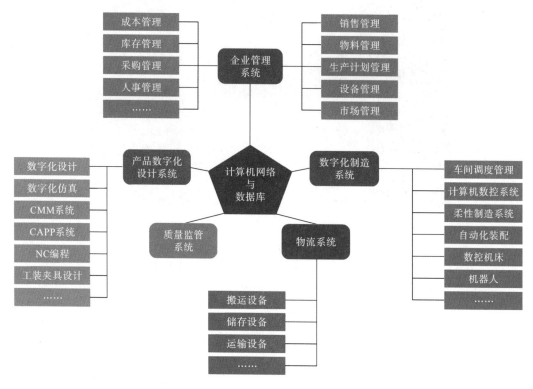

图 4-12　CIMS 的基本组成

4.2　数字化制造的发展历史

　　数字化制造技术的发展历史并不久远,在 19 世纪 50 年代初期就已具备雏形,而数字化制造技术的迅速发展与广泛应用,得益于第三次工业革命期间诞生的一系列新理论和新方法。可以说,数字化制造技术的发展与第三次工业革命的科技发展相辅相成,科学技术的进步拓宽了数字化制造技术的研究领域,而数字化制造技术反过来又推动了科学技术的进步发展。本节将从数字化制造的起源开始,介绍数字化制造的理论和技术基础,之后对其发展的各个历史阶段展开分析,最后介绍数字化制造技术的未来发展趋势。

4.2.1　起步阶段

　　工业革命的浪潮总是伴随着制造业的变革,第一次工业革命始于 18 世纪下半叶英国纺织业的机械化,过去数以百计的织工在家中进行的费时费力的手工劳作被集中到一家棉纺厂里进行,由此诞生了工厂,生产形式从家庭、小作坊生产变为工厂集中生产。第二次工业革命发生在 20 世纪初,当时亨利·福特掌握了流水线技术,由此开启了批量生产的时代。这两次工业革命都极大地解放了生产力,同时催化了制造业的深刻变革。第三次工业革命期间,以原子能、电子计算机、空间技术和生物工程为主的科学技术迅速发展,使得人们对制造业的要求也日益提高,例如对产品质量的要求、对生产效率的要求、对产品精度的要求等。在此背景下,推动发展制造业的新变革已成为必然趋势,而数字化制造技术就是这场制造业新变革的主要内容。

第三次工业革命期间兴起的一系列理论和技术,为数字化制造的出现奠定了基础,20世纪中叶发展的信息论、控制论和系统论等学说均成为数字化制造的理论基础:信息论是一种建立在概率论基础上,研究信息有效处理和可靠传输一般规律的学科,最早由"信息论之父"香农于 1948 年提出;控制论主要研究控制对象内部的通信手段和控制方法,1948 年出版的《控制论》一书,进一步完善了控制论的体系;系统论的内容不仅包括系统本身的结构、规律、行为等,为了应对多目标系统任务,还需要对系统间的关系进行描述,最早由贝塔朗菲于 1932 年提出。

计算机的出现为数字化制造奠定了技术基础,Harrington、Merchant 和 Bjorke 等人最早将计算机用于制造业,他们提出用计算机集成制造概念将整个制造系统的所有运作自动化、优化、集成。在计算机技术的帮助下,先后发展了一系列计算机辅助数字化控制、设计和仿真的技术,如计算机辅助工业设计、计算机辅助工程、计算机辅助设计与制造、计算机辅助工艺规划、三坐标测量及计算机辅助检测,这些技术的发展进一步完善了数字化制造框架。

第一次工业革命和第二次工业革命分别推动了蒸汽机以及电气行业的发展,而第三次工业革命中数字化制造的发展提高了对市场需求的反应速度,并使个性化服务成为可能,这一特点深深影响了那些依赖市场需求反馈的产业。为了适应这种发展特点,不少企业选择将本地化制造战略作为发展出路,这对工业生产全球化体系产生重大影响。可以这样认为,数字化制造技术作为新的制造科学与技术和新的制造模式,正悄然改变我们所熟知的制造业结构体系。

4.2.2 发展阶段

1. 准备与酝酿阶段

20 世纪中叶,以信息论、控制论、系统论为代表的"老三论"获得了迅猛发展。1946 年,世界上第一台电子计算机诞生(图 4-13)。理论和技术的发展为数字化制造的出现奠定了基础,数字化制造的概念也正是在这一时期开始萌芽。

其实早在 20 世纪 40 年代,人们就已提出了用数字控制技术去完成机械加工的设想。美国飞机承包商 John T Parsons 敏锐地察觉到了这一信息,开始研究用数字信号控制坐标镗床的加工方法,成功制造出飞机机翼轮廓的板状样板。随后美国空军发现了这种方法在飞机零部件生产中的潜在价值,开始对其研究给予资助和支持。1949 年,美国帕森斯公司(Parsons. Co)开始与麻省理工学院的伺服机构实验室合作研制数控机床。为了控制机床,研究者开发了一种自动编程语言(APT 语言)。利用 APT 语言,人们可以定义零件的几何形状,指定刀具的切削加工路径,并自动生成相应的数控加工程序,再通过一定的介质,如磁盘、网盘等,将程序传送到机床中,程序经过编译,就可以控制机床、刀具与工件之间的相对

图 4-13　世界上第一台计算机 ENIAC 在工作

运动,完成零件的加工。这便是数字化制造中数字控制(数控)技术的最初模型。数字化制造技术最早也是从数控技术的研究开始的。

随后人们在 APT 语言的基础上又开发了一系列数控技术。1952 年,基于 APT 编程思想,麻省理工学院完成了一台三坐标铣床的改造,实现了机床的直线插补和连续控制功能,首次实现了数控加工,也就是第一代数控机床(图 4-14)。第一代数控机床存在体积大、功耗高、价格昂贵、可靠性低、操作不便等缺点,限制了数控机床的推广使用。

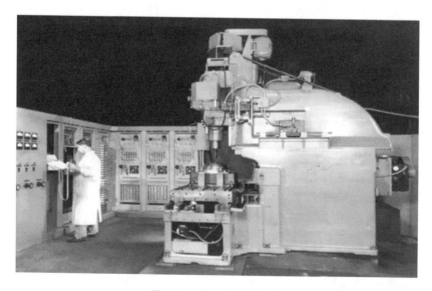

图 4-14　第一代数控机床

之后美国空军等继续资助麻省理工学院对 APT 语言和数控技术的研究。1953 年,麻省理工学院推出 APT Ⅰ,在计算机上实现了自动编程。此后,数控机床在世界范围内得到了广泛重视,苏联、日本、中国等国家也开始了数控机床的研究。1958 年,我国第一台三坐标数控铣床由清华大学和北京第一机床厂联合研制成功(图 4-15),之后多所高校、研究机构和工厂相继开展了数控机床的研制工作。

1959 年,晶体管元件(图 4-16)的研制成功,使得在数控装置中使用晶体管和印制电路板成为可能,自此,数控机床进入第二个发展阶段。

图 4-15　《机械工人》1966 年第 6 期封面报道的中国第一台数控铣床

图 4-16　晶体管元件

2. 初步应用阶段

在数控技术得到一定发展的情况下,数字设计技术的研究也开始起步。1962 年,来自麻省理工学院林肯实验室的伊凡·萨瑟兰首次系统性地论述了交互式图形学的相关问题,提出了计算机图形学(CG)的概念[6],其思想为计算机辅助设计(CAD)奠定了理论基础和技术储备。

20 世纪 60 年代中期,世界范围内各大研究所、公司都投入了大量物力财力,加紧开展计算机图形学的研究。1965 年,洛克希德公司推出全球第一套基于大型机的商品化 CAD/CAM 软件系统——CADAM。

随着交互式计算机图形学技术研究的深入,人们开始超越计算机图形学的范畴,转而重视如何利用计算机进行产品设计。据统计,仅 20 世纪 60 年代末,美国安装的 CAD 工作站就已有 200 多台。

与此同时,数控技术也取得了新的研究进展。1962 年 APT Ⅲ 发布,并于同年成功研制出第一台工业机器人(图 4-17),实现了自动化物料搬运。1965 年,随着集成电路技术的发展,小规模集成电路诞生了。它的出现使得数控系统的可靠性进一步提高,也标志着数控机床发展到了第三代。1966 年,第一台依靠一个上位机控制多个数控机床的直接数字控制系统诞生了。1967 年第一条柔性制造系统诞生了,标志着制造技术开始进入柔性制造时代。

图 4-17　第一台工业机器人 UNIMATE

我国数控技术的基础相对薄弱,电子元件质量差、元器件不配套等问题使得数控研究受到了很大影响。1960 年以后,国内大多数数控技术研究单位的研究进展基本陷于停滞状态,只有少数单位坚持了下来。1966 年,国产晶体管数控系统研制成功,实现了某些品种数控机床的小批量生产。

3. 广泛应用阶段

20 世纪 70 年代前后,CAD/CAM 相关软硬件系统进入商品化阶段,与 CAD 相关的技术诸如质量特征计算、有限元建模、NC 纸带生成与检验等得到了广泛研究和应用。

图 4-18　英特尔第一款微处理器 4004

1970 年,英特尔公司率先开发出微处理器(图 4-18)。同年,基于小型计算机的数控系统的数控机床亮相国际机床展览会,即第四代数控机床。之后基于微处理器数控系统的数控机床研究迅速发展。1974 年,美国、日本等国家先后研制出以微处理器为核心的数控系统,应用于数控机床,即第五代数控机床。数控机床发展历史如图 4-19 所示。

1973 年,美国人约瑟夫·哈林顿(Joseph Harrington)首次提出计算机集成制造(computer integrated manufacturing,CIM)的概念[7]。CIM 技术依靠计算机,集成了各种与制造相关的技术。CIM 强调:① 企业的各个生产环节是不可分割的整体,需要统一安排和组织;② 产品的制造过程实质上就是信息采集、传递和加工处理的过程。

20 世纪 70 年代中期,大规模集成电路的问世有力地推动了计算机、数控机床、搬运机器人和检测控制技术的发展,由多条柔性制造系统构成的自动化生产车间等相继出现,成为先进制造技术的重要形式。柔性制造生产线如图 4-20 所示。

20 世纪 70 年代以后,我国数控加工技术研究进入了较快的发展阶段,国产数控车床、铣床、钻床、磨床、齿轮加工机床、电加工机床以及数控加工中心等相继研制成功。1972 年,我

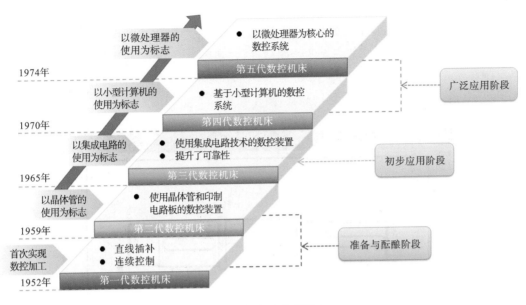

图 4-19　数控机床发展历史

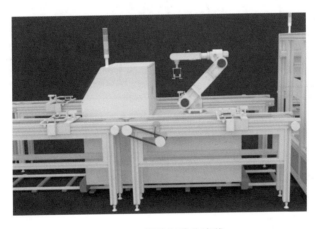

图 4-20　柔性制造生产线

国集成电路数控系统研制成功。据统计,1973—1979 年,我国共生产各种数控机床 4000 多台,其中线切割机床占 86%,主要用于模具加工。

20 世纪 70 年代是开展 CAD/CAM 技术研究的黄金时代。其间,CAD/CAM 技术得到了广泛推广使用,同时单元技术等功能模块进一步发展。据统计,20 世纪 70 年代末,美国安装图形系统的计算机达 12000 多台,使用人数达数万人。但是,就技术及其应用水平而言,CAD/CAM 技术中各功能模块的数据结构尚不统一,集成性也较差。

4. 技术成熟阶段

20 世纪 80 年代,个人计算机(PC)和工作站的出现,极大降低了 CAD/CAM 技术的硬件门槛,促进了 CAD/CAM 技术的普及与发展,主要表现为由军事工业转向民用工业,由大型企业转向中小企业,由高技术领域转向家电、轻工业等通用产品,由发达国家转向发展中国家。

1982 年,美国 Autodesk 公司推出了一款基于 PC 平台的二维绘图软件,即我们现在熟知的 AutoCAD,这是一款功能强大的绘图软件,在草图绘制、尺寸标注等方面十分出色,并且支持对产品的二次开发,它对推动 CAD 技术的普及发挥了重要作用。时至今日,AutoCAD 仍是一款主流的二维绘图软件(图 4-21)。

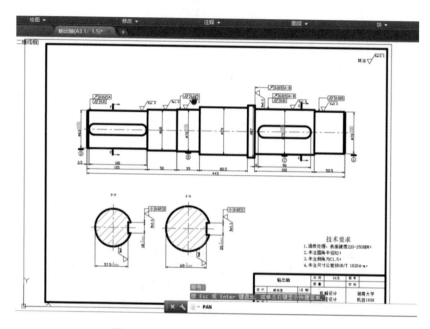

图 4-21 在 AutoCAD 中绘制二维零件图

1988 年,美国参数科技公司推出 Pro/ENGINEER 产品,即我们现在熟知的 Pro/E。Pro/E 具有参数化建模、基于特征和单一数据库的优点,极大地提高了设计效率。时至今日,Pro/E 仍然是工程领域常用的建模软件之一。

我国于 1986 年制定的国家高技术研究发展计划(简称"863"计划)明确提出将计算机集成制造系统作为自动化领域的研究主题之一,还建立了一系列科研院所,并与沈阳鼓风机厂、北京第一机床厂等制造企业合作开展工程实施和示范。

CAD/CAM 技术的发展和广泛应用对人类进步产生了深远影响。1989 年,美国评选出1964—1989 年间十项最杰出的工程技术成就,其中 CAD/CAM 技术位列第四。

5. 微机化、标准化、集成化阶段

20 世纪 90 年代,随着计算机软硬件和网络技术的发展,计算机辅助技术系统的功能日益增强,接口趋于标准化,实现了不同计算机辅助技术系统之间的信息兼容和数据共享,有力促进了计算机辅助技术系统的发展。与此同时,美国、欧洲、日本等国家和地区纷纷投入大量精力,研究新一代全 PC 开放式体系结构的数控平台。新一代数控平台具有开放式、智能化等特征。

随着改革开放的深入和经济全球化,我国在 CAD/CAM 技术领域与世界迅速接轨,诸

如 UG(交互式 CAD/CAM 系统)、Pro/E、SOLIDWORKS 等先进的 CAD/CAM 软件得到引进和推广使用,我国制造装备技术进入数字化制造阶段。同时,我国也聚焦于 CAD/CAM 软件的开发工作,以北航海尔、清华同方、华中天喻、武汉开目等为代表的国产 CAD 软件得到广泛应用。

20 世纪 90 年代中期,随着计算机技术、信息技术和网络技术的进步,机械制造业逐步向柔性化、集成化、智能化、网络化方向发展,企业内部、企业之间乃至国家之间可实现资源共享,虚拟设计和制造开始成为现实。人们开始接受以 CAD 技术为基础的数字化制造技术,其发展进入了一个更广阔、更深层次的阶段。

6. 普遍应用阶段

我国政府十分重视信息技术在制造、经济和社会发展中的作用。2005 年 10 月,《中共中央关于制定国民经济和社会发展第十一个五年规划的建议》中明确指出:"坚持以信息化带动工业化,广泛应用高技术和先进适用技术改造提升制造业,形成更多拥有自主知识产权的知名品牌,发挥制造业对经济发展的重要支撑作用。"

进入 21 世纪,计算机技术、网络技术、信息技术飞速发展,并呈现出以下发展趋势。

(1) 利用计算机辅助技术等集成技术,形成数字化的产品设计、制造、管理流程。

(2) 计算机辅助技术与企业资源计划(enterprise resource planning,ERP)、供应链管理、客户关系管理相融合,形成企业信息化的总体框架。

(3) 通过网络合理安排业务流程,提高产品开发的管理效率。

(4) 虚拟工厂、虚拟制造、网络制造等将逐渐取代传统工厂及制造模式。

4.2.3　未来发展趋势

未来数字化制造的研究方向将聚焦于以下几个方面:一是更智能的计算机软件;二是更灵巧的机器人;三是基于网络的制造业服务商;四是新的制造方法(如 3D 打印)。也就是说,制造业生产方式将从大规模生产向个性化生产转变,即"就地化生产"。

1. 3D 打印技术

3D 打印技术又称"快速成型技术",诞生于 20 世纪 80 年代[8],是一种综合了数字建模技术、机电控制技术、激光技术、信息技术、材料科学与化学的先进制造技术。与传统的去除余料的加工模式不同,3D 打印是一种增材制造技术,借助 CAD/CAM 等先进制造方法进行产品设计,生成可传递的数字化文件,以便其能够在全球各地得到生产。

随着技术的推广,3D 打印技术已不再神秘,小到收纳盒、水杯,大到房子、汽车部件,3D 打印产品正走进人们的生活。另外,3D 打印技术还可用在特殊领域。据 2022 年报道的一则信息,美国一家再生医学公司成功完成了一场特殊的耳朵移植手术,如图 4-22 所示,移植所用的耳朵正是从患者身上提取的细胞通过 3D 打印技术制成的。著名的英国杂志《经济学人》将 3D 打印技术称为改变未来世界的创新性科技,认为 3D 打印技术将"与其他数字化生产模式一起推动实现第三次工业革命"。

图 4-22　3D 打印人体器官（耳朵）

2. 面向服务的数字化制造

20 世纪 90 年代末，"制造即服务"作为一个制造业内的新概念，在科技不断进步以及制造关系发生巨大变化的形势下，逐渐为越来越多业内人士所接受，但是受到当时互联网以及相关技术限制，比如数据传输在速度、距离等方面的限制，在 21 世纪以前，"制造即服务"蓝图并没有真正在制造业中得以实现。

随着数字化制造技术的推进，个性化生产的需求越来越多，同时异地分散的生产方式也导致市场竞争愈发激烈。以网络化技术为基础的面向服务的制造，比如云制造，目的是构建面向用户特定需求的制造系统，使得产品制造和经营管理可以不受空间的限制，极大地扩展了企业的业务活动。有利于资源的合理分配，提升服务供应方的核心竞争力，同时取得预期经济效益，为用户提供符合要求的定制化、低成本服务；用户也能够享受到质量更高的服务。

3. 可持续制造

为了应对人类面临的日益严峻的资源、环境和人口压力，联合国于 1987 年发布了"布伦特兰报告"——《我们共同的未来》[9]，正式提出了可持续发展的概念。可持续发展是一种既能满足人类当前需求，又不牺牲人类后代利益的发展模式[5]。制造业在可持续发展中占有重要地位。据调查，制造业占据了 90% 的工业领域能耗。1992 年，联合国环境与发展会议在巴西里约热内卢举行，会议提出了可持续制造的概念，以更好地帮助企业和政府转向可持续的发展模式。许多国家将可持续制造作为降低能源和资源消耗以及提高本国制造业竞争力的重要途径。中国于 2009 年发布的《中国至 2050 年先进制造科技发展路线图》也将智能制造和绿色制造作为中国制造业未来的发展方向。

可持续制造的运行模式是全生命周期的，包括可持续设计、可持续生产和可持续维护等。可持续设计是指在产品的设计阶段考虑设计对环境的影响。设计的可持续性体现在它对产品生命周期其他阶段的影响，因此需要结合其他生命周期考虑设计的可持续性，包括考虑产品如何回收、再制造和废弃处理等。可持续生产可以从设备或单元工艺层级、多设备或生产线层级、工厂层级、多工厂层级以及全球供应链层级等层次来实现。在设备或单元工艺层级进行工艺参数的优化,或是在其他生产层级进行生产调度都能有效地提高生产的可持续性。可持续维护是针对产品的使用和回收再利用而言的。它包括产品在使用阶段的状态维护、使用后的回收、再制造、再使用和废弃处理等。其中,再制造是一种提高制造的可持续性的有效手段。汽车零部件再制造如图 4-23 所示。

图 4-23　汽车零部件再制造

4.3　数字化制造的典型案例

4.3.1　波音飞机的数字化制造

　　美国的波音公司作为全球最大的航天航空公司之一,其数字化制造水平可谓是世界领先。1990 年,波音 777 飞机全机研制过程成为世界上数字化设计制造的典型案例,其全面采用了数字化技术,实现了三维数字化设计,使用了超过 800 种软件,建立了世界上第一个全机数字样机(digital mock-up,DMU)。下面就让我们一起来看看波音公司是如何在数字化制造上取得如此大的成功的。

　　1986 年,法国达索飞机公司交付的“隼-900 公务机”成功运用了三维数字化设计技术,过程中主要利用其开发的 CATIA(计算机辅助三维交互应用程序)系统。CATIA 系统拥有十分强大的功能,比如:建立飞机零件三维模型;在计算机上进行零件装配的模拟,以检查零件间是否存在干涉和不协调等情况;可以进行重力、应力的分析;等等。波音公司受其影响便也开始使用 CATIA 系统并建立了自己的数字化设计验证体系,在陆续多种新旧机型上展开了数字化设计和试验,例如波音 757 机身 46 段部件的数字化预装配、波音 767-200 驾驶舱的数字化制造和 V-22(鱼鹰垂直起降旋翼机)内部电缆布局及协调验证等[10],并取得了预想的结果。

至 1989 年,通过多年对数字化三维设计、工艺和制造过程的学习,波音公司的工程师便证实了利用计算机数字化设计及数字化预装配可以有效地减少飞机设计过程中的修改、错误和返工等现象,减少了各个零部件间的干涉、不协调、轴孔不一致等问题,使零部件更加便于装配,大大缩短了研发周期和减少了研制成本,提高了产品质量及管理服务水平。

因此,波音公司决定在 1990 年启动波音 777 机型的研制计划,并全面使用三维数字化设计技术,共投资超 10 亿美金。因为当时计算机技术并不像如今这般发达,受软硬件的限制,大型的 CAD 软件系统只能在 IBM 大型计算机上运行,所以波音公司建立了四个 IBM 主机群以连接 2000 多个图形工作站(单站金额高达数万美元),供数千名设计工程师同时工作。

波音 777 飞机(图 4-24)共有 300 万个零件,工程师对其进行 100% 的三维数字化产品定义、数字化预装配和并行产品定义,使 300 万个零部件信息全部存入数据库中。其带来的直接效益有:

(1)研制过程中工程更改减少了 90%;

(2)模拟了 3000 个以上装配界面,取消了实物样机;

(3)研制周期缩短了 50%;

(4)机身装配精度提高了 50 倍。

具体而言,就是在 61 m 长的飞机机身装配时,其长度方向上产生的误差可以控制在 0.58 mm,相当于仅一张扑克牌的厚度。可想而知,对于飞机这般庞然大物,如此小的装配误差是多么令人震惊。

图 4-24　波音 777 飞机

波音 777 飞机设计仍然采用三维设计,二维图纸用于制造加工,生成的二维图纸是经过三维设计、预装配验证后由数字样机生成的图样。随着波音 777 飞机数字化设计的推进,每天都有数以万计的人在计算机上进行工作,产生了大量的数据,其中包括零件模型、装配模型、计算数据以及管理数据。然而,当时的文件管理系统是常规的树形结构,而飞机的零部件布局却是网状的,这导致波音公司难以管理大量的数据,也无法对飞机的状态和结构变化进行管理。除此之外,从三维数字样机模型创建到二维图纸生成,整个复杂过程对设计工程师造成了巨大的负担,这个负担甚至超过了三维设计工作量。

因此,为解决数据管理的问题,波音公司于 1994 年启动了 DCAC/MRM(define and control airplane configuration/manufacturing resource management,定义与控制飞机的配置/制造资源管理)项目,此项目的核心目的就是完善数字化的飞机构型和控制、制造资源的管理,同时这也是有史以来第一个产品数据管理系统和企业资源计划的结合。这个项目分为了两期,花了十年才完成。

而针对三维图转为二维图纸的问题,由于工作量大,耗费的时间长,且加工工人容易对图纸理解产生主观性的错误,波音公司于 1996 年联合世界上 16 家公司,配合美国机械工程师协会,花费 7 年时间,建立了基于三维模型的设计、工艺和制造的 ASME Y14.41 标准,也就是 MBD 标准。通俗来说,就是除了几何形状外,在三维模型上表达设计、材料、工艺、加工制造以及质量管理等数据信息,如图 4-25 所示为 MBD 标准的应用实例。

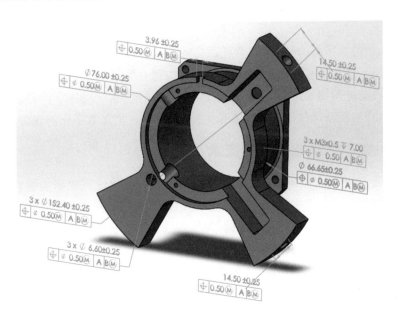

图 4-25　MBD 标准的应用实例

波音 787 飞机就是在这两个数字化项目成功实现的背景下开始进行研发的。在 DCAC/MRM 项目的基础上,波音公司开发了基于 MBD 标准的全球协同环境(global collaboration environment,GCE)。于是,波音 787 飞机的全三维数字化设计终于能够实现了。全三维数字化设计的意思就是舍弃了传统设计与制造之间所必需的二维图纸以及一些其他文档纸质材料,以全三维的数字样机解决设计、工艺、制造过程中产品的一切问题,这是制造业中一项突破性的技术。波音 787 飞机拥有几项关键技术,这些技术实现了 GCE 和 MBD 标准的全面应用。它在装配环境中进行了上下游的关联设计,使得数字化生产的开发成本减少了 50%。此外,覆盖件全部使用了复合材料,复合材料的质量占飞机结构质量的 50%,这使得该机型在商业上取得了巨大的成功,图 4-26 为波音 787 飞机的首飞过程。

图 4-26　波音 787 飞机的首飞过程

如此一来,通过数字化的技术,人类可以让计算机了解并掌握产品的设计,进而大幅度减少人工工作量。计算机可以根据三维模型重新构建并生成加工需要的工艺模型,再交由数字化的生产设备进行制造,可以大大降低体力劳动强度,从而提高了产品的加工质量,缩短了开发周期,当然复杂产品的开发成本也大幅度降低,这就是数字化的理想水平。

4.3.2　飞机数字化制造的关键技术

图 4-27 所示为传统飞机研制过程,图 4-28 所示为数字化的飞机研制过程,从两图中可以清楚地看到传统模式和数字化模式的区别,它们在产品描述方式、信息传递、制造设备、制造方法等方面发生了根本性的变化。因此,要实现飞机的数字化制造,需要对其中每一个环节进行深入研究,形成一套全新的数字化制造工艺。

波音飞机能够实现全数字化设计、制造及装配过程,离不开一系列数字化相关技术的支撑,本节将主要介绍两个波音飞机在设计、生产制造过程中使用的先进制造方法。

1. 数字化装配

早在 20 世纪 80 年代,数字化装配技术的概念就被提出,并与其他数字化技术,如数字化产品定义、复合材料成型技术、激光定位跟踪技术、产品数据管理、并行工程、虚拟制造等,共同作用于航空航天制造业,推动了飞机制造行业的转型,特别是数字化装配技术极大地提高了飞机装配的效率和容错率,飞机设计制造水平迈上新的台阶。以波音 777 飞机为例,由于整机采用的是全数字化设计、制造、装配技术,研制周期缩短了 50%,出错返工率减少

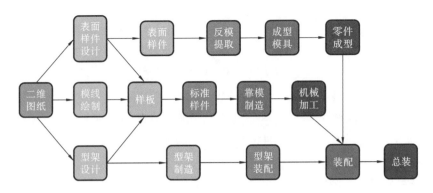

图 4-27　传统飞机研制过程

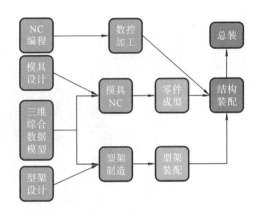

图 4-28　数字化的飞机研制过程

75%,成本降低 25%,成为数字化设计制造技术在飞机制造业发展史上的里程碑。在当今经济全球化的大背景下,大型飞机的研制正朝着全球协同制造、异地装配的方向发展,这就更需要数字化装配等先进制造技术的应用。

在经济全球化的背景下,波音公司采用数字化柔性装配工装,大力发展数字化装配技术。波音公司在飞机柔性定位装配工装这套数字化装配工装设备的基础上,通过网络将其与自动控制装置以及计算机等设备相连,实现了将三维数字模型直接输入计算机来操控数字化装配工装设备的目标,大幅提高了数字化装配工装的应用水平。不仅是波音公司,世界范围内许多航空公司都采用了大量的数字化装配工装系统,例如空客公司的系列产品A320、A340、A380 等,原支线飞机制造商多尼尔公司也采用了数字化装配工装系统进行飞机的装配。

以波音公司研制的 X-32 战斗机为例,传统的飞机装配通常要在飞机生产线上架起巨大的型架,由装配工人完成飞机零部件装配过程的空间定位和装配等工作,而 X-32 战斗机在装配时只用一个通用支架来支撑其主要部件,装配过程中的定位工作由激光跟踪仪来完成。这样就避免了装配工人繁重的体力劳动,工人们只需要在腰间悬挂一个微型计算机,就可以监测装配顺序并保证装配之后部件的位姿状态,使装配周期缩短 50%,成本降低 30%～40%。

洛克希德·马丁公司在研制 X-35 战斗机的过程中,全面采用了数字化设计制造技术,在数字化装配过程中使用了仿真模拟技术,即在同一个数字样机下,战斗机的机身锻件、机翼、尾翼等各大部件在不同场地进行生产工作,按照零件数字化模型设计相关工程,生成数控加工代码,待数控加工成功完成,然后进行异地无型架定位数字化装配。采用数字化装配技术,整个设计过程出错率减少 80%;飞机装配制造过程的周期缩短 67%,单架周期从 15 个月缩短到 5 个月;工艺装备由 350 件减少到 19 件;制造成本降低 50%。这是飞机制造行业数字化转型中的典型案例。

另外,空客公司在其最新机型上也使用了数字化装配技术,在空客的飞机装配空间,几乎都看不到装配工人,大型设备基本都实现了自动化,极大地提高了生产效率。首架空客 A350 装配线如图 4-29 所示。

图 4-29 首架空客 A350 装配线

2. 并行工程

并行工程是把当前的产品设计和它们的相关过程,包括产品制造和支持服务集成在一起的系统工程方法。该方法将产品开发的过程视为一个整体,尽可能地关注影响产品质量的因素,包括概念设计以及质量控制、成本、进度和用户使用要求等各种相关问题的处理。波音公司在波音 777 飞机的研制工作中就实现了这一构想,其组织形式上实现了一个大的突破,把原来的顺序(串行)研制过程改成并行研制过程,把过去的产品开发、设计、分析、发放、计划、工装、数控编程和产品控制等顺序进行方式改成并行方式,即把工程、计划、工装、制造、材料、质量控制、财务和用户支持等方面组织在一起,共同进行产品设计。同时波音公司在波音 777 飞机研制中还打破了按职能划分的组织形式,按上述并行工程思想改成依据功能(如机械、电气、结构、载荷和综合等)划分。

4.3.3　总结

从波音飞机制造的案例中我们可以看出,使用数字化制造技术进行生产,极大提高了生产效率,缩短了零件的生产、装配周期,降低了生产成本,在带来可观的经济效益的同时,推动了飞机制造行业的发展和转型。

近些年来,我国飞机装配技术方面,在局部上也采用了一些先进的制造技术,但这些技术目前还不成熟,尚未形成体系,装配阶段的数字化程度仍较低,直接导致了我国飞机装配效率较低,产品质量难以提高。在飞机的装配领域,我们仍然任重道远。

数字化制造技术是计算机技术、信息技术、网络技术与制造科学相结合的产物,也是经济、社会和科学发展的必然结果。数字化制造技术能够发展壮大并深刻影响制造业的变革,原因在于其适应了经济全球化、竞争国际化、用户需求个性化的社会发展需求。在未来产品开发中,数字化制造技术将继续大放光彩。

参考文献

[1] 周济,周艳红,王柏村,等. 面向新一代智能制造的人-信息-物理系统(HCPS)[J]. 工程(Engineering),2019,5(4):71-97.

[2] 臧冀原,王柏村,孟柳,等. 智能制造的三个基本范式:从数字化制造、"互联网＋"制造到新一代智能制造[J]. 中国工程科学,2018,20(4):13-18.

[3] 梅军. 数字化大潮中的数字化制造[J]. 自动化仪表,2020,41(5):88-92.

[4] 李美芳. CAE技术及其发展趋势[J]. 世界制造技术与装备市场,2005(4):82-83.

[5] 冯亮友,梁志鹏,席文明. 机器人加工在数字化制造中的应用[J]. 制造技术与机床,2018(6):40-44.

[6] SUTHERLAND I E. Sketchpad, a man-machine graphical communication system[J]. Simulation,1964,2(5):3-20.

[7] HARRINGTON J. Computer integrated manufacturing[M]. Florida:RE Krieger Publishing Company,1979.

[8] HICKEY S,刘晓燕. 查克·赫尔:对技术影响深远的3D打印之父[J]. 英语文摘,2014(11):4.

[9] BRUNDTLAND G. Our common future—call for action[J]. Environmental Conservation,1987,14(4):291-294.

[10] 宁振波,刘泽. 智能制造基础——数字化[J]. 金属加工(冷加工),2020(7):6-8.

第 5 章
人工智能

　　人工智能是一门新的技术科学,它研究、开发用于模拟、延伸和扩展人的智能的理论、方法、技术及应用系统。人工智能的主要目标是使机器能够胜任一些通常需要人类智能才能完成的复杂工作。本章将首先介绍人工智能的概念,接着介绍人工智能的发展历史,然后介绍人工智能的核心技术,如计算机视觉、自然语言处理(natural language processing,NLP)和人工智能芯片等技术,最后以锂电池健康评估、晶圆缺陷模式识别、智能优化调度为例,展示人工智能技术在智能制造中的应用。

5.1　什么是人工智能

　　"人工智能之父"约翰·麦卡锡(John McCarthy)将人工智能定义为:"研制智能机器的一门科学与技术"。1955 年麦卡锡联合香农(信息论创立者)、马文·明斯基(人工智能大师,框架理论的创立者)和纳撒尼尔·罗切斯特(设计了 IBM 的第一台商业科学计算机),发起了达特茅斯项目(Dartmouth project),并于 1956 年夏天在达特茅斯学院举办人工智能研讨会,会议主要参与人员合影如图 5-1 所示,会议首次提出了"人工智能(artificial intelligence,AI)"的概念。对于当下的人工智能来说,首要问题是让机器像人类一样能够表现出智能。

　　经过半个世纪的发展,人工智能已经在生活生产等各个方面取得了突破性的进展,人工智能发展的里程碑事件如图 5-2 所示。例如,亚马逊的 Alexa、谷歌助手和苹果的 Siri 等产品标志着语言助手的诞生。1986 年,德国联邦国防军大学的研究人员就在一辆奔驰面包车上安装了摄像头和智能传感器,成功地在空无一人的街道上行驶,标志着第一辆自动驾驶汽车诞生。1997 年,IBM 的"深蓝"超级计算机在一场人机大战中战胜国际象棋冠军卡斯帕罗夫;IBM 的人工智能产品在 2011 年完成了另一个巨大的挑战——"沃森"人工智能在著名的智力竞赛节目 *Jeopardy* 中击败了所有人类对手;2016 年 3 月,谷歌旗下 DeepMind 公司的

图 5-1　达特茅斯"人工智能"会议主要参与人员合影

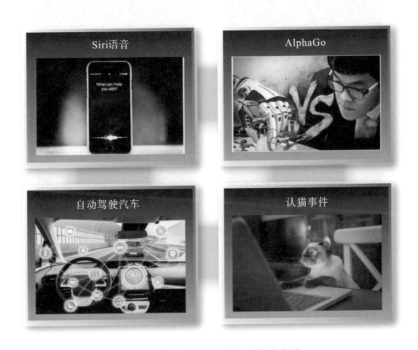

图 5-2　人工智能发展的里程碑事件

AlphaGo 在四场比赛中击败了国际围棋世界冠军李世石；2017 年，升级版 AlphaGo 再次击败了国际围棋大师柯洁。这些结果证明了人工智能在有明确规则的问题上有能力表现得比人类更为出色。2012 年 6 月，谷歌研究人员 Jeff Dean 和吴恩达从 YouTube 视频中提取了 1000 万个未标记的图像，训练了一个由 16000 个电脑处理器组成的庞大神经网络，该神经网络能够通过深度学习算法准确识别猫科动物的照片。

5.2 人工智能的发展历史

5.2.1 人工智能的起源

　　人对于人工智能的追求,可以追溯到中国古代。例如《周易》记载的"伏羲六十四卦次序图"和"伏羲六十四卦方位图"中,由乾卦到坤卦,正是由零到七这八个数字所组成的完整数形,其思想和计算机计算过程的二进制一脉相承,而人工智能的实现正是基于计算机的计算。涿鹿之战中导航辨位的"指南车"、三国演义中运输粮草的"木牛流马",以及中国古代用于自动计量道路里程的"记里鼓车"等都可以看作古代的"机器人",它们都是最具使用价值和现代机器人设计思想的古代工程学应用,是古人利用智能工具提高生产力的朴素应用。八卦系统和典型的古代机器人如图 5-3 所示。

图 5-3　八卦系统与典型的古代机器人

5.2.2 人工智能的发展历程

　　到目前为止,人工智能理论和技术取得了丰硕的成果,下面将从时间维度和学派维度分别介绍人工智能的发展历程。

1. 时间维度

按时间维度,人工智能的发展历程可以分为以下六个典型时期。

1）萌芽期或者孕育期（1956 年以前）

早在距今 2400 年左右的中国古代，《列子·汤问》中记载，有一位叫偃师的能工巧匠，制作了一个"能歌善舞"的木制机关人献给周穆王，以假乱真，周穆王直叹："人之巧乃可与造化者同功乎？"英国著名的数学家和逻辑学家、有着计算机之父和人工智能之父之称的艾伦·麦席森·图灵于 1936 年提出了图灵机设想，才算正式奠定了人工智能的基础。图灵机以图灵的名字来命名，其主要原理是模拟人们的数学演算过程，从而进行一系列数学运算，为人们研究数学、电子计算乃至后来的计算机和人工智能都奠定了坚实的计算能力基石。因此，图灵机也被认为是现代计算机的原型，如图 5-4 所示。

图 5-4　图灵与图灵机模型

2）人工智能形成和第一个黄金时期（1956—1974 年）

1956 年成为人工智能元年，在接下来一段时期的发展中，针对人工智能的不同研究发展出了不同的学科派别。美国科学家约翰·麦卡锡（John McCarthy）于 1958 年创造性地开发了人工智能编程语言——Lisp，而鲁滨逊（J. A. Robinson）于 1965 年提出了人工智能研究方面的重要方法——归结法，引发定理证明新一轮的热潮。爱德华（Edward Feigenbaum）于 1968 年对人工智能研究的贡献是在专门知识应用方面，他成功研制化学分析专家系统DENDRAL，这一伟大研究和发明也被视为早期的专家系统。这些重大成果为人工智能的进一步发展奠定基础。第一个黄金时期三位代表性科学家相关介绍如图 5-5 所示。

3）第一个发展低潮期（1975—1980 年）

在经过第一个发展黄金期之后，20 世纪 70 年代，人工智能进入了第一个发展低潮期，其发展遇到了以技术瓶颈为主的各种阻力和质疑，这段时期人工智能面临的技术方面的困境主要有计算机性能瓶颈、程序通用性差和数据量不够三个方面。科研人员对人工智能研究难度的误判引起合作计划的失败，以致影响了各国和财团对于人工智能技术研究资金的投入，使得全世界范围内的人工智能研究一度陷入资金上的困难。纵观这段时期，人工智能总体处于发展低潮期，但还是有一些成就的，如逻辑编程、常识推理等。

4）第二个黄金时期（1981—1986 年）

20 世纪 80 年代，人工智能迎来了第二个黄金时期。日本开始加大对人工智能领域的资

图 5-5　黄金时期三位代表性科学家相关介绍

金支持,并同步加大对人工智能各方面的支持,整个西方世界对于人工智能的投入和研究也开始发力,人工智能又一次迎来了新的研究热潮。专家系统和知识工程在全世界迅速发展,为企业和用户赢得巨大的经济效益,1986 年 BP(反向传播)神经网络算法由以鲁梅尔哈特为首的科学家小组提出,该算法使得大规模神经网络的训练成为可能,将人工智能向前推进了一步。鲁梅尔哈特和 BP 神经网络如图 5-6 所示。

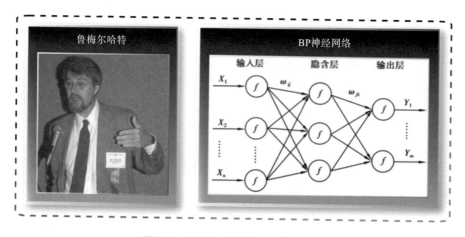

图 5-6　鲁梅尔哈特和 BP 神经网络

同时期,钱学森等人主张开展人工智能研究,中国的人工智能研究活跃起来。1981 年成立了中国人工智能学会,1984 年召开了计算机及其应用的全国学术会,1986 年开始将智能机器人、智能计算机体系等项目列入国家高新技术开发研究计划。如图 5-7 所示,钱学森教授来上海机械学院参加系统工程研究所成立大会。

5)第二个发展低潮期(1987—1992 年)

经历了不到十年的短暂黄金发展期,到 20 世纪 80 年代后期,人工智能又一次陷入了摇摆和发展的低潮。之前人工智能的发展主要集中在专家系统方面,但在 80 年代后期专家系

图 5-7 钱学森教授参加系统工程研究所成立大会

统同样遭遇了技术瓶颈,到 1987 年,苹果和 IBM 公司生产的台式计算机性能都超过了 Symbolics 等厂商生产的通用计算机。从此,专家系统风光不再,人工智能的发展又一次遭遇"滑铁卢"。

6）新的黄金发展期——大数据时代（1993 年至今）

20 世纪 90 年代以后,人工智能技术又掀起了一轮新的发展热潮。1993 年,我国将智能自动化和智能控制等项目列入国家系统,我国的人工智能研究开始进入稳定发展阶段,但是尚未形成完整的体系。2018 年,ACM（国际计算机学会）决定将计算机领域的最高奖项图灵奖颁给人工智能的三位先驱——Element AI 创始人和蒙特利尔大学教授 Yoshua Bengio（神经网络和概率模型结合在一起,引入了注意力机制）、多伦多大学教授和谷歌脑研究员 Geoffrey Hinton（1985 年发明了玻尔兹曼机,2012 年对卷积神经网络进行了改进）,以及 Facebook 首席人工智能科学家和纽约大学教授 Yann LeCun（1980 年代发明了卷积神经网络,改进了反向传播算法）,以表彰他们在计算机深度学习领域的贡献。图 5-8 所示为深度学习大数据时代的"三巨头"。

随着数据量增大和计算能力变强,深度学习的影响也越来越大。深度学习的兴起,带动了现今人工智能发展的浪潮,2022 年发布的 AI 2000 全球最具影响力学者榜单中,华人学者的力量是不可忽视的:在去重后的 1898 位学者中,华人学者有 595 人,占到了总数的近三分之一,而综合排名第一的学者是来自中国的何恺明（图 5-9）。在 2015 年的 ImageNet 图像识别大赛中,何恺明和他的团队设计了"图像识别深度残差学习"系统,一举击败谷歌、英特尔、高通等业界团队,荣获第一,该系统采用了 152 层深度残差网络"ResNet-152"。

2. 学派维度

从 1956 年正式提出人工智能学科算起,人工智能的研究发展已有 60 多年的历史。这期间,不同学科背景的学者对人工智能做出了各自的解释,提出了不同观点,由此产生了不同的学术流派。对人工智能研究影响较大的有符号主义、联结主义和行为主义三大学派。

图 5-8 深度学习大数据时代的"三巨头"

图 5-9 何恺明（右）与导师汤晓鸥

人工智能三大学派代表人物及主要成果如图 5-10 所示。

符号主义学派是一种基于逻辑推理的智能模拟方法，又称为逻辑主义、心理学派或计算机学派，其原理主要为物理符号系统假设和有限合理性原理，长期以来一直在人工智能研究中处于主导地位。其代表成果为启发式程序逻辑理论家（LT），它证明了 38 条数学定理，表明可以利用计算机研究人的思维过程，模拟人类智能活动。1959 年华裔科学家王浩应用符号主义方法，使用计算机证明了《数学原理》中全部 150 条一阶逻辑以及 200 条命题逻辑定理。卡内基梅隆大学教授艾伦·纽厄尔是信息处理语言（IPL）发明者之一，与他人合作开发了逻辑理论家和通用问题求解器。

联结主义学派把人的智能归结为人脑的高层活动，强调智能的产生是由大量简单的单

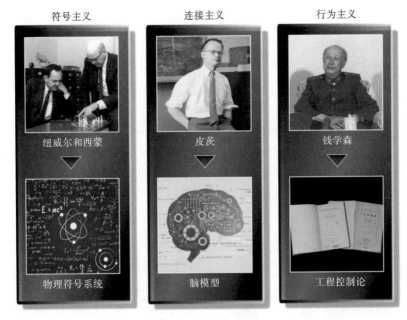

图 5-10　人工智能三大学派代表人物及主要成果

元通过复杂的相互连接和并行运行的结果。它的代表性成果是 1943 年由生理学家麦卡洛克和数理逻辑学家皮茨创立的脑模型,即 MP 模型,开创了用电子装置模仿人脑结构和功能的新途径。1957 年感知机被发明,1985 年发明玻尔兹曼机,1986 年多层感知器被陆续发明,1986 年反向传播算法解决了多层感知器的训练问题,1987 年卷积神经网络开始用于语音识别,1989 年反向传播和神经网络用于识别银行手写支票的数字,首次实现了人工神经网络的商业化应用。在人工智能的算法、算力、数据三要素齐备后,联结主义学派就开始大放光彩了。2009 年多层神经网络在语音识别方面取得了重大突破,2011 年苹果公司将 Siri 整合到 iPhone 4 手机中,2012 年谷歌研发的无人驾驶汽车开始路测,2016 年 DeepMind 公司的 AlphaGo 击败围棋冠军李世石,2018 年 DeepMind 公司的 Alphafold 破解了出现 50 年之久的蛋白质分子折叠问题。

　　行为主义学派又称进化主义或控制论学派,是一种基于"感知—行动"的行为智能模拟方法,思想来源是进化论和控制论。其原理为控制论以及"感知—动作"型控制系统。该学派早期的重点研究工作是模拟人在控制过程中的智能行为和作用,并进行"控制论动物"的研制。这一学派的代表作首推布鲁克斯的六足行走机器人,它被看作新一代的"控制论动物",是一个基于"感知—动作"模式模拟昆虫行为的控制系统。中国科学家钱学森在《工程控制论》中首次把控制论推广到工程技术领域,自此工程控制系统进入智能化阶段。

5.3　人工智能的核心技术

　　人工智能的核心技术主要包括计算机视觉、机器学习、自然语言处理、机器人和语音识别等。本节主要介绍智能制造中常见的三种核心技术[1]，包括计算机视觉、自然语言处理以及人工智能芯片。

5.3.1 计算机视觉

计算机视觉是一门研究如何使机器"看"的科学，即用摄像机和计算机代替人眼对目标进行识别、跟踪和测量等，并进一步做图形处理，用计算机处理成更适合人眼观察或传送给仪器检测的图像。所采用的技术从梯度方向直方图、尺度不变特征变换等传统的特征提取与浅层模型的组合，逐渐转向了以卷积神经网络为代表的深度学习模型。计算机视觉流程图如图 5-11 所示。计算机视觉涵盖的内容丰富，需要完成的任务也非常多，其中三大经典任务为图像识别、目标检测、语义分割。

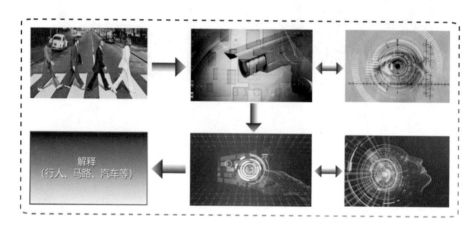

图 5-11　计算机视觉流程图

1. 计算机视觉的主要任务

1）图像识别

图像识别实质上就是一种从给定的类别集合中为图像分配对应标签的任务。其主要原理是对实时采集的工件图像和已经录入的标准图像进行对比，采用图像滤波、特征提取、边缘提取、深度学习、模板匹配等技术识别图像中的特征，或识别检测目标，对目标进行分类，并根据识别结果数据区分不同的分类目标。图 5-12 为汤普金斯机器人分拣示意图。识别系统通过摄像头判断物体所属的类别，通过控制机械手臂，准确将目标物进行分类，其系统不仅包括了图像识别技术，还包含了目标定位算法。

2）目标检测

目标检测的任务是找出图像中所有感兴趣的目标，并确定它们的类别和位置。缺陷检测是目标检测在工业领域的重要体现，在各个行业均有极为广泛的应用。在产品的生产过程中，由于原料、制造工艺、环境等因素的影响，产品有可能产生各种各样的质量问题。其中相当一部分问题是外观缺陷，即人眼可识别的缺陷。

对于工业制品的表面缺陷检测，其基本要求是判断生产出的工业产品表面是否存在缺陷以及缺陷的类型，同时在一些精密制造领域，除了判断出缺陷类别外，还需要精确地检测

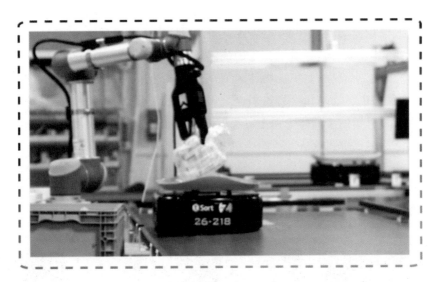

图 5-12　汤普金斯机器人分拣示意图

出缺陷所在的位置及大小、形状。基于计算机视觉的 PCB(印制线路板)缺陷检测与识别是这几年现代工业中备受关注的研究课题之一,通过机器视觉检测,检测人员不但可检测 PCB 当中短路和断路等典型缺陷,还可以检测在加工过程中产生的各类缺陷,如毛刺、缺口、孔位偏移等(图 5-13)。

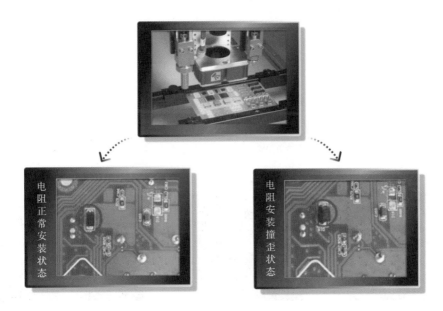

图 5-13　PCB 的缺陷检测

3) 语义分割

语义分割指的是将数字图像细分为多个图像子区域(像素的集合)的过程,同一个子区域的特征具有一定相似性,不同子区域的特征呈现较为明显的差异。大多数计算机视觉的物体表面缺陷检测技术都是针对检测物表面规则或者检测场景简单的情况,当检测物表面不规则或者检测场景复杂度上升后,检测效果和检测效率就无法兼顾,严重影响了缺陷检测的适用性。于是,基于深度学习语义分割的缺陷检测方法出现了,它能够自动化、高效率地对物体表面进行缺陷检测,从而实现物体表面缺陷的自动识别以及缺陷检测结果的量化处理,能够很好地兼顾检测效果和检测效率。图 5-14 为语义分割实现的磁瓦缺陷检测图。语义分割的目标就是对图像中的每个像素分类。除了工业质检外,其应用领域还有自动驾驶、医疗影像、图像美化、三维重建等。

图 5-14　语义分割实现的磁瓦缺陷检测图(每组图中,左为原图,右为分割结果)

2. 计算机视觉的发展历程

生物视觉的历史,可以追溯到约 5 亿 4 千万年前,那时第一次有动物进化出了眼睛。那么人类让机器获得视觉,或者说照相机的历史又是怎样呢? 已知最早的相机要追溯到 17 世纪文艺复兴时期的暗箱,这是一种基于小孔成像原理的相机,和动物早期的眼睛非常相像。随着时代的发展,相机如今已经非常普及了,摄像头可以说是手机或者其他装置上最常用的传感器之一。同时生物学家也开始研究视觉的机理,它影响了人类视觉、动物视觉,并且启发了计算机视觉这项研究。图 5-15 为视觉技术发展简图。

图 5-15　视觉技术发展简图

计算机视觉的历史是从 20 世纪 60 年代初开始的,Larry Roberts 发表的 *Block World* 被认为是第一篇计算机视觉的博士论文,其中视觉世界被简化为简单的几何形状,目的是能够识别它们并对其进行重建。1966 年,麻省理工学院发起了一个夏季项目,目标是搭建一个机器视觉系统,完成模式识别等工作,由此计算机视觉作为一个科学领域正式诞生。1982 年,David Marr 发表的著作 *Vision* 从严谨又长远的角度给出了计算机视觉的发展方向和一些基本算法,标志着计算机视觉成为一门独立学科。Everingham 等人在 2006 年至 2012 年间搭建了一个大型图片数据库,供机器识别和训练,称为 PASCAL VOC(视觉目标分类挑战赛),该数据库中有 20 种类别的图片,每种图片数量在一千至一万张不等。

2009 年,李飞飞教授等在 2009 CVPR(IEEE 国际计算机视觉与模式识别会议)上发表了一篇名为 *ImageNet: A Large-Scale Hierarchical Image Database* 的论文,发布了 ImageNet 数据集,用于检测计算机视觉能否识别自然万物,回归机器学习,克服过拟合问题。目前 ImageNet 数据集已经成为评估图像分类算法的一个重要基准。2012 年,亚历克斯(Alex)等人创造了现在众所周知的 AlexNet,赢得了当年的 ILSVRC(大规模视觉识别挑战赛),这是史上第一次有模型在 ImageNet 数据集中表现如此出色。2015 年,何恺明带领团队提出的 ResNet 在 ILSVRC 中大放光彩,成为图像领域又一个重要的里程碑。计算机视觉领域代表性成果如图 5-16 所示。

图 5-16　计算机视觉领域代表性成果

3. 计算机视觉的意义

计算机视觉是实现智能制造的重要手段,国内计算机视觉行业的需求主要来源于两方面:① 产业升级,国内制造业转型是主旋律,向精密化、高端化转型,机器视觉是很重要的技术手段;② 降本增效,在人口红利逐渐消退的大背景下,机器视觉系统能够助力企业降本增效。

2022 年,科技部等六部门印发《关于加快场景创新以人工智能高水平应用促进经济高质量发展的指导意见》,提及制造业领域优先探索机器视觉工业检测等智能场景。根据 Market Data Forecast(市场数据预测)数据,2021 年全球计算机视觉市场规模约 118 亿美元,预计到 2027 年将达到 159 亿美元的市场规模。据中国机器视觉产业联盟数据预测,2020 年至 2026 年国内机器视觉产业规模将持续保持两位数增速,到 2026 年整个市场规模将达 316 亿元。在从制造大国向制造强国转型的进程中,制造业智能化将是一个热点赛道,推动计算机视觉技术的发展,并在制造业推广其智能化应用,对于我国具有重要战略意义。

5.3.2 自然语言处理

自然语言处理(NLP)是计算机科学领域与人工智能领域中的一个重要方向,该技术的开发主要有两个核心任务:自然语言理解和自然语言生成。自然语言理解就是希望机器像人一样,具备正常人的语言理解能力,而自然语言生成是为了跨越人类和机器之间的沟通鸿沟,将非语言格式的数据转换成人类可以理解的语言格式,如文章、报告等。

NLP 于 20 世纪 50 年代被提出,最早的研究工作是机器翻译。然而,由于当时对自然语言复杂性的低估以及 NLP 理论和技术的缺乏,该领域的研究进展缓慢。直到 20 世纪 70 年代和 80 年代,机器学习相关算法的引入才彻底改变了 NLP 技术。近年来,机器学习技术在各个方面都取得了显著的成绩,同样在语义分析、文件聚类等 NLP 任务上也有所突破。

NLP 技术具有将非结构化的文本转化为结构化信息的特点,并允许计算机通过机器学习理解人类语言。从基础性的语义相似度、依存句法分析,到应用性的人机互动、报告分析,NLP 技术在各领域都展现出巨大的应用前景,例如情感分析、聊天机器人、语音识别以及机器翻译。NLP 技术通过情感分析,可以快速了解用户的舆情情况。而最近智能音箱的快速发展让人们感受到了聊天机器人的价值。语音识别已经成为全民普及的应用,微信里可以语音转文字,汽车中使用导航可以直接说目的地,老年人使用输入法也可以直接语音而不用学习拼音。NLP 技术应用场景如图 5-17 所示。

智能制造领域对 NLP 的研究可分为统计分析工具和应用系统两类。使用 NLP 作为应用系统的研究可以细分为:① 文档分类;② 信息检索;③ 文本信息自动提取。除上述常见的应用外,NLP 的其他一些应用也被建筑领域学者所探讨,如知识图谱的应用和自动生成、问答系统的生成等。

5.3.3 人工智能芯片

从广义上讲只要能够运行人工智能算法的芯片都叫作人工智能(AI)芯片。但是通常意义上的人工智能芯片指的是针对人工智能算法做了特殊加速设计的芯片。现阶段,这些人工智能算法一般以深度学习算法为主,也可以包括其他机器学习算法。人工智能芯片也被称为人工智能加速器或计算卡,即专门用于处理人工智能应用中大量计算任务的模块(其他

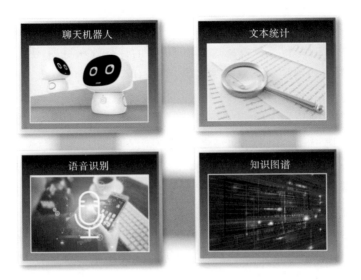

图 5-17　NLP 技术应用场景

非计算任务仍由 CPU 负责)。当前,人工智能芯片主要分为 GPU(图形处理器)、FPGA(现场可编程门阵列)、ASIC(专用集成电路)。

1. 人工智能芯片的发展与应用

人工智能芯片的发展如图 5-18 所示,可以分为以下四个阶段。

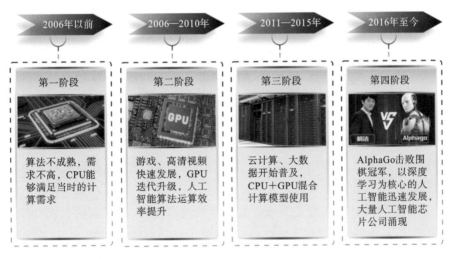

图 5-18　人工智能芯片的发展

第一阶段(2006 年以前):尚未出现突破性的人工智能算法,且能够获取的数据也较为有限,传统通用 CPU 完全能够满足当时的计算需求,学界和产业界均对人工智能芯片没有特殊需求,因此,人工智能芯片的发展较为缓慢。

第二阶段(2006—2010 年):游戏、高清视频等行业快速发展,同时也推动了 GPU 产品的迭代升级。2006 年,GPU 厂商英伟达发布了统一计算设备架构(CUDA)。早先 GPU 就具备了可编程性,统一计算设备架构推出后,GPU 编程更加易用、便捷。研究人员发现,GPU 所具有的并行计算效率比通用 CPU 的计算效率更高,更加适用于深度学习等人工智能先进算法所需的"暴力计算"场景。在 GPU 的助力下,人工智能算法的运算效率可以提高几十倍,由此,研究人员开始大规模使用 GPU 开展人工智能领域的研究和应用。

第三阶段(2011—2015 年):2010 年之后,以云计算、大数据等为代表的新一代信息技术高速发展并逐渐开始普及,云端采用的"CPU+GPU"混合计算模式使得研究人员开展人工智能所需的大规模计算更加便捷、高效,进一步推动了人工智能算法的演进和人工智能芯片的广泛使用,同时也促进了各类人工智能芯片的研究与应用。

第四阶段(2016 年至今):2016 年,谷歌旗下 DeepMind 公司研发的采用 TPU(张量处理器)架构的人工智能系统 AlphaGo 击败了世界冠军韩国棋手李世石,使得以深度学习为核心的人工智能技术在全球范围内得到了很大关注。此后,业界对于人工智能算力的要求越来越高,而 GPU 价格昂贵、功耗高的缺点也使其在场景各异的应用环境中受到诸多限制,因此,研究人员开始研发专门针对人工智能算法的定制化芯片。大量人工智能芯片领域的初创公司在这一阶段涌现,专用人工智能芯片呈现出百花齐放的格局,在应用领域、计算能力、能耗比等方面都有了非常大的提升。

2. 人工智能芯片应用

在此次抗击新型冠状病毒肺炎疫情的战役中,红外温度传感器芯片应用于红外体温检测仪、红外成像监控和测温仪等设备;生物芯片缩短了病毒样本检测的时间;通信芯片保障了火神山医院和雷神山医院的"云监工"、智慧医疗平台等各种信息化手段和技术。芯片的应用为抗疫做出了巨大的贡献。随着 5G 时代的到来和人工智能产业的蓬勃发展,芯片行业逐渐兴起。芯片应用主要集中在通信和汽车行业,2018 年通信行业应用占比 36%,汽车行业应用占比 24%。人工智能芯片将应用于医疗健康与汽车领域,引领药物研发、疾病监测、医学影像及无人驾驶等方面的产业结构调整与更新。对比模拟芯片和数字芯片的区别,模拟芯片需求很分散,在工业、汽车、消费、电子和各类接口都有涉及,以耐用可靠为主要需求;数字芯片需求集中,以服务器和消费电子为主。

在现今的电子产品中,从展览会场中的大型视频广告牌、视频监控系统、LED 展示板、医疗设备和交通运输系统,到高清电视等,都涵盖了包括运算放大器、LED 背光驱动、音视频驱动、模数/数模转换器、接口电路等在内的多种模拟芯片。在"AI+IoT"时代,智能家居中的每个设备都需要具备一定的感知、推断以及决策功能。为了得到更好的智能语音交互用户体验,语音人工智能芯片进入了端侧市场。相对来说,语音人工智能芯片设计难度低,开发周期短,代表芯片有思必驰 TH1520 和云知声 UniOne 系列"雨燕"等。人工智能芯片的应用场景众多,如图 5-19 所示,主要包括数据中心、移动终端、智能安防、自动驾驶、智能家居、智能医疗等。

数据中心   移动终端   智能安防

自动驾驶   智能家居   智能医疗

图 5-19 人工智能芯片的应用

5.4 人工智能在智能制造中的典型应用案例

随着工业中数字化、网络化、信息化改造的逐步完成,智能化驱动的智能制造将是未来的重要发展趋势[2],下面介绍几个典型的案例。

5.4.1 锂电池健康评估

1. 背景介绍

随着"碳中和、碳达峰"成为全球共识,新能源汽车因符合各国能源独立、安全战略以及"碳中和"的长期发展目标,成为各国能源转型的主战场。为了减少对化石燃料的依赖,同时提高能源效率,整个电动汽车行业正在为了实现全球运输电气化寻找解决方案。电池储能系统在电动汽车、可再生能源发电等方面得到了快速发展。如图 5-20 所示,锂电池是支撑新能源在电力、交通、工业、通信、建筑、军事等领域广泛应用的重要基础,并逐渐成为世界各国推行"双碳"战略最为重要的板块之一。

图 5-20 锂电池应用场景

锂电池的可靠性和安全性一直受到人们的高度重视。锂电池的性能衰退问题贯穿于使用和维护的全过程,随着锂电池充放电循环次数的增加,电池内部往往会发生一些不可逆转的化学反应,从而大大地缩短了电池的使用时间,甚至带来了一些安全隐患。在"双碳"国家战略大背景下,各行各业的动力系统电动化是必然趋势。作为"动力心脏"的电池健康评估是公认的高价值科研问题。电池健康评估技术结合电池材料修复和回收技术,可以优化能源产出率,有力推动"双碳"目标实现。

近年来,以机器学习为代表的电池健康评估方法能够利用少量测量数据评估电池的循环寿命、健康状态以及在特定充放电循环下的剩余有效寿命。然而,针对实际使用场景,现有电池健康评估技术主要存在的问题为:研究周期长、实验条件控制严、电池内部状态监控和分析困难以及各种影响因素耦合。因此,现有技术难以建立可靠的通用模型,做不到实时查验不同用户、不同电池的健康情况。产业界急需可个性化定制的健康管理方案,通过提供通用的可规划电池使用策略,保障用户的使用安全,为制造商改进电池材料提供科学参考。

2. 锂电池健康评估方法

电池及电池组的健康状态和剩余使用寿命是电池健康评估的两个重要评价指标。目前对电池健康状态估计与寿命预测的主要方法有基于物理模型的分析方法、数据驱动建模方法以及自适应滤波方法等。相比于基于物理模型的分析方法,数据驱动建模方法无须对电池内部的复杂电化学机理进行建模,具有较高的可迁移性、鲁棒性与自适应性。目前电池健康状态评估的数据驱动建模方法主要包括人工神经网络、支持向量机、高斯过程回归等。自适应滤波方法主要包括卡尔曼滤波、粒子滤波、最小二乘法等。如图 5-21 所示为锂电池健康评估流程图。

图 5-21　锂电池健康评估流程图

实践证明,基于机器学习和深度学习方法的电池健康评估与健康管理技术能够较好地解决以往存在的问题,无须对电池内部复杂的电化学机理进行建模就可以管理电池的健康状态[3]。对电池健康状态的研究有利于掌握电池老化的影响因素,为电池的使用和维护提供理论指导。对电池的使用和维护而言,了解影响电池老化的因素可减少高低温以及过充过放等有损电池使用的情况;知悉电池当前的健康状态,可帮助用户判断电池的内在隐患和寿命情况,为电池维护和更换提供参考,在电动汽车和智能制造领域取得广泛应用。电动汽车的电池健康管理系统基本流程如图 5-22 所示。

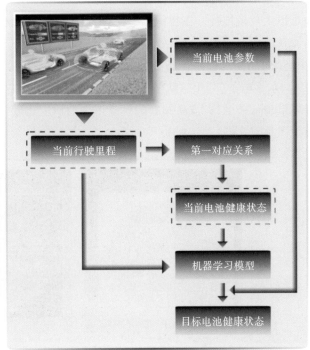

图 5-22 电动汽车的电池健康管理系统

针对实际使用场景,现有电池健康评估技术存在以下两大共性问题:①不同用户使用电池习惯不同,放电策略的不一致性使得电池数据间的分布差异很大,利用其他放电策略的电池数据建立模型来直接评估新电池会导致精度无法满足实际需求;②受限于对历史数据的严重依赖,无法实时评估任意充放电循环电池的健康。在本章文献[3]中,其创新性地引入人工智能中迁移学习的思想,提出了可定制化的实时健康评估的方法,这种方法仅需使用 30个历史循环数据,就能实现同一材料类型锂电池不同放电策略间的健康评估迁移,以及不同材料类型锂电池间的健康评估迁移,预测全部实时在线完成。此外,该文献提出的"实时个性化"迁移方法为电池健康管理提供了新的思路,相关成果可拓展到固态电池、准固态电池、锂硫电池、钠离子电池等健康评估中,在电池制造、测试、回收等领域,对指导产业界开发个性化电池健康管理系统具有重大的理论意义和现实意义。

5.4.2 晶圆缺陷模式识别

1. 背景介绍

晶圆是指制作硅半导体电路所用的硅晶片,其原始材料是硅。晶圆缺陷模式识别(DPR)作为计算机视觉指导智能制造产业的重要分支,其因具有面向工业生产、推动智能化产业转型、指导晶圆生产、降低芯片次品率的现实意义,成为半导体研究的热点领域。在检测的起步阶段,经验丰富的工程师通过目视检查来手动调整晶圆工艺参数,减少缺陷产生,改善晶圆及其衍生产品的质量。但是,目视检查因为依赖专家经验、过程耗时且准确度低等问题而难以大规模推行。在智能制造深刻改变生产制造环境的大趋势下,结合人工智能算法的晶圆缺陷模式识别可以有效减少人力成本投入、提升工业生产效率、避免人为错误。目前,中国高端的生产、检测设备非常依赖西方发达国家的高端设备厂家(主要有应用材料(AMAT)、东京电子(TEL)、阿斯麦(ASML)等)。为了缩小与西方发达国家的差距,需要攻克半导体设备的关键技术,晶圆缺陷模式识别的研究也就有着重要的现实意义。图 5-23 为晶圆有无图案对比图。

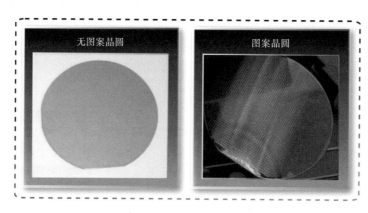

图 5-23 晶圆有无图案对比图

在实际的晶圆缺陷模式识别中,存在着以下技术难点:首先,晶圆的制造极易受到复杂工艺流程等不确定因素的影响,其缺陷存在类不平衡现象;其次,晶圆缺陷的特征维度高、噪声多,传统的缺陷模式识别算法精度较差。

2. 晶圆缺陷模式识别

针对以上难点,利用深度学习算法,可以大大提升晶圆缺陷模式识别率,提升整体系统的性能和识别速度。采取传统的晶圆缺陷分类方法进行缺陷分类检测,对于大多数常规的晶圆模式类型,例如划痕、边缘环,其识别精度已经很高了,但对于一些十分微小的缺陷,传统的晶圆缺陷分类方法难以满足需求。以目前提出的一种基于 Transformer 改进的深度学习算法为例,该算法将图像视为一种序列数据,其将图像划分为固定大小的图像块,通过线性映射将这些图像块转换成向量序列。接下来,用多层 Transformer 编码器对这些向量序列进行处理,以获取图像的特征表示。最终,全连接层将这些特征映射到各个类别,实现晶圆缺陷模式识别。如何正确选择深度学习算法需要结合实际场景分析。晶圆缺陷模式识别过程图如图 5-24 所示。

晶圆缺陷数据处理　　　类不平衡样本生成　　　晶圆缺陷模式识别

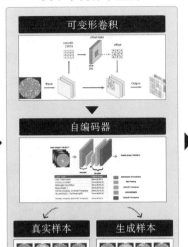
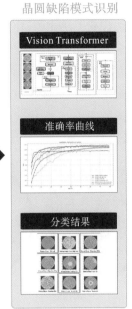

图 5-24　晶圆缺陷模式识别过程图

5.4.3　智能优化调度

1. 背景介绍

调度问题的基本描述是"如何把有限的资源在合理的时间内分配给若干个任务,以满足或优化一个或多个目标"。调度不只是排序,还需要根据得到的排序确定各个任务的开始时间和结束时间。调度问题几乎存在于工程科学的所有分支领域,如企业生产管理、交通运输、航空航天和网络通信。它也是智能制造领域的关键核心问题之一[4]。如图 5-25 所示,车间调度是生产管理的一个重要环节,高效的车间调度优化技术对提高生产效率、缩短生产

图 5-25　智能调度系统

周期、提高市场响应速度、降低生产成本具有重要的意义。

2. 智能优化方法

智能优化方法是一类受生物智能或物理现象所启发的随机搜索算法,目前在理论上还远不如传统优化方法完善,往往也不能确保解的最优性。但从实际应用上看,这类方法一般不要求目标函数和约束的连续性与凸性,甚至有时都不需要解析表达式,对计算中数据的不确定性也有很强的适应能力。由于这些独特的优点和机制,智能优化方法引起了国内外众多学者的重视,且在诸多领域中得到了广泛应用,展示出强劲的发展势头。车间调度智能优化应用场景如图 5-26 所示。调度领域的智能优化方法主要包括进化算法、群智能优化算法、局部搜索算法等。

图 5-26 车间调度智能优化应用场景

智能优化方法的引入使车间能够快速响应工件的生产需求,改变了传统的车间调度方式。当工件不在生产线时,车间可以根据历史数据建立车间制造网络,当生产线上有工件到达时,首先确定工件的特征信息,找到调度优化模型的相似工艺,再经模型映射关系获得能够处理各个特征的工序集合、可选机器集合与可选工人集合,进一步可以得到某工人操作某台机器处理某道工序的加工时间。此时,工件可被迅速安排到合适的机器上进行加工。但在有多个工件同时到达、车间资源有限的情况下,还需通过工艺决策与调度优化模型调整生产计划,从而实现车间资源的合理利用。基于智能优化模型的工艺决策与调度过程如图 5-27 所示。

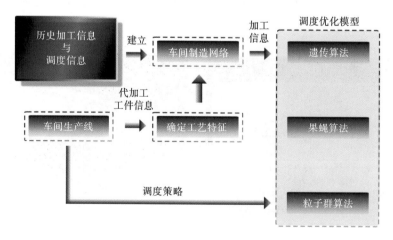

图 5-27 基于智能优化模型的工艺决策与调度过程

参考文献

[1] LI B，HOU B C，YU W T，et al. Applications of artifical intelligence in intelligent manufacturing：a review［J］. Frontiers of Information Technology & Electronic Engineering，2017，18(1)：86-97.

[2] 袁烨，张永，丁汉. 工业人工智能的关键技术及其在预测性维护中的应用现状［J］. 自动化学报，2020，46(10)：2013-2030.

[3] MA G，XU S，JIANG B，et al. Real-time personalized health status prediction of lithium-ion batteries using deep transfer learning ［J］. Energy & Environmental Science，2022，15：4069-4082.

[4] 王思涵，李新宇，高亮，等. 分布式车间调度研究综述［J］. 华中科技大学学报：自然科学版，2022，50(6)：1-10.

第 6 章
机器人

随着计算机等相关技术的发展,各种各样的机器人被设计并应用于不同领域。相较于传统机器,机器人具有更高的灵活性和智能化程度,能够更好地应对各种复杂任务。因此在制造领域,尤其是高精尖制造领域,机器人的应用十分广泛。那么机器人究竟是什么? 它们是如何完成这些任务的呢? 本章将从什么是机器人、机器人的发展历史和核心组成,并结合应用案例为同学们——进行介绍。

6.1 什么是机器人

提及机器人,同学们的脑海中可能会浮现很多影视画面,如图 6-1 所示的变形金刚中的汽车人、机器人总动员中的清洁机器人瓦力以及同学们耳熟能详的哆啦 A 梦。这些都是影视中的机器人形象,那我们真实世界中的机器人是怎样的呢? 现在就让我们打开机器人世界的"窗户",带领同学们探索一番。

图 6-1 影视中的机器人

6.1.1　认识机器人

机器人一词来源于英文单词"robot",该单词最早出现在 1920 年左右的科幻剧《罗素姆万能机器人》[1](图 6-2),里面对机器人的称谓是由古代斯拉夫语"robota"演变而来。"robota"本是强制劳动的意思,而创造出来的"robot"本为"奴隶机器"的意思,后来英语续用了这个词,并将它作为机器人的专有名词沿用至今。

对于机器人的定义,现有的说法比较多,选取三种比较官方的说法进行介绍。在国家标准《机器人分类》(GB/T 39405—2020)(图 6-3(a))中机器人的定义为:具有两个或两个以上可编程的轴,以及一定程度的自主能力,可在其环境内运动以执行预定任务的执行机构,其中自主能力是指基于当前状态和感知信息,无人为干预地执行预期任务的能力。在《中国大百科全书》(图 6-3(b))中机器人的定义为:能灵活地完成特定的操作和运动任务,并可再编程序的多功能操作器。美国国家标准局(ANSI)的定义为机器人是一种能够进行编程并在自动控制下执行某些操作和移动作业任务的机械装置。

（a）

（b）

图 6-3　《机器人分类》与《中国大百科全书》

这些定义听起来较为复杂,通俗来讲,机器人是拥有"大脑",可以模仿人类思想或者行为的机器。其中,"大脑"意味着机器人具有类人的思维,但不一定具备大脑所有的功能,而机器意味着机器人不一定具有人类的外表,影视中常见的类人型机器人只是机器人中的一种。

让机器人拥有"大脑"一样的功能时,对其的研究就不仅仅是单一学科的事了。关于机器人的研究涉及很多方面,包括基础科学、机械结构、算法、人机交互、人工智能、环境感知、控制等多个方面,所以学科交叉在机器人领域是必然的。

图 6-4 展示了机器人所涉及的领域,可见机器人涉及的知识相当丰富,但我们将众多知识进行结合制造机器人的目的是什么呢？让我们将视野再次回到之前提出的机器人单词——"robot"。这个意为奴隶机器的单词能够一直沿用,是因为制造机器人的出发点就是为人类服务,人们希望通过制造一台像人的机器,以代替或帮助人类完成相关的工作[2]。但同学们一定会产生新的疑问:"如果我们一直大力发展机器人,当机器人发展到一定阶段,它们会不会出现如科幻剧提到的那样,在拥有自己的独立意识后开始消灭人类,并且统治世界呢?"问题的答案是否定的。这里有一个比较科学的说法,也是人们普遍认可的机器人三大安全准则,出自美国著名科普作家艾萨克的作品[3]。三大安全准则如下:机器人不得伤害人类,或看到人类受到伤害而袖手旁观；机器人必须服从人类的命令,除非这条命令与第一条相矛盾；机器人必须保护自己,除非这种保护与以上两条相矛盾。由此可见机器人不会发展成科幻电影里那样,也因为这些准则使得"奴隶"两字确实贴合机器人的特点,因此"robot"能够一直沿用至今。

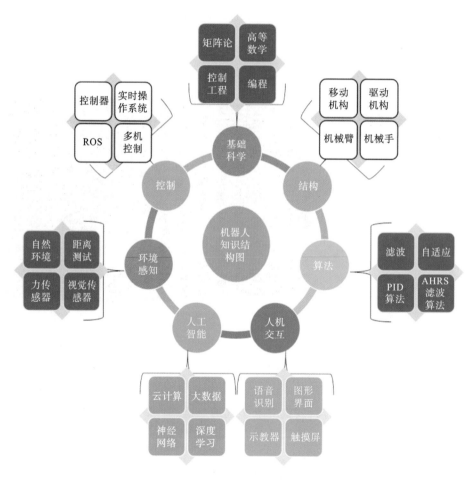

图 6-4　机器人所涉及的领域

6.1.2　机器人分类

上文提到影视中的类人型机器人只是众多机器人中的一种。机器人目前有很多分类方式，包括从机器人结构、功能以及使用空间等角度进行分类。但其基本分类准则如下：

（1）宜从多个维度进行分类；

（2）同一维度下应避免交叉重复，应尽可能覆盖各种机器人；

（3）相同功能机器人应用在不同领域时，应按一级分类中机器人的定义进行分类。

由于目前存在多种分类形式，因此本小节介绍两种比较常见的分类方法：一种是按机器人的结构进行分类，另一种是按机器人的应用领域进行分类。

1. 按结构分类

参考《机器人　分类及型号编制方法》(JB/T 8430—2014)的 5.1 标准进行结构分类，机器人可以分为垂直关节型机器人、平面关节型机器人、直角坐标型机器人、并联机器人、移动式机器人和其他类型机器人等，如图 6-5 所示。

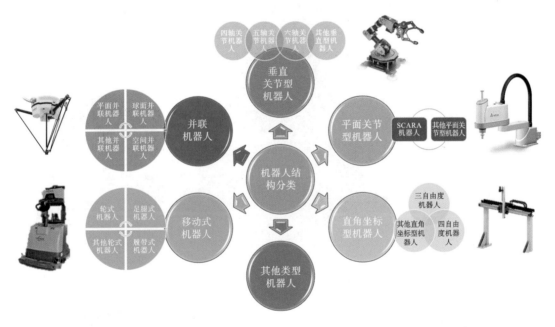

图 6-5　机器人结构分类

最常见的机器人结构形式如下。

（1）垂直关节型：一种类似于人类手臂结构的机器人，可以通过不同轨迹和位姿到达空间位置的某一点，是机器人中最常见的结构；

（2）直角坐标型：一种由三根直线运动轴组成的机器人，其各轴的运动与直角坐标系重合，通常为三根轴，但也有一些其他特殊形式；

（3）平面关节型：该机器人结构与垂直关节型类似，但有不同的特征，常见的是一种四轴机器人，包括底座旋转、在同一垂直面的两转动和一个垂直方向的直线移动 4 个自由度，

能够实现加速度很大的高速运动,同时也能满足很严格的公差要求;

(4)并联型:该机器人的手臂由并行的移动或旋转关节组成,驱动手臂的电机装在底座结构上,可以具有较高的加速度和速度;

(5)移动式:该类型机器人主要的功能是移动负载,通过控制实现沿各种预定轨迹的移动。

2. 按应用领域分类

机器人根据应用领域,可以分为工业机器人、服务机器人、特种机器人以及其他应用领域机器人,如图 6-6 所示。

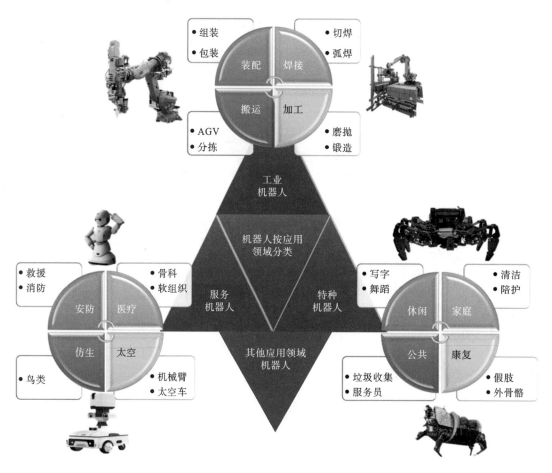

图 6-6 机器人应用领域分类

从应用分类可以看出,目前机器人已经运用于生活中很多方面。现代机器人最早的应用领域为工业制造领域,也是目前现有机器人应用最广范围的领域。其中,装配机器人可以实现协同工作,按照装配的要求可以合作或者独立完成对应的任务,工作效率相较于人类也高很多,且搭配相关的检测装置还能实现实时检测,提高装配精度。焊接机器可以提高焊接的效率,保证人的安全。加工机器人主要进行各类机械产品的加工工作,与传统的加工相比,具有工作快速准确、避免手工操作危险、能实现复杂加工等优势。搬运机器人又可以分为移动式和固定式,其中固定式的搬运机器人又称为码垛机器人,可以实现重物的搬运;移动式的机器人大多可以实现无人驾驶,编程后可以独自进行相对应的工作,完成物件的搬运。

综上,目前机器人相对于过去来讲已经发展得非常成熟了,可以在多个领域代替人类劳作或为人类服务。但发展往往不是一蹴而就的,而是经过了反复的替代更新。因此接下来我们将带领同学们回望过去,了解机器人是如何发展的。

6.2　机器人的发展历史

虽然"机器人"一词出现的时间不长,但是机器人这种自动化的机械装置出现的时间却并不短。我国最早记载的机器人出现在《列子·汤问》中:"穆王惊视之,趣步俯仰,信人也。巧夫镇其颐,则歌合律;捧其手,则舞应节。千变万化,惟意所适。"一个工匠制造出能歌善舞的机器人献给穆王,其属于服务型机器人,但该机器人的可信度有待商榷[4]。除此之外,在史书中还有很多关于机器人的记载,如《墨子·鲁问》中"公输子为鹊"的典故,记载了一种空中机器人;东汉时期,张衡设计了一种能测量行程的记里鼓车(图 6-7(a)),车上有木人、鼓和钟,当车每走一里,击鼓一次,每走十里,敲钟一次;三国时期诸葛亮发明的"木牛流马";南北朝时期祖冲之制造的指南车(图 6-7(b))。这些自动化的机械装置都属于广义的机器人。

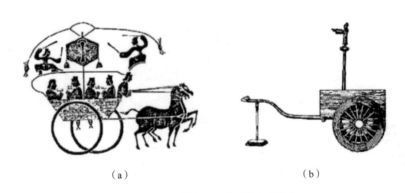

（a）　　　　　　　　　　　（b）

图 6-7　"记里鼓车"(a)与"指南车"(b)

在世界其他文明中也有很多机器人的历史记载,例如古希腊发明家特西比乌斯改进漏壶,采用人物造型指针指示时间;公元前 2 世纪,古希腊人发明了一种以水、空气和蒸汽压力为动力的雕像,如图 6-8(a)所示,可以开门;文艺复兴时期,达·芬奇以木头、金属、皮革为外壳,以齿轮为驱动装置制造出可以跳舞的类人型机器人(图 6-8(b));日本江户时代出现了端茶玩偶(图 6-8(c));18 世纪法国天才技师设计了一种可以喝水、进食的机械鸭;瑞士钟表匠创造的自动书写玩偶;等等。这些都属于自动化的机械装置。

这些自动化的机械装置虽然与现有的机器人差距很大,但却是机器人发展的根基。而提及机器人的发展时,人们普遍认为近现代机器人的发展最早始于 20 世纪前中期,先后演

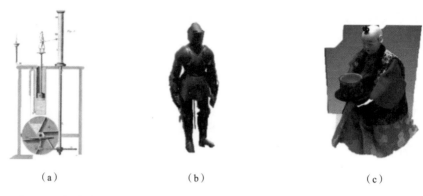

（a）　　　　　　　（b）　　　　　　　（c）

图6-8　古希腊会动的雕像（a）、达·芬奇制作的机器人（b）和日本端茶玩偶（c）

化出三代机器人（图6-9）。其中，第一代机器人在离开人控制时无法独自运动。第二代机器人可以按照预编写的程序进行运动，可以重复地完成某些预定的操作。此时机器人已经有了一定的"感觉"，能够实现简单的识别和判断。第三代机器人则利用各种传感器或者测量装置获取信息，然后利用智能技术实现识别、推理、决策等过程，最终发展为能自己进行行动，实现自主控制。这三代机器人在时间上属于迭代关系，但是实际上第一代机器人并没有因为第二代机器人的出现而消失，第二代机器人也没有因为第三代机器人的出现而消失。相反到目前为止，三代机器人都在各自的发展道路上继续发展，因为面对不同预定目标时，往往需要根据目标的实现难度选择合适的机器人进行处理，所以这三代机器人都有属于自己的应用范围。

示教再现机器人　　　　　　感知机器人　　　　　　智能机器人

图6-9　先后演化的三代机器人

对于近现代机器人的发展史，国内外由于各种因素存在明显的差异，因此下文将从国外与国内两个角度分别介绍。

6.2.1　国外机器人发展史

由上文我们可以发现，第一代机器人在中外历史中已经有了记载，但我们现在普遍认知的机器人形式——第二代机器人，是在20世纪50年代出现的。1954年是机器人发展史中很有意义的一年，那一年麻省理工学院的工程师制造了世界上第一台可以编程的机器人，并向美国政府申请了专利,该机器人可以基于不同程序从事不同的工作,具有很强的灵活性与通用性,也标志着第二代机器人登上历史舞台。四年后,第一家机器人企业诞生,被誉为"机器人之父"的美国人约瑟夫·恩格尔伯格创建了 Unimation 公司,公司研发的第一台机器人(图 6-10(a))叫 Unimate。它是由计算机控制机械臂运动的液压驱动机器人,和美国机床与铸造公司(AMF)研制出的物料运输机器人 Versation 被认为是世界上最早的工业机器人。

随后机器人研究进入了快速发展的阶段。在 20 世纪 60 年代,利用传感器提高机器人的操作性成为当时机器人的研发热点。1963 年,麦卡锡使机器人能够拥有"视觉",且两年后第一个带有视觉传感器、能识别积木并定位的机器人系统成功诞生。那时期,机器人拥有了"触觉"与"听觉"等,各种相关的传感器被应用于机器人中。从 20 世纪 60 年代中期开始,各个高校启动了机器人的系统性研究,其中麻省理工学院、斯坦福大学、爱丁堡大学等陆续成立了机器人实验室。时间来到 1968 年,美国斯坦福国际研究院成功研制出移动式机器人——Shakey(图 6-10(b)),该机器人具有一定"意识",能够实现自主感知、环境搭建、行为规范与任务执行,并装配了视觉传感器、力觉传感器、测距仪、驱动电机及编码器等。该机器人的诞生拉开了第三代机器人研发的序幕。

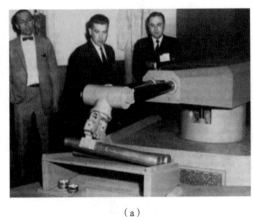 

(a)　　　　　　　　　　(b)

图 6-10　世界上最早的工业机器人——Unimate(a)和世界上
首台带有人工智能的移动机器人——Shakey(b)

同时期,日本也进入了机器人的研究领域。1968 年,日本川崎重工向美国 Unimation 公司购买了机器人专利,成功研制出日本第一台通用机械手机器人。1969 年,日本早稻田大学的被誉为"仿人机器人之父"的加藤一郎使机器人拥有了使用"双脚"走路的能力。1970 年,美国召开了第一届国际工业机器人学术会议[2],拉开了机器人研究快速发展的序幕。1975 年,IBM 公司研制出一个由计算机控制的机械手,其搭配力传感器可以完成 20 个零件的打字机装配工作。1979 年,工业机器人 PUMA 成功推出(图 6-11),标志着工

图 6-11　PUMA 机器人

业机器人技术已经十分成熟,该机器人到目前为止仍在被使用。同时在日本,山梨大学的学者研制出了具有平面关节的 SCARA 型机器人。时间来到 1980 年,这一年被称为日本"机器人普及元年",日本在各个领域开始推广使用机器人,大大缓解了国内劳动力严重短缺的社会矛盾。作为工业机器人发源地的美国逐步丧失了在该领域的优势。

几乎同一时间,服务机器人和特种机器人也开始实用化,逐步登上历史舞台。1987 年,英国的 Mike Topping 公司研制了 Handy1 康复机器人样机,它是目前世界上最成功的低价、市售的康复机器人系统。一年后,日本东京电力公司研制出具有初步自主越障能力的巡检移动机器人,该机器人依靠内嵌的输电线结构参数进行运动行为规划。1998 年,美国特种机器人——"全球鹰"无人机首飞成功,该机器人具有昼夜全天候不间断提供数据和信息的能力。一年后,基于麻省理工学院研发的机器人外科手术技术,著名的手术机器人系统"达·芬奇手术机器人系统"由美国直觉外科公司研发并投入使用(图 6-12),目前该机器人已经被美国食品药品监督管理局批准用于成人和儿童的普通外科、胸外科、泌尿外科等手术。

外科医生控制台　　　　　　　床旁机械臂系统　　　　　　　成像系统

图 6-12　达·芬奇手术机器人系统

进入 21 世纪,机器人技术与产业发展进入了新阶段,第三代机器人进入蓬勃发展期。其中以日本本田公司研发的仿人机器人阿西莫为代表,其经过十年的发展,已经具备人工智能,可以按照人类的声音、手势等信息并结合预先设定的动作执行相应的操作。2001 年,瑞典家电厂商推出全球首款扫地机器人"三叶虫"。该机器人采用超声波仿生技术,不但可以规避障碍物,还可以在全黑的环境中工作。一年后,目前世界上销量最大、商业化程度最高的家用机器人登场,它就是由美国 iRobot 公司推出的扫地机器人"Roomba"。它能自动设计行进路线,还能在电量不足时自动行走到充电座。2005 年,波士顿动力公司在美国国防部高级研究计划局(DARPA)的资助下,研制出了四足机器人(图 6-13(a)),该机器人可以实现自动运输,帮助人在恶劣环境下运载物资。2013 年,该公司又向外界公布了其研制的双足机器人——阿特拉斯,可以从事抢险救灾等工作(图 6-13(b))。

有学者在研究美、日、德等发达国家的机器人发展计划时,发现美国机器人发展起步相对较早,并且有明确涉及机器人核心技术研发的战略规划,研究重点侧重于仿人操作、自主导航、非结构化环境的感知、人机交互等方面。通过研究日本工业机器人发展历史,有学者

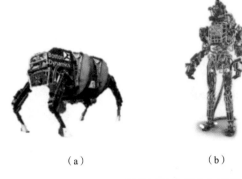

（a）　　　　　　　　　　（b）

图 6-13　波士顿动力公司研制的四足机器人和双足机器人

总结 1980—1990 年是日本工业机器人发展的黄金十年,其快速发展的主要原因在于日本国内劳动人口减少、劳动力成本上升以及政府政策的大力支持[5]。当对德国工业机器人的发展历程进行梳理时,有学者认为虽然德国工业机器人研发起步较晚,但从萌新到成长为欧洲机器人强国的过程中,德国政府发挥着重要的引导作用,从“改善劳动条件计划”、“工业 4.0”战略到构建智能工厂等政策中都可以看到政府的导向作用[6]。

由此可见,国外机器人除了自身发展较早外,还依托于政府的支持。当然,针对机器人,我国也提出了很多相应的政策,接下来为同学们介绍国内机器人的发展史。

6.2.2　国内机器人发展史

国内机器人发展相对于国外几乎晚了三十年,研究开发工作是从 20 世纪 70 年代初开始的,如今已有几十年的历史,总体上分为三个阶段:第一阶段为起步阶段;第二阶段为迅速发展阶段;第三阶段为机器人面向应用阶段[7]。

从 20 世纪 70 年代后期到 1985 年,国内先后有大大小小 200 多个单位自发参与了机器人的研究与开发,这段时间虽然没有诞生成熟的机器人产品,但为我国后来的机器人发展奠定了基础。1986 年,工业机器人技术被国家“七五”科技攻关计划列为第 72 项攻关课题,开始组织研究机器人基础理论、关键元器件与整机产品。1986 年,我国开始实施国家“863”计划,在自动化领域成立了专家委员会,其下设立了 CIMS 和智能机器人两个主题组。自此,我国机器人相关技术的研究、开发和应用,从发展初期自发、分散、低水平重复的状态进入了有组织、有计划的规划发展阶段。

1986—2000 年国家“863”计划的实施,使得我国在机器人技术与自动化工艺装备等方面取得了突破性进展,缩小了在机器人领域与发达国家之间的差距。

1993 年,北京自动化研究所成功研制喷涂机器人,1995 年研制出高压水切割机器人。一年后,中国科学院沈阳自动化研究所等单位成功研制我国第一台无缆水下机器人“探索者”(图 6-14(a)),其工作深度达到 1000 m,去掉了与母船间联系的电缆,实现了从有缆到无缆的重大飞跃。

2000 年 11 月,国防科技大学成功研制我国第一台真正意义上的仿人机器人“先行者”(图 6-14(b))。它拥有 140 cm 的身高,体重约为 20 kg,拥有头部、眼睛、躯体、双臂和双足,能够行走,也具有一定的语言功能。它行走的频率为每秒 1~2 步,步行质量较高,不仅能够在平地上稳步前行,面对上坡、转弯等场景也能够从容应对。

（a）

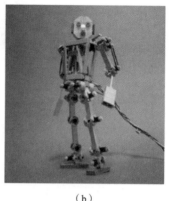
（b）

图 6-14　我国第一台无缆水下机器人"探索者"（a）和我国第一台仿人机器人"先行者"（b）

进入 21 世纪,我国在抢险救灾机器人、仿生机器人、空间机器人、水下机器人等领域均取得技术突破,在医疗、家庭服务、教育等领域也实现了机器人产业化,在工业机器人领域形成了完整的产业链,应用范围也不断扩大。在国家"863"计划和国家自然科学基金的持续支持下,北京理工大学从 2002 年开始至 2011 年共有 5 代"汇童"系列仿人机器人诞生（图 6-15）。其中,2002 年成功研制的第一代"汇童"机器人,具有语音对话、视觉、力觉等功能,能动态行走,且拥有一定平衡感,可完成太极拳、刀术等人类复杂动作,这标志着我国成为继日本之后第二个掌握集机构、传感、控制、电源于一体的仿人机器人高度集成技术的国家。2009 年研制的第四代"汇童"拥有了"表情",可以再现人类的喜怒哀乐。2011 年 5 月研制的第五代"汇童"在高速运动物体识别、灵巧动作控制、全身协调自主反应等方面取得重大技术突破,对打乒乓球最高达 200 余回合。

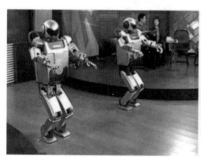

图 6-15　汇童仿人机器人

2008 年,深圳市大疆创新科技有限公司在这一年推出了第一款较为成熟的直升机飞行系统 XP3.1（图 6-16(a)）,此后大疆科技陆续推出飞控系统、云台系统、多旋翼飞行器等产品,填补了我国很多项技术空白。2010 年,北京天智航医疗科技股份有限公司研制的模块化创伤骨科机器人获得我国第一个医疗机器人最高等级器械注册证,成为全球第五家获得医疗机器人注册许可证的公司。

2011 年,浙江大学成功研制出两台会打乒乓球的仿人机器人(图 6-16(b)),两台机器人可以通过安装的摄像头捕捉乒乓球在空中的运动轨迹,预测球的落地点,然后做出相应的动作,实现对打。2012 年,昆山安明泰机电科技有限公司在国家"863"计划助老助残机器人重大专项"多功能助行康复机器人"的基础上,成功研发一款专为下肢运动机能较弱的患者设计的多功能轮椅,其本质属于外骨骼康复机器人。2014 年,由天津大学等单位联合研制的"妙手 S"机器人首次应用于临床,并成功进行了三次手术,标志着我国打破了国外公司对手术机器人技术的垄断。

 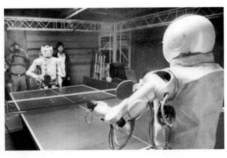

（a）　　　　　　　　　　　　　　　　　（b）

图 6-16　大疆科技无人机(a)和会打乒乓球的仿人机器人(b)

虽然我国的机器人发展较晚,且目前仍与发达国家的机器人存在着较大差距,但我们已经在基础研究、产品研制以及制造水平等方面实现了不同程度的突破。未来,只要我们不懈努力、奋起直追,我们一定能站在机器人领域的顶峰上。

6.2.3　现代机器人介绍

机器人通过七十多年的高速发展,技术已经相当成熟,接下来将为同学们列举一些目前世界上比较有代表性的机器人。

在国外,代表性机器人有美国波士顿动力公司的"大狗"(图 6-17)、美国汉森机器人的 Bina A48、美国 iRbot 公司的 ChemBot、美国航空航天局的 DASH、英特尔公司的 HEBR、日本产业技术综合研究所的 HRP-4C、英国议会发言机器人 Ai-Da(图 6-18)、意大利的协作机器人 BAXTER、哈佛大学研制的集群机器人 Kilobot、法国的社交机器人 Pepper、德国研制的仿生机器人 BionicOpter、千叶工业大学开发的用于勘探勘测的 Quince 机器人、日本安川(YASUKAWA)知名的 MOTOMAN 工业机器人、KUKA 工业机器人以及 ABB 工业机器人等(图 6-19)。

在国内,有用于家庭服务的以科大讯飞为主的机器人(图 6-20),有用于深海探测的蛟龙机器人,有用于深海载人的潜水器奋斗者号(图 6-21),有用于回答问题的索菲亚机器人以及光纤 20 双座版携带的无人僚机等。

图 6-17　波士顿动力公司机械狗　　　　图 6-18　机器人 Ai-Da

日本安川MOTOMAN工业　　　　KUKA工业机器人　　　　ABB工业机器人
机器人

图 6-19　现代工业机器人

图 6-20　科大讯飞智能机器人　　　　图 6-21　潜水器奋斗者号

　　除上面提到的机器人之外,目前世界上还有数不胜数的机器人被人们发明出来用于各个任务,在各个领域帮助人类。接下来将为同学们具体介绍一些机器人的核心组成,使同学们能更加深刻地了解机器人。

6.3 机器人的核心组成

不同机器人由于结构、功能存在差异,其组成可能会存在不同,所以本节将以智能制造中举足轻重的工业机器人为主,向同学们介绍机器人的核心组成。

现代工业机器人大部分都是由人机交互系统、控制系统、机械结构系统、机器人-环境交互系统、驱动系统、感知系统六大系统组成的。整个机器人的基本组成如图 6-22 所示,可以将六大系统划分为三大部分,分别是机械部分、传感部分与控制部分。

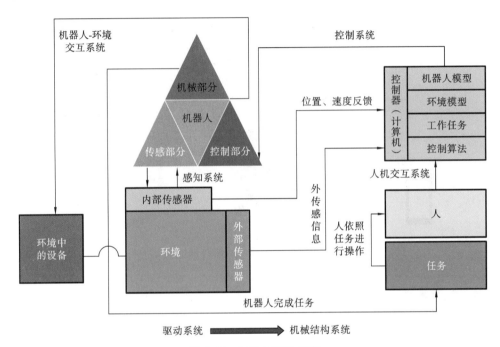

图 6-22　机器人基本组成

机械部分就是我们常说的机器人本体。这部分主要由驱动系统和机械结构系统两部分组成。驱动系统是指机器人运行时需要安装在每个关节上的传动装置与传感装置。它们的功能是为机器人的各个部分和关节动作提供动力。驱动系统的传动部分可以是液压传动系统、电动传动系统、气动传动系统,也可以是几个系统的综合传动系统。工业机器人的机械结构系统主要由机身、手臂、手腕和手四个部分组成,每个部分都有一定的自由度,形成一个自由的机械系统。此外,安装在机械臂末端的工作部件称为末端执行器,是直接与环境进行物理接触的部件,它可以是多手指的爪子、油漆枪或焊接工具等。

传感部分类似人类的五官,为机器人工作提供环境信息,帮助机器人工作。这部分分为感知系统和机器人-环境交互系统。感知系统主要由传感器组成,分为内部与外部传感器模块,用于获取内部和外部环境状态中对工作任务有意义的信息。对于一些特殊的信息,传感器的灵敏度甚至可以超越人类的感觉系统。机器人-环境交互系统是实现工业机器人与外部环境中设备的相互联系和协调的系统。

控制部分就相当于机器人的大脑,可以直接或通过人工对机器人的运动进行控制。其中人机交互系统是可以让操作人员参与机器人控制,并与机器人进行联系的装置,例如计算机的终端、指令控制台、信息显示板、示教盒等。控制系统主要根据机器人的作业指令程序以及从传感器反馈回来的信号,结合信息实现对执行机构的控制。机器人控制关系如图 6-23 所示。

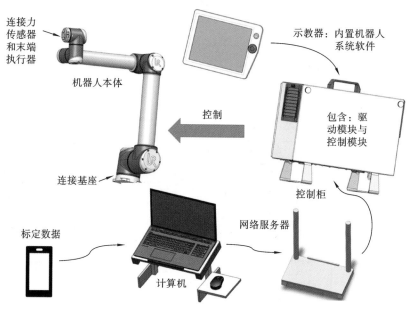

图 6-23　机器人控制关系

以 UR5 机器人为例,该机器人组成如图 6-24 所示,由示教器、控制柜与机器人本体组成。示教器也称为示教编程器,主要由液晶屏幕和操作按键组成,可手持移动,它是机器人

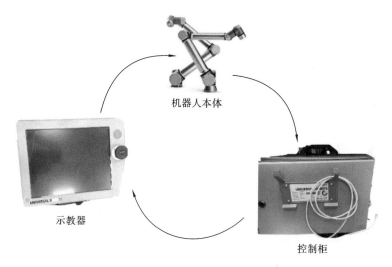

图 6-24　UR5 机器人组成

的人机交互结构,可以实现机器人的程序编写、设定、查阅等功能,但这些功能并不都必须通过示教器完成,也可以通过其他手段完成与机器人的交互。控制柜则用于安装各种控制单元,进行数据处理、储存与程序执行,相当于机器人的大脑。而机器人本体则是我们常见的部分,主要用于执行任务。

由此可见,基于三大部分六大系统的协调作业,工业机器人成为一台高精密度的机械设备,并被广泛应用于智能制造中。想必同学们看到这儿一定还有些疑惑,因为之前接触最多的是机器人的机械结构系统,对其他系统不太了解。而机器人-环境交互系统本质上为工业机器人与其他设备的一个协调系统,在第八章会有所介绍,接下来将从驱动、感知和控制三大方面为同学们详细介绍机器人的核心组成。

6.3.1　机器人驱动

观察小时候玩过的赛车之类的玩具,会发现不少玩具可以通过电动机等某个装置运动起来,而电动机等装置就是驱动装置。同样,机器人要运动起来也需要驱动装置。

机器人驱动装置让机器人能够动起来,机器人按照控制系统发出的信号,借助动力元件使机器人动作。驱动装置是机器人结构中非常重要的部分,用通俗的语言来讲相当于人体身上的肌肉。常见的驱动装置主要有电驱动器、气压驱动器和液压驱动器。随着技术的发展,目前还出现了很多新型驱动器,如静电驱动器、磁流体驱动器、高分子驱动器与光学驱动器。但这些新型驱动器的应用有限,最常用的还是常见的三种驱动器。因此接下来将机器人驱动从由电力驱动的电机驱动和由流体驱动的气压驱动与液压驱动进行讲解。

1. 电机驱动

电机驱动种类很多,其中常见的有步进电机、直流伺服电机、交流伺服电机等(图 6-25)。其中伺服是指系统根据外界发送的控制信号进行人们预先设定的运动[8]。

步进电机　　　　　直流伺服电机　　　　　交流伺服电机

图 6-25　三种常见的电机

1) 步进电机

步进电机是一种把开关激励变换转变成精确的转子位置增量的执行机构。步进电机的使用方法是,在控制电路中给电机输入一个脉冲,如图 6-26 所示,电机每接收一个脉冲就旋转一个固定角度(又被称为"一个步长的转动")。此处的脉冲是一种信号,当步进电机接收到信号后会旋转,当信号消失后停止旋转。

步进电机按照结构特点分为 BF 型步进电机、PM 型步进电机与 HB 型步进电机。其中,BF 型步进电机又称为磁阻式步进电机,这种电机转子惯量小,适用于高速。PM 型步进

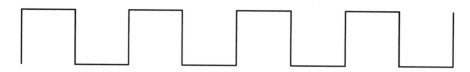

图 6-26 脉冲信号

电机又称为永磁式步进电机,它按步距角又可以分为大步距角型和小步距角型。大步距角型仅限于小型机种上使用,具有自启动频率低的特点,小步距角型的步距角小,属于低成本型的步进电机。HB 型步进电机(混合式步进电机)是 PM 型与 BF 型组合起来的电机,具有高精度、大转矩和步距角小等特点。

步进电机可以通过控制脉冲频率来控制电机转动的速度和加速度,从而达到调速的目的,具有惯量低、定位精度低、无累计误差、控制简单等特点,拥有更高的可靠性、更高的效率、更小的间隙和更低的成本,因此其适合用于低转速、高转矩工况的机器人。步进电机的优点如下:

(1)对于同等性能的机器人,采用步进电机更便宜;

(2)步进电机拥有更长的寿命;

(3)作为数字电机,可以实现准确的定位;

(4)驱动模块不是线性放大器,拥有更高的效率与可靠性;

(5)具有故障安全保护措施;

(6)速度控制准确且可重复,如果有需要,其运行可以非常缓慢。

步进电机具有诸多优点,因此在机器人上应用广泛,比如控制机器人多自由度关节、与丝杆系统连接控制滑台直线运动(丝杆系统是一种可以将转动变为平动的机械装置)等。例如,图 6-27 所示是一个(六自由度)切削机器人的结构示意图,其控制流程如图 6-28 所示。

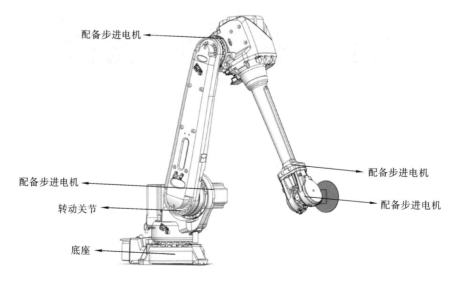

图 6-27 切削机器人的结构示意图

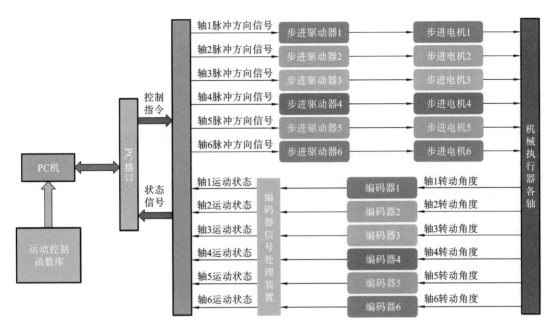

图 6-28 切削机器人控制流程

因为切削机器人对运动过程的轨迹、速度与加速度有较高要求,既要工作起始位置准确又要运动的轨迹、速度与加速度准确,因此选用步进电机与编码器组成有反馈的控制系统,减小步进电机与执行器间的传动误差,从而使运动轴能够达到理论要求的位置。

2）直流伺服电机

直流伺服电机是通过电刷和换向器产生的整流作用,使磁场磁电动势和电枢电流电动势正交产生转矩而工作的,其控制原理如图 6-29 所示,工作原理与一般直流电机类似。直流伺服电机调速方法有三种,分别是改变电枢外加电压、改变激励磁通与改变电阻阻值。

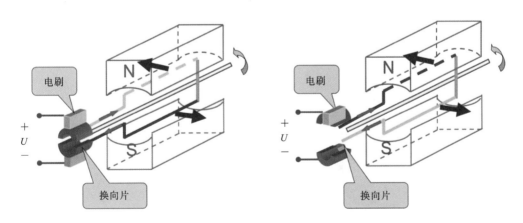

图 6-29 直流伺服电机的控制原理

直流伺服电机为了适应不同随动系统的需要,从结构上有多种形式,包括用于快速动作与功率较大的无槽电枢直流电机、需要快速动作的空心杯型电枢执行电机、用于低速启动和反转频繁的印刷绕组直线执行电机以及要求噪声低且对无线电不产生干扰的无刷直流执行电机等。

与交流伺服电机相比,直流伺服电机在机器人应用中展现出了一系列显著的优势,同时也存在一些局限性。其主要优点包括高启动转矩、不受频率限制且广泛的调速范围、良好的机械特性(线性度)、从零转速至额定转速均可提供额定转矩、低功率损耗、高响应速度、高精度以及优良的频率控制特性。此外,直流伺服电机的高转矩、高惯量比和快速的动态响应,以及在广泛的调速范围内的低速脉动,为其在低速时提供了大转矩,保证了连续运行的稳定性和过载能力。它还具有高效节能、体积小巧重量轻、多种灵活的安装方式、结构简单易于维修、工艺稳定产品一致性好、低噪声低振动以及长使用寿命等特点。与气压和液压驱动相比,电机驱动在体积、功耗和精确度方面表现出优势。

然而,由于直流伺服电机的结构特点,其电刷和换向器的存在增加了摩擦转矩,换向火花可能引起无线电干扰。此外,这种电机的寿命相对较低,需要定期维护,使用和维护过程较为繁琐。这些因素可能限制了直流伺服电机在某些应用中的使用。

直流伺服电机的运转方式通常有两种:线性驱动与脉冲宽度调制驱动(PWM)。线性驱动即给电机施加的电压以模拟量的形式连续变化,是电机理想驱动方式,但在电子线路中易产生大量的热损耗,不适合长时间工作。实际应用较多的是脉冲宽度调制驱动,其特点是在低速时转矩较大,高速时转矩较小。相比于步进电机的无反馈控制,直流伺服电机采用有反馈的速度与位置控制,因此通常需要搭配速度传感器与位置传感器。

综上,直流伺服电机很适合机器人的应用环境与控制动力要求,在功率较小且精度要求高的场合常使用直流伺服电机。如图 6-30 所示的排爆机器人,其机械臂的每个关节内都安装了伺服直流电机和测量关节转角的传感器,可以实时获得各关节的位置与速度,从而实现进一步的控制,以满足功能要求。

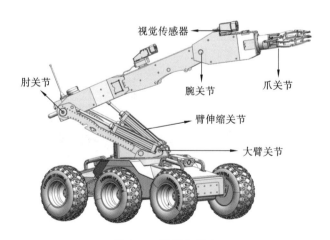

图 6-30　排爆机器人

3)交流伺服电机

交流伺服电机的定子上装有两个位置互差 90° 的绕组,一个是励磁绕组,通交流电压;另一个是控制绕组,通控制信号电压。

常见的交流伺服电机主要有以下三类:笼式感应型电动机、交流整流子电动机和同步电动机。交流伺服电机可以实现精确的速度控制和定位功能。同步电动机有直接转矩理论,其优点是转矩动态响应快,缺点是转速较低且转矩脉冲较大,可以同时替代伺服电机与减速器[9]。

在控制上,现代交流伺服系统一般都采用磁场矢量控制方式,因为该方式具有一系列的优点:① 系统在极低速度下也能平滑地运转,具有较快的响应速度;② 在高速时仍然有较高的转矩;③ 电动机的噪声和振动小;④ 具有很高的转矩和惯量比,可以实现系统的快速启动和制动;⑤ 系统整体结构紧凑、体积小、可靠性高等。

正因如此,在数控机床上,交流伺服系统全面取代直流伺服系统,已经成为技术发展的必然趋势。那交流伺服电机运用到工业机器人上的优势是什么呢?

工业机器人对伺服系统的要求,可以归纳为动态性能好、启动速度快、适应频繁启停并且能以最大转矩启动、调速范围宽且抗干扰能力强等。交流伺服系统不仅可以满足以上需求,还具有比直流伺服系统更优良、稳定的控制性能。同时考虑成本等因素,目前高精度的交流伺服系统已成为工业机器人驱动电机的首选。如图 6-31 所示的果树采摘机器人,采用交流伺服电机、交流伺服驱动器和光电编码器等配合实现机械臂的控制。

2. 气压和液压驱动

基于流体的驱动可以分为气压驱动和液压驱动,下面分别进行介绍。

1)气压驱动

气压驱动是以气体为介质,使用一系列控制阀的控制,最终使气体推动气缸的活塞做直线运动[10]。典型的气压驱动系统由气压发生装置、执行元件、控制元件和辅助元件四个部分组成。其中气压发生装置简称气源装置,是获得压缩空气的能源装置,可以类比成电源,是一种用于提供压力差的装置;执行元件是以压缩空气为工作介质,并将压缩空气的压力能转变为机械能的能量转换装置;控制元件又分为操纵元件、运算元件、检测元件,用来控制压缩空气流的压力、流量和流动方向等,以便使执行机构完成预定的运动规律;辅助元件主要具有润滑、消声等功能。在系统中,气缸和控制阀有多种组合方式,选择时应该从作业内容、使用环境与能量效率等几个方面考虑。其中一种组合方式的气压泵如图 6-32 所示。

气压驱动具有速度快、系统结构简单、维修方便与价格低等特点,适用于中、小负荷的机器人。但由于难实现伺服控制,因此其多用于程序控制的机器人,目前比较典型的应用为张力控制、加压控制、位置和力控制等。

对于机器人方面,由于气压驱动机器人具有气源使用方便、不污染环境、动作迅速、工作安全可靠、操作维修简便等特点,适合用于上下料机器人和冲压机器人等。在大多数情况下,气压驱动系统适用于实现两位式或有限点位控制的中、小型机器人,在易燃、易爆的场合下可采用气动逻辑元件组成控制装置。气压驱动应用结构组成如图 6-33 所示。

2)液压驱动

由液压驱动组成的液压控制系统能够根据装备的要求,对位置、速度、加速度、力等控制

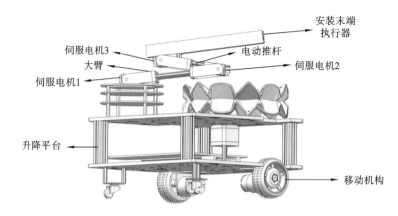

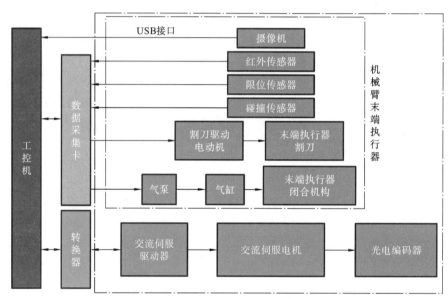

图 6-31　果树采摘机器人

图 6-32　气压泵

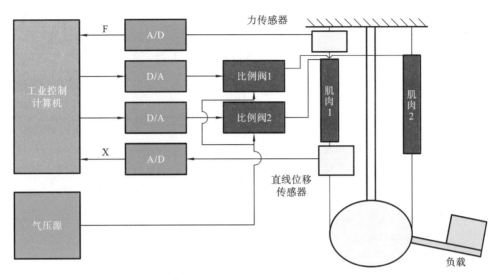

图 6-33　气压驱动应用结构组成

量按一定的精度进行控制,并且能在有外部干扰的情况下,稳定、准确地工作,实现既定的工艺目标。但其也有一些缺点,比如为减少泄露需要较高的加工精度,一旦出现故障则不容易找出问题所在[11]。

液压驱动系统的控制主要由液压源(图 6-34)、驱动器、液压阀、传感器、控制器等构成(图 6-35)。将这些元件组合成反馈控制系统来驱动负载。液压源的功能是产生一定的压力,压力液体通过液压阀控制压力和流量,从而驱动驱动器。简单来说,液压源同样可以类比为电源。

液压驱动目前已经是一项比较成熟的技术了,它具有动力大、力矩与惯量比大、快速响应高和易于

图 6-34　液压源

实现直接驱动等特点。由于液体自身的性质,液压驱动可以通过流量控制实现无级变速,且自身具有防锈和润滑的功能,可以提高机械效率从而延长使用寿命。但液压驱动也有一些缺点,比如液压系统需进行能量的转换,多数情况下采用节流调速来控制速度,因此相较于电机驱动,它的效率较低,且由于采用了流体,如果液压系统出现泄漏会对环境产生污染。

液压驱动主要应用于重负载下仍具有高速和快速响应,同时要求体积小、质量轻的场合。液压驱动在机器人中的应用,以面向移动机器人,尤其是重载机器人为主。使用小型驱动器即可产生大的转矩(力)。在移动机器人中,使用液压驱动的主要缺点是需要准备液压源,其他方面则与电机驱动无太大区别。相比于电机驱动,液压驱动具有较高的输出功率以及精确性等优点。目前液压驱动机器人结构简单、动力强劲,操作方便、可靠性高,有多种控制方式,存在较大的进步空间。

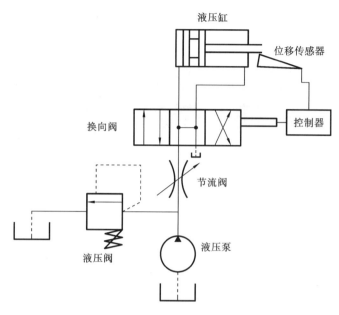

图 6-35　液压驱动系统组成

6.3.2　机器人感知

机器人在执行任务的过程中,需要对任务对象和周围环境进行感知和判断,然后依据这些信息调整自己的策略和动作。通过种类丰富的传感器,机器人便可以获取外界各类信息,获得自己的知觉。本小节将主要介绍机器人的视觉、力觉、触觉和听觉这四种应用广泛的机器人感知技术。

1. 视觉

在日常生活中,视觉是人最重要的一种感觉,至少有 80％ 的外界信息是通过视觉来获取的。在生产制造中的各个环节,我们也依赖着视觉信息来完成各种判断和操作。例如,工人通过观察量具刻度与加工件的对应关系对加工件的尺寸进行检验(图 6-36)。

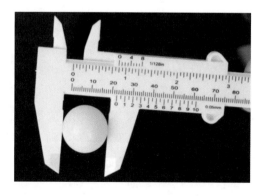

图 6-36　尺寸测量

图 6-37　工业相机

我们可以通过工业相机(图 6-37)获取图像信息来为机器人提供视觉,进而使机器人能够依据图像信息进行决策和调整动作。通常,由工业相机获取的图像信息会以像素点为单位保存起来,一个个像素点排列起来组成阵列,便可以构成一个图像(图 6-38)。而每个像素点都由几个数字来表示,例如最常使用的 RGB 格式,其基本原理就是分别使用三个数字来代表红(R)、绿(G)、蓝(B)三原色(图 6-39),通过三原色的组合来得到该像素点的颜色。如果用 3 个 8 位的二进制数来描述 RGB 值,每个三原色可以取的值为整数 0~255 共 256 个值,则可以组成 256×256×256=16777216 即一千六百多万种颜色。于是,图像信息便可以转化为机器人能够理解的数据,从而使机器人拥有视觉。

图 6-38　图片中的像素点

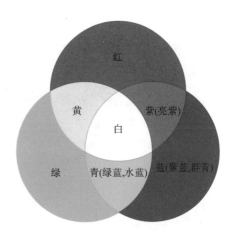

图 6-39　光的三原色

得益于各种各样的图像处理算法和计算机日益提高的计算能力,机器人视觉被广泛且灵活地运用在各行各业。

1)机器人视觉的应用

(1)缺陷检验。

在生产制造中,生产出的工件并不总是完美无缺的,它可能会存在着裂纹、斑点等缺陷(图 6-40)。在大批量生产中如果依靠人工一一进行产品缺陷检查无疑是非常费时费力的,而利用机器视觉就可以轻松完成这一工作。

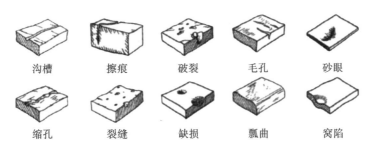

图 6-40　典型缺陷

机器人可以先对图像进行分割,将存在缺陷的部分图像分割出来,这样机器人就可以只针对部分图像进行后续处理,减少不必要的运算。进而对部分图像进行特征提取,提取出缺陷图像的颜色特征、纹理特征和形状特征,再与机器学习技术相结合,机器人就可以自主识别和判断缺陷种类,为后续加工提供依据[12]。

(2)人脸识别。

在日常生活中,人脸识别技术随处可见,包括手机相机自动聚焦、快捷支付、火车站身份核验等。人脸识别技术首先会找出图像中的人脸,然后对人脸的图像进行光线补足、灰度变化等预处理。接下来就是定位人脸的关键特征点,如眼睛、鼻尖、嘴角点、眉毛以及人脸各部件轮廓点等,并提取相应的部件特征(图 6-41)。再将提取到的特征数据与数据库中存储的特征模板进行搜索匹配,实现辨认和识别。人脸识别流程如图 6-42 所示。

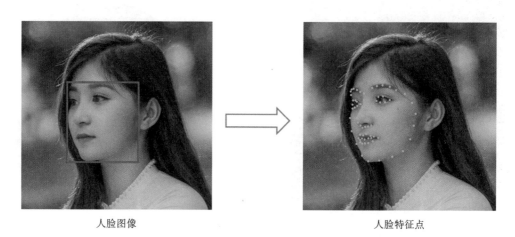

人脸图像   人脸特征点

图 6-41　人脸识别特征点

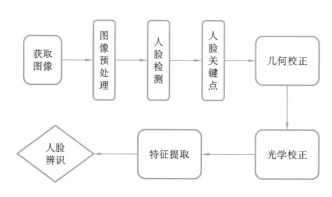

图 6-42　人脸识别流程图

2）三维视觉

人在观察物体时,总是双眼聚焦于同一点,此时我们可以大概判断出物体的三维结构和我们与物体之间的距离,这是我们天生就具备的能力。但是,如果我们只用一只眼睛来看周围的物体,并且没有之前的经验作为参考,那我们就只能看到该物体的二维轮廓,而不能判断它的大致位置以及其他三维信息。这是因为当我们用双眼观察物体时,我们的左右眼是从不同的位置和角度来观察的,双目视觉原理如图 6-43 所示。由于物体与双眼之间有微小的夹角 θ,所以它在左右眼视网膜上的成像并不在同一位置,而是有一定差距的,这个差距就叫视差。当我们所观察的物体与我们双眼的距离不同时,夹角 θ 和视差的大小也不同,大脑就是根据这些来估计物体的三维信息。如图 6-44 所示的 ZED 双目摄像机,其双目视差测距系统正是利用了这个原理,用两个摄像头从不同位置和角度拍摄同一物体,并利用特征提取、匹配算法等对得到的两张图像进行处理,找到物体在两张图像上的对应点,对应点在两张图像中的位置并不相同,其坐标差即视差,最终利用视差以及两摄像头的三维关系就可以推算出被观测点的位置信息,进而得到三维图像[13]。

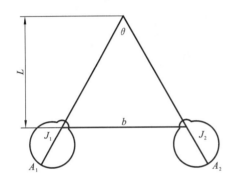

图 6-43　双目视觉原理

图 6-44　ZED 双目摄像机

除了利用双目视差来获取三维信息,我们还可以用激光或红外线代替雷达的电波,比如激光雷达(见图 6-45),在视野范围内进行扫描,通过测量反射光的返回时间得到距离图像。其测量方法又可以分为两种:① 发射脉冲光束,用光电倍增管接收反射光,直接测量光的返回时间;② 发射调幅激光,测量反射光调制波形相位的滞后,再通过调制光的波长,换算此相位延迟所代表的距离。

深度图像(图 6-46)仍是通过二维来表示三维信息,但不能直观全面地反映我们所获取的三维信息。因此我们通常通过点云来表示三维信息。与二维图像不同,点云中

图 6-45　激光雷达

的每个像素点都包含 x、y、z 三个坐标,它是一种三维图像。借助软件,我们可以对点云进行缩放、旋转等操作,从多个角度进行观察。依据测得的点云,我们还可以对其进行重建,构建出所观测物体的三维模型(图 6-47)。

2. 力觉

机器人在工作时,需要输出合适的力和力矩,力太小无法完成工作,力太大可能会损坏工件甚至引发安全问题。力或力矩传感器的种类很多,有电阻应变片式、压电式、电容式、电感式以及各种外力传感器。以电阻应变片(图 6-48)为例,当它受到外力时,金属电阻片会产

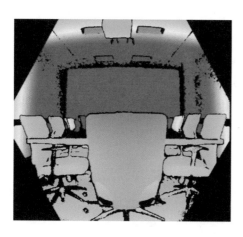

图 6-46　深度图像（颜色表示深度）

图 6-47　点云（左）重建模型（右）

生一定程度的变形，引起电阻值的变化，从而引起电压值的变化，多个应变片和机械结构的组合便可以将力或力矩的大小转化为电信号[14]。根据安装位置的不同，机器人常用的力传感器可以分为以下三类。

（1）装在关节驱动器上的力传感器，称为关节传感器。它测量驱动器本身的输出力或力矩，用于控制过程中力的反馈。

（2）装在末端执行器与机器人最后一个关节之间的力传感器，称为腕力传感器。它通常使用六轴力传感器（图 6-49），可以直接测出作用在末端执行器上各方向的力和力矩。

（3）装在机器人手爪指关节上的传感器，称为指力传感器。它用来测量夹持物体的受力情况。

图 6-48　电阻应变片

图 6-49　六轴力传感器

3. 触觉

触觉是人感知外界信息的一种非常直接且重要的方式。广义地来讲，触觉包括接触觉、压觉、力觉、滑觉、冷热觉、痛觉等；狭义地说，触觉主要是与外界物体接触时，接触面上的力感觉。触觉包含的信息量很大，它可以反映所接触物体的形状、尺寸、硬度、纹理、导热性、黏滞性等各种性质。

机器人触觉传感器的研究始于 20 世纪 70 年代，其设计、原理和方法多种多样，产生了基于电阻式、电容式、压电式、热电式、电磁式、磁电式、力敏式、光电式、超声式、光纤式等多种多样的触觉传感器。总的来说，当前的触觉传感器在向柔性化、轻量化、高阵列和高灵敏度的方向发展，其外观结构也越来越接近人的皮肤，应用场景也从传统的工业领域扩展到医疗、康复等领域[15]。

电子触觉皮肤是一种先进的触觉传感器，如图 6-50 所示。它通常是由多层不同材料组成的具有柔性特点的薄片状传感器，可以覆盖在机器人表面，实现触觉感知，其空间分辨率甚至可以达到毫米级，已经和人的皮肤非常接近了。可穿戴式触觉传感器如图 6-51 所示，附有触觉传感器的机械手与机器人如图 6-52 所示。

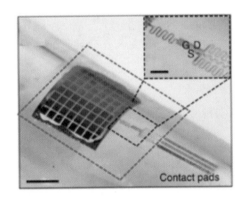

图 6-50　电子触觉皮肤

图 6-51　可穿戴式触觉传感器

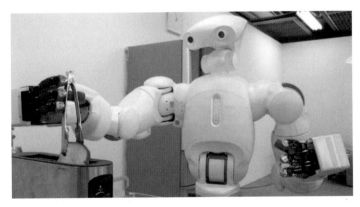

图 6-52　附有触觉传感器的机械手（左）与机器人（右）

电子触觉皮肤主要由以下三部分组成。

（1）衬底材料。作为传感器的基底，衬底材料很大程度上决定了传感器的弹性形变性能。它多采用一些高柔韧性的聚合材料,也可以采用棉布、丝绸、纸等生活中常见的材料。

(2)活性层材料。其具有优异的机械性能和电子特性,是电子触觉皮肤中最重要的组成部分,能够将外力产生的变形反映在电学性能的变化上,决定了传感器的灵敏度,常用材料有石墨烯、碳纳米管、金属纳米材料等。

(3)电极材料。电极材料也会影响传感器的灵敏度和稳定性,它需要尽可能避免在多次变形时发生疲劳损坏。

电子触觉皮肤的转换机制主要分为电阻式、电容式、压电式、摩擦电式四类[16],如图6-53所示。

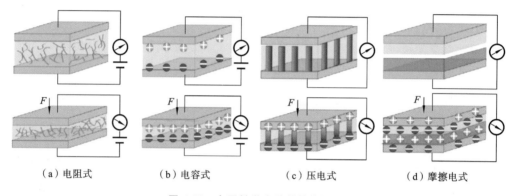

| (a)电阻式 | (b)电容式 | (c)压电式 | (d)摩擦电式 |

图 6-53　电子触觉皮肤的转换机制

(1)电阻式:电极层与活性层之间的接触电阻以及活性层材料的电阻率会随着外界压力的改变而改变,将触觉信息通过电阻变化转换为电信号。

(2)电容式:一般来说,电容由两个平行电极和中间的电介质组成。触觉传感器常使用高度可压缩的电介质,在受到压力时电介质压缩,两极板靠近,电容大小改变,将触觉信息通过电容变化转换为电信号。

(3)压电式:一些晶体材料在受压变形时,会使自身正负电荷的中心偏离,不再重合,形成电偶极子,进而产生额外的电场和电压。其电压大小可以反映触觉信息。

(4)摩擦电式:利用摩擦起电的原理,将触觉信号转化为电信号。

4. 听觉

众所周知,人通过外耳道收集外界的声波,将其传到鼓膜,引起鼓膜的振动,再由听小骨传到内耳,刺激耳蜗内对声波敏感的听觉细胞,这些细胞就将声音的信息通过听觉神经再传给大脑皮层的一定区域,这样就产生了听觉,人就能够听到声音。机器人听觉则是使用动圈式传声器和电容式传声器等振动检测器作为检测元件,检测声波的振动。不同于人的听觉,机器人还可以接收超声波等各种频率的声波,并且可以利用超声波测距技术来探测周围环境,实现类似于三维视觉的功能。

在生产制造中,各种机械的运转都会产生一定的振动,也就会产生一定的声波。当机器发生一些故障时,往往也伴随着异常的声音,于是可以根据其声波信号来检验机器的运行状态并甄别故障类型,如图6-54所示为滚动轴承四种运行状态信号。振动信号的分析方法一般分为时域分析法、频域分析法和时频域分析法。其中,前两种方法是传统故障特征提取的主要手段。简单来说,时域分析法是对振动声波随时间变化的规律进行分析;频域分析法则是对振动频率的高低即声调高低进行分析[17]。

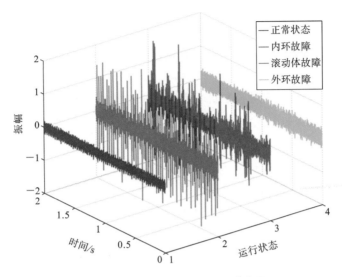

图 6-54　滚动轴承四种运行状态信号

在某些场合中,我们可能不便直接控制机器人,希望能够采用对话的方式更加便捷地对机器人发布指令,而听觉传感器就是使机器人能够听懂指令的硬件基础[18]。语音识别系统除了需要听觉传感器等一定的硬件之外,还需要一套软件操作系统。语音识别通常分为事先的训练准备和事中的处理两个步骤。第一个步骤是系统的"训练"。这一阶段要在语音识别系统投入使用前完成,它的任务是建立识别基本单元的声学模型以及进行文法分析的语音模型等。第二个步骤是"识别"。根据识别系统的类型选择能够满足要求的一种识别方法,采用语音分析方法得到对应的语音特征参数,将提取出的特征参数与第一个步骤中训练好的系统模型进行比较分析,最终得出识别结果。语音识别基本流程如图6-55 所示。

图 6-55　语音识别基本流程

6.3.3　机器人控制

机器人的控制可以大体分为底层控制和上层控制。底层控制包括对各关节电机的控制、传感器信息的读取、设备间的通信等实现硬件基本功能的控制;上层控制则需要整合分析传感器信息,针对工作场景和任务目标做出决策,制定详细的工作流程,生成机器人每一步运动的目标,如生成下一时刻机械臂各关节的角度目标,并将其传递给底层控制,最终完成工作任务。在这一小节中,我们将给同学们介绍一些常用的上层控制策略。

1. 运动控制

机器人的运动控制通常可以按照控制方式的不同分为三类,分别是位置控制、速度控制、力控制(包括力位混合控制)。

1)位置控制

位置控制,顾名思义,即直接控制机器人末端执行器或关节的位置和角度。它又分为点位控制和连续轨迹控制,如图 6-56 所示。

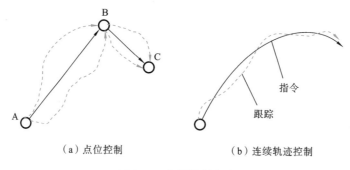

（a）点位控制　　　　　　（b）连续轨迹控制

图 6-56　位置控制方式

（1）点位控制。其特点是仅控制机器人手爪(或工具)在几个离散点上的位姿,要求在相邻点之间实现尽可能快而无超调(运动过程中不会越过目标点)的运动,但对相邻点之间的运动轨迹一般不做具体规定。例如,在印制电路板上安插元件以及点焊、搬运和上下料等工作都属于点位控制工作方式。点位控制的主要技术指标是定位精度和完成运动所需的时间。

（2）连续轨迹控制。这类运动控制的特点是连续控制工业机器人手爪(或工具)的位姿轨迹。在弧焊、喷漆、切割等工作中,要求机器人末端执行器严格按照任务指定的轨迹运动。轨迹控制的主要技术指标是轨迹精度和平稳性。

2)速度控制

在机器人实际工作的过程中,我们往往不仅需要它到达预期位置,还需要它以合适的速度和加速度运动。例如在机器人焊接过程(图 6-57)中,机器人不仅要按照焊缝形状实现连续轨迹控制,还要控制各段焊接速度。焊接速度过快、用时过短会导致焊接件没有焊透,焊接不充分;焊接速度过慢,则又会导致焊接件受到过度的高温而产生变形等问题。因此机器人需要按规划好的轨迹和速度指令,控制各运动部件的速度,并在启停及运动过程中采取适当的加速度,贴合预期的速度变化曲线(图 6-58),以保证运动的平稳性和精准度。

3)力控制

当机器人在进行装配、抛光、易碎物品取放等作业时,要求机器人末端执行器与工件接触时保持一定大小的力。例如,在图 6-59 所示的机器人磨抛任务中,接触力不同会导致磨抛

图 6-57　机器人焊接过程

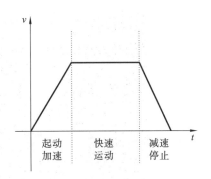

图 6-58　速度变化曲线

的去除量不同。此时,如果只对机器人进行位置控制,则可能因机器人的位姿误差或工件的放置偏差,而使机器人与工件之间无法正确接触,甚至可能损坏工件和机器人。针对这类任务,更好的控制方案是:在一些自由度方向进行位置控制的同时,在另一些自由度方向上控制机器人末端执行器与工件之间的接触力,让机器人根据接触力来调整自身的位置,从而保证二者之间正确接触。为了得到精准的接触力,力传感器是必不可少的,它为力控制提供了依据。

在各种力控制策略中,一种常用的方式就是使接触力符合质量-弹簧-阻尼系统(图 6-60)的受力规律。机器人的惯性大小受质量 m 影响,机器人与外界的接触力为弹簧的弹力 f_e,此外还有与运动速度成正比的阻尼力来减少震荡使接触更平稳。当机器人与外界环境发生接触时,接触力的大小会从零开始慢慢增长,使接触柔和。我们可以调节弹簧的弹性系数 k 与阻尼系数 b,并对接触力的范围进行限制,由此得到合适的接触力。

图 6-59　机器人磨抛任务

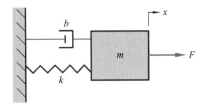

图 6-60　质量-弹簧-阻尼系统

以擦玻璃的任务(图 6-61)为例,机器人要将清洁布与玻璃表面压紧,使它们紧密接触,并在擦拭过程中保持稳定的接触力,以使清洁布和玻璃之间有足够的摩擦力来带走污渍。同时,还要避免机器人输出的接触力过大而打碎玻璃。设 x 轴垂直于玻璃平面,则机

器人要沿 x 轴方向接近玻璃,并保证 x 轴方向的力满足接触力需求。于是力控制策略设计为在 x 轴方向上构建上文提到的质量-弹簧-阻尼系统,并得到对应的力位控制结果[19](图 6-62)。

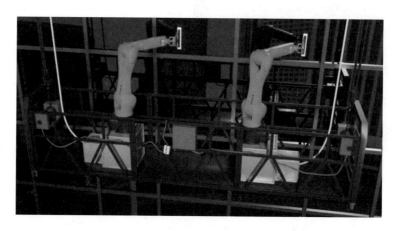

图 6-61　机器人擦玻璃

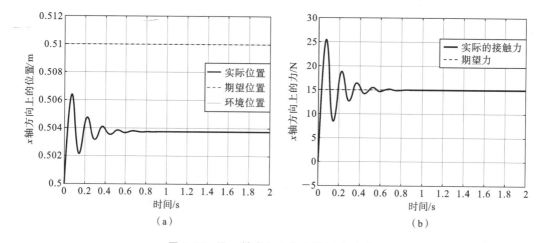

图 6-62　沿 x 轴方向上的位置(a)与力(b)

从图 6-62 中我们可以看出,尽管玻璃位置、清洁布形状等误差导致机器人末端执行器实际的位置和期望位置不同,但我们仍能够保证清洁布与玻璃平面间的接触力迅速稳定在期望力附近,保障了清洁效果和安全。

2. 视觉伺服

机器人视觉伺服系统是机器视觉和机器人控制的有机结合,其内容涉及图像处理、机器人运动学和动力学、控制理论等研究领域。视觉伺服系统通过对二维或三维图像进行实时处理,分析机器人当前位置与任务目标位置的偏差,进而计算出机器人需要向哪个方向、移动多长距离以及转过多大角度。同时,视觉伺服系统也会预测机器人在空间中的运动映射到图像中会产生怎样的图像移动,并与图像中的任务目标位置作比较。通过机器视觉与机器人控制的实时联动,机器人逐步接近任务目标。由于视觉伺服系统依据图像信息向机器人发布指令,因此即便机器人的运动存在误差,也可以在任务过程中不断修正,最终到达任务位姿。

按照摄像机放置位置的不同,视觉伺服系统可分为以下两种(图 6-63)。

(1) eye-in-hand 系统或端点闭环控制(endpoint closed-loop-control)。将摄像机连接到移动的机械臂上,并观察目标点的相对位置。

(2) eye-to-hand 系统或端点开环控制(endpoint opend-loop-control)。将摄像机固定在世界坐标系上,并观察目标点和机械臂的运动。

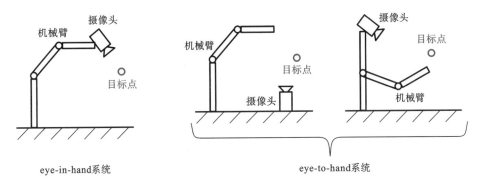

图 6-63　视觉伺服系统示意图

由于视觉伺服技术可以根据实际观测到的场景进行自主调整,故其应用非常广泛和灵活。它被用于物品抓取、搬运、工件装配、标识识别、农业采摘等各个领域。在流水线生产过程中,视觉伺服技术可以观测并捕捉在传送带上运动的工件,如图 6-64 所示;在标识识别过程中,机器人可以调整末端摄像头的位姿,使其始终正对标识并保持合适距离,以保证识别质量,标识对正识别如图 6-65 所示。

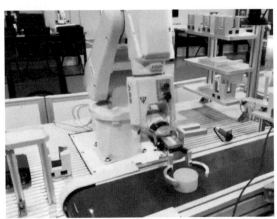

（a）摄像头视野　　　　　　　　　　（b）工作场景

图 6-64　观测并捕捉在传送带上运动的工件

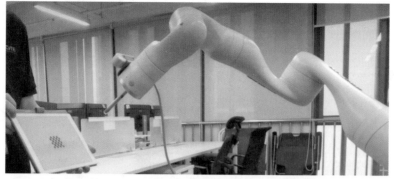

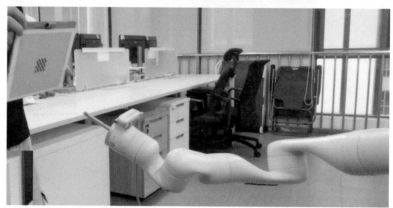

图 6-65　标识对正识别

6.4　典型应用案例

前文已经带领同学们认识了什么是机器人、机器人的发展历程以及机器人的核心组成，想必同学们对机器人已经有比较充分的了解，现在让我们把视野回到智能制造上，去看看如今智能制造中，机器人的应用情况。本节将向同学们展示几个比较典型的机器人应用，分别是航空发动机叶片打磨机器人、大型风电叶片打磨机器人、AGV 的应用以及 ChatGPT 聊天机器人。

6.4.1　航空发动机叶片打磨机器人

航空发动机叶片结构如图 6-66 所示。

发动机叶片的整体加工会经历叶片的结构设计、材料选择、毛坯表面余量的粗加工、精密铣削、精密磨削、喷丸、热处理、强度校核和测量等工序，以使叶片参数达到相应的要求。其中精密磨削是一种冷加工方式，常见的方法是用砂带加压并在物体表面移动。航空发动机叶片的精密磨削存在着材料难加工、零件边缘薄壁易颤振和几何精度难控制等难题，因此长期以来都是依靠手工方法进行打磨修形。但人工进行磨抛时，存在着环境恶劣、对工人身心健康危害较大、加工精度和质量都难保证等问题。因此，研发出来了航空发动机叶片打磨机器人(磨抛机器人),其实物与模型如图 6-67 和图 6-68 所示。

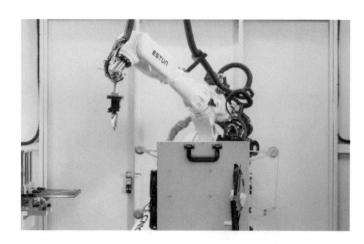

图 6-66　航空发动机叶片结构　　　　　　　　　图 6-67　机器人实物

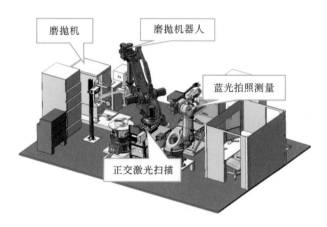

图 6-68　航空发动机叶片打磨机器人模型

　　整套机器人设备融合了力觉、视觉、激光等传感信息,具备大叶片型面、进排气边打磨、修形等功能,主要包括基台、六自由度机器人、磨削装置、变位机、叶缘测量装置(正交激光扫描装置和蓝光拍照测量装置)和系统控制主机,六自由度机器人安装在基台上,设备整体集成了磨抛与测量过程,可以保证磨抛的精度。

　　磨削装置用于磨削叶片进排气边,包括磨抛机和除尘器,磨削装置实物图如图 6-69 所示,磨抛机采用接触轮正压力直接控制方式,变位机安装在基台上,叶缘测量装置包括正交激光扫描装置等。磨抛过程中,系统控制主机根据磨抛机坐标系与机器人坐标系的关系,将磨抛点的位置换算到机器人的坐标系下,系统控制主机同时控制机器人末端执行器,编写的程序控制机器人夹持叶片移动到磨抛机砂轮边缘的准确位置,再根据编写好的磨削加工程序控制机器人的运动轨迹,从而实现叶片的打磨。为了保证精度,设备运用了视觉反馈与力觉反馈进行控制。其中,视觉反馈使用了正交激光扫描装置,力觉反馈则使用了力传感器。

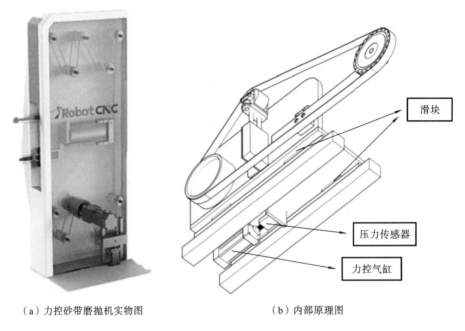

（a）力控砂带磨抛机实物图　　　　　　　　（b）内部原理图

图 6-69　磨削装置实物图

在整个加工过程中,机器人根据提前规划好的轨迹进行主体运动,同时搭配相应的传感器实现细微调整,从而保证加工精度。

6.4.2　大型风电叶片打磨机器人

6.4.1 节的案例展示了单个机器人配合机械设备实现的智能制造过程,本小节的案例将会为同学们展示多个机器人协同磨抛工作过程。

对于大型风电叶片的打磨,如果采用人工打磨,则存在现场作业环境恶劣、自动化程度低、人工劳动强度大、作业效率低、产品质量一致性难以保证等问题,因此需要改进,采用机器人进行打磨。由于大型风电叶片的大小是航空发动机叶片的几倍,单一机器人无法独自完成加工,所以需要多机器人进行协同完成打磨工作。

大型风电叶片人工磨抛与多机器人协同智能磨抛系统如图 6-70 所示。当多台机器人

图 6-70　大型风电叶片人工磨抛与多机器人协同智能磨抛系统

同时进行工作时,需要考虑多台机器人的行动规划,合理安排机器人的工作区间,规避机器人工作时的相互干扰,以及需要采用防撞机制对机器人运动轨迹进行规划。因此整体的协同非常重要,多机器人协同时需要考虑各个机器人之间的坐标关系,利用物体与机械臂末端点的关系找到每个机器人相对于物体的位置关系,从而依据物体的坐标系对机器人进行协同控制。

6.4.3　AGV:自动导引车

6.4.1 和 6.4.2 小节讲解了现在智能制造中应用较多的机械臂案例与机械臂的协作案例。本小节将会为同学们介绍另一种在智能制造中应用广泛的机器人——AGV:自动导引车,一种移动式机器人。

根据美国物流协会定义,AGV 是一种装备有电磁或光学导引装置,能够按照规定的导引线路行驶,具有运行和停车装置、安全保护装置以及各种移载功能的运输小车。多台AGV 在控制系统的统一指挥下会形成一种柔性化的自动搬运系统,能根据智能制造工厂的要求按照规定的轨迹与需求进行协同工作。

AGV 的组成如图 6-71 所示,通常由机械系统、动力系统与控制系统组成。其中,车体由车架和相应的机械装置组成;一般采用 24 V 或者 48 V 直流蓄电池,可以实现 8 小时的工作时间;驱动控制装置由减速器、制动器、驱动电机与速度控制器等组成。一般来讲,由计算机或者人工控制器发出运动指令,AGV 的运行速度、方向与制动调节分别由计算机控制,配备的导向装置可以接收方向信息,配备的控制器可以接收控制中心的指令并执行相应的指令,信息传输及处理装置可以与控制站进行信息互换,安全控制装置可以保护 AGV 与人和设备。

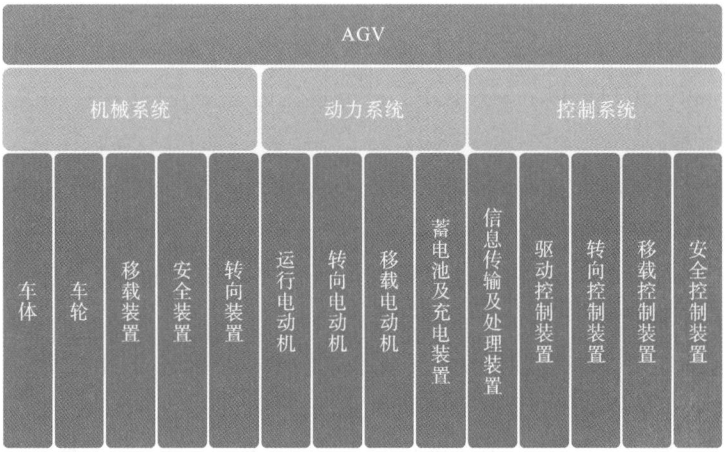

图 6-71　AGV 的组成

多个 AGV 组成的系统如图 6-72 所示,整体的管理一般为三级控制,即中央管理控制计算机、地面控制器与车上控制器。中央管理控制计算机为整个系统的控制指挥中心。地面控制器负责对区域内的业务情况进行监控管理,可以监视现场设备的情况、AGV 的利用率,具有调度 AGV 以及制定目标地址等功能。车上控制器则可以接收并执行地面控制器发送的指令,实时记录 AGV 的位置并监控车的安全。

图 6-72　多个 AGV 组成的系统

综上,由于 AGV 具备机电一体化、自动化、柔性化与准时化等特点,因此 AGV 已经与机械臂融合,并广泛地应用于智能制造中,成为工厂自动化的核心组成部分。

6.4.4　ChatGPT:聊天机器人

无论是工业机器人还是其他类型的机器人,让机器人具有一定"意识"是人们所追求的,因此这里介绍一款能和人类聊天,具有一定意识的机器人——ChatGPT。

美国人工智能研究公司 OpenAI 于 2022 年 11 月发布的 ChatGPT 是一个聊天机器人,其全名为"Chat Generative Pre-trained Transformer",中文名是"聊天生成预训练翻译器"。它使用 GPT 模型回答用户的问题,GPT 是一种自然语言处理模型,能够理解自然语音并像人类一样回答问题。用户可以和 ChatGPT 进行自然语言交互,并获得相关信息与回答,其界面如图 6-73 所示。

该语言模型首次采用了从人类反馈中强化学习的方式,涉及的对话互动包括普通聊天、信息咨询、撰写诗词作文、修改代码等内容。该语言模型是一种机器人学习模型,用于预测文本中下一个单词的出现概率,它通过大量语言学习资料构建概率模型,并利用这个概率模型预测下一个出现的单词。

这种机器人的实现原理是基于人类反馈的监督学习和强化学习来提高模型的性能,通过人类干预增强机器学习的效果,不仅从用户那里收集数据,也从各种文档等资料中获取训练数据,并使用近端策略优化的多次迭代进行微调,从而模仿人类进行对话。虽然目前 ChatGPT 由于过渡优化存在"人工智能幻觉"的问题,即可能给出看似合理但明显荒谬的答案,但人工智能还在进化。在未来,人工智能说不定会发展到人类分不清是与人类对话还是与机器人对话的程度,也就是接近百分百通过图灵测试,那时机器人就可以真正被视为有了"自我意识"。

图 6-73　ChatGPT 界面

参考文献

[1] ČAPEK K. Divadelníkem proti své vůli：recenze，stati，kresby，fotografie［M］. Prague：Orbis，1968.

[2] 江志. 机器人的历史［J］. 中国青年科技，2003(11)：36-37.

[3] ASIMOV I. I，robot［J］. New York：Bantam Dell，1950.

[4] 陆敬严. 中国古代机器人［J］. 同济大学学报：社会科学版，1998 (1)：14-17.

[5] 陈爱珍. 日本工业机器人的发展历史及现状［J］. 机械工程师，2008 (7)：8-10.

[6] 李刚. 德国机器人发展历史［J］. 机电一体化，2014(9)：12-15.

[7] 吴宏杰，张跃辉，迟晓丽，等. 中国机器人的发展状况［J］. 电子制作，2013 (9)：243-243.

[8] ALONSO I G，FERNÁNDEZ M，MAESTRE J M，et al. Service robotics within the digital home：applications and future prospects［M］. Berlin：Springer Science & Business Media，2011.

[9] QU R，AYDIN M，LIPO T A. Performance comparison of dual-rotor radial-flux and axial-flux permanent-magnet BLDC machines［C］//IEEE International Electric Machines and Drives Conference. New York：IEEE，2003，3：1948-1954.

[10] 沈向东. 气压传动［M］. 北京：机械工业出版社，2012.

[11] 许福玲，陈尧明. 液压与气压传动［M］. 北京：机械工业出版社，2007.

[12] 赵朗月，吴一全. 基于机器视觉的表面缺陷检测方法研究进展［J］. 仪器仪表学报，

2022:198-219.

[13] 孙怡. 双目视差测距中的立体匹配技术研究[D]. 南京:南京邮电大学,2013.

[14] 尹福炎. 电阻应变片与应变传递原理研究[J]. 衡器,2010 (2):1-8.

[15] 曹建国,周建辉,缪存孝,等. 电子皮肤触觉传感器研究进展与发展趋势[J]. 哈尔滨工业大学学报,2017,49(1):1-13.

[16] WAN Y,WANG Y,GUO C F. Recent progresses on flexible tactile sensors[J]. Materials Today Physics,2017,1:61-73.

[17] 高洪波. 基于动力行为与信号形态的机械故障特征提取方法研究[D]. 沈阳:东北大学,2017.

[18] 胡兰子,陈进军. 传感器技术在机器人上的应用研究[J]. 软件,2012,33(7):164-167.

[19] 尹恒健,倪受东. 擦玻璃机器人的自适应阻抗控制研究[J]. 机械设计与制造,2022:1-7.

数字孪生技术是基于现实世界中实体对象运行的感知数据,运用计算机图形学和人工智能等技术,在数字化世界中构建出完全一致的对应模型——孪生体,对孪生体的运行状态进行仿真、监测、分析和控制,最终监测、反馈、调控实体对象,达到以虚控实的目的。本章将首先介绍数字孪生的概念,接着介绍数字孪生的发展历史,然后介绍数字孪生的建模、可视化和边缘计算等关键技术,最后以航空机电产品装配、风机智能运维、机床加工为例,展示数字孪生技术在智能制造中的应用。

7.1 什么是数字孪生

数字孪生是以数字化的方式建立物理实体的多维、多时空尺度、多学科、多物理量的动态虚拟模型,来仿真和刻画物理实体在真实环境中的属性、行为、规则等。数字孪生概念的诞生最早可以追溯到 1991 年,美国耶鲁大学计算机系教授 David Gelernter 在他的著作《镜像世界》(*Mirror World*)中提到了类似数字孪生的技术。2002 年,密歇根大学 Michael Grieves 教授提出了一种名为"PLM 概念理想",用于实现产品生命周期管理的概念模型,随后他在文章中将其定义为"信息镜像模型"。这个概念就是最初的数字孪生,它具备了数字孪生的组成和功能。2010 年,美国国家航空航天局(NASA)的技术专家 John Vickers 引入了数字孪生这个术语。

从定义中可以看出,数字孪生最初是基于设备(产品)生命周期管理场景提出的,着眼点是物理设备的数字化。将这个概念进一步泛化,可以将物理世界的人、物、事件等所有要素数字化,在网络空间再造一个一一对应的虚拟世界,物理世界和虚拟世界同生共存、虚实交融。通俗来讲,数字孪生是指针对物理世界中的物体,通过数字化的手段在虚拟世界中构建一个一模一样的虚体,借此来实现对物理实体的了解、分析和优化。从技术角度而言,数字孪生集成了建模与仿真、虚拟现实、物联网、云边协同以及人工智能等技术,通过实测、仿真和数据分析来实时感知、诊断、预测物理实体对象的状态,通过指令来调控物理实体对象的行为,通过相关数字模型间的相互学习来进化自身。数字孪生的场景图如图 7-1 所示。

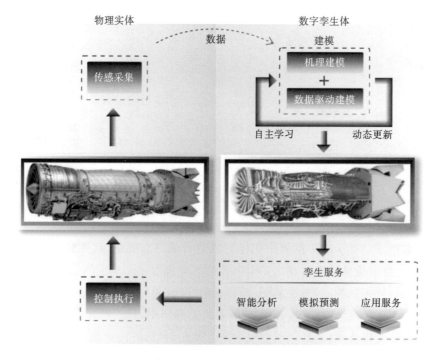

图 7-1 数字孪生的场景图

7.2 数字孪生的发展历史

数字孪生的发展历史示意图如图 7-2 所示,最早可追溯到 NASA 的阿波罗计划。在该计划中,NASA 制造了两个完全一样的空间飞行器,留在地球上的空间飞行器被称为"孪生体",用来反映正在执行任务的空间飞行器的状态。1970 年的 4 月 13 日,阿波罗 13 号飞船生活舱中的一个氧气罐发生了爆炸,严重地损坏了主推进器,同时宇航员们使用的氧气泄露到了太空之中。地面任务控制人员和宇航员在"孪生体"仿真系统的支持下,综合考虑飞船的受损程度、可用的电力、剩余的氧气和饮用水等因素后,制定了一个大胆的、前所未有的返回地球计划,最终他们成功返回地球。

1970 年阿波罗 13 号飞船发生的爆炸事故,让 NASA 意识到构建孪生系统的重要性,但是物理孪生系统的成本过高,数据的完整性和时效性都不足,不能满足未来深空探索的需求,必须找到一种全新的工作模式。2010 年 NASA 在太空技术路线图中首次引入数字孪生的概念,并开展了飞行器健康管控应用;2011 年,美国空军研究实验室(AFRL)明确提出面向未来飞行器的数字孪生体规范,指出要基于飞行器的高保真仿真模型、历史数据和实时传感器数据,构建飞行器的完整虚拟映射,以实现对飞行器健康状态、剩余寿命及任务可达性的预测。此外，美国洛克希德·马丁公司将数字孪生引入 F-35 战斗机生产过程中，用于改进工艺流程，提高生产效率与质量。

图 7-2　数字孪生的发展历史示意图

2016 年起，全球权威 IT 市场研究与顾问咨询公司，高德纳（Gartner）曾在 2017 年至 2019 年连续三年将"数字孪生"列为十大战略科技发展趋势之一。近期，美国工业互联网联盟、国际数据公司（IDC）、埃森哲、中国信通院、赛迪等研究机构相继发表了相关白皮书。2020 年 4 月，国家发展改革委印发《关于推进"上云用数赋智"行动 培育新经济发展实施方案》，提出要围绕解决企业数字化转型所面临的数字基础设施、通用软件和应用场景等难题，支持数字孪生等数字化转型共性技术、关键技术研发应用，引导各方参与提出数字孪生的解决方案。数字孪生技术受关注程度和云计算、人工智能、5G 等一样，上升到国家高度。Gartner 认为数字孪生体是"物理世界实体或系统的数字代表，在物联网背景下连接物理世界实体，提供相应实体状态信息，对变化做出响应，改进操作，增加价值"。数字孪生由于具备虚实融合与实时交互、迭代运行与优化以及全要素/全流程/全业务数据驱动等特点，已被应用到产品设计、制造、服务与运维等产品生命周期各个阶段[1]。

7.3 数字孪生的核心技术

数字孪生技术的发展得益于建模、数字可视化、仿真、大数据、人工智能、物联网以及边缘计算等技术[2]。本节着重介绍建模、可视化和边缘计算技术。

7.3.1 建模技术

建模方法包括机理建模方法和数据驱动建模方法。前者根据研究对象的机理特性建立数学公式,并赋予参数,然后应用数值计算方法或解析方法进行计算,一般适用于机理清楚的物理系统;后者是指采用统计学、机器学习方法建立模型,适用于机理不明确或只存在关联关系的研究对象。机理建模方法由于存在不可避免的假设和简化,有时会带来不容忽视的误差,这种情况下,如果数据足够,也适合采用数据驱动建模方法。另外,采用数据驱动建模方法时,为了解决小样本、样本不均衡、弱特征以及不可解释性等问题,将机理建模方法和数据驱动建模方法相结合,具有一定优势。

机理建模是根据系统的工作原理,运用一些已知的定理、定律和原理推导出描述系统的数学模型。机理关系可以很清楚地展示内在结构和联系,机理模型的物理概念比较明确,能较详细地反映出生产设备内部工作过程的机理,并可以在较大的变动范围内对过程进行研究。在很多情况下,只要建立起合理可靠的机理模型,对象系统的行为预测、模拟控制和结构优化等问题就可以比较容易地得到解决。

数据驱动建模通过工业互联网或者其他相关软件来采集海量的数据,将数据进行组织,形成信息,之后对相关信息进行整合和提炼,在数据的基础上经过训练和拟合形成自动化的决策模型。在数据驱动建模方面,华中科技大学的智能制造与数据科学实验室走在研究前沿。先进制造业是我国制造业转型升级的重要方向,是推进制造强国建设的必由之路。信息物理系统(CPS)集计算、通信与控制于一体,是实现先进制造的关键技术之一。如何设计更优、更实用的 CPS 成为各产业实现资源优化再配置的关键。为解决这一问题,袁烨教授等提出了一套数据驱动的 CPS 统一建模理论,创新性地建立了端到端建模框架,从数据中精确地揭示了 CPS 模型[3]。基于数据驱动的建模方法框架如图 7-3 所示,该框架具有较好的普适性,已成功应用在自主无人艇集群、机器人、智能制造、智能电网等多个领域。该项研究成果拓展了现实物理空间与虚拟信息空间之间"人-机-物-环境"等多要素的信息映射、交互操作与协作共融,数据驱动辨识的 CPS 为数据在线感知、知识动态学习、信息实时反馈提供了全新的研究思路,为实现智能制造过程信息深度融合、自主优化决策、精确控制执行提供了重要保障,对促进我国智能制造应用基础研究具有重要意义。

数字孪生建模的精度各不相同,这既与应用场景的实际需求有关,还与投入成本有直接联系。在机械加工,特别是精密加工领域,数字孪生化的要求非常高,例如航天军工的设备加工的精度要求经常需要达到微米级别,但对于城市管理来说,其设备加工的精度要求大部分不需要那么高,部分只需要达到厘米级别即可。因此,数字孪生建模的精度并不是越高越

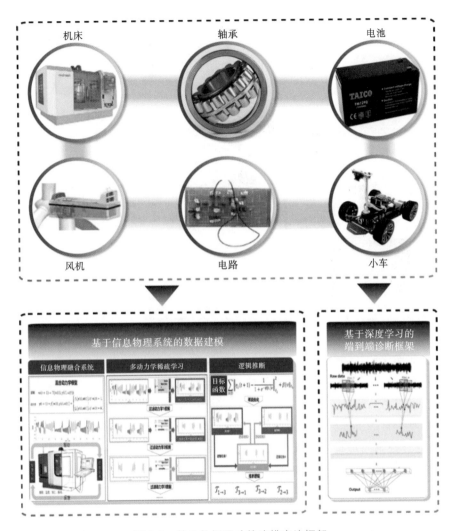

图 7-3 基于数据驱动的建模方法框架

好,而是需要根据应用场景和投入成本综合确定。以数字孪生建模的精度作为目标,数字孪生形成了不同层次的要求,这在不同的应用场景中体现出来的效果也有一定的差异。数字孪生化水平的五大等级情况如图 7-4 所示。

第一级,以建立几何模型为目标。几何模型是任何物理世界设备或产品的第一个特征,通常在特定时间,该几何模型是一个确定的状态,因此,把它作为数字孪生化的首要目标,比较容易实现。

第二级,以仿真建模为目标的数据描述。为了使数字空间中与物理世界的设备或产品所对应的数字孪生化模型更有价值,通常需要对它的材料和物理特征进行描述,以便数字线程传递相关数据的时候,可以有更丰富的信息。

第三级,多尺度数据融合。这个阶段既需要考虑设备和产品的数据建模,还需要考虑场景或环境的建模,通过两者的共同数字孪生化,数字孪生系统才能丰富。

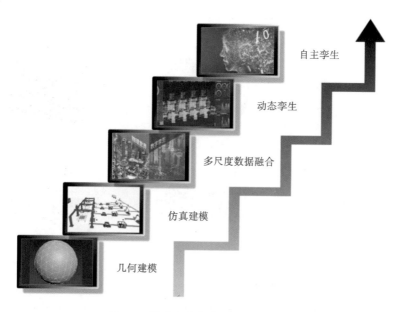

图 7-4　数字孪生化水平的五大等级

第四级,面向建造和运行的动态孪生。第三级数字孪生化水平满足了静态的神似,但还不具有时间轴上的孪生特征,只有实现了建造和运行过程的动态孪生,才可以称之为第四级数字孪生化。

第五级,具有自适应能力的自主孪生。如果数字孪生化发展到能够根据各种环境变化自行实现第一级到第四级数字孪生化工作,那么它就达到了最高等级的自主孪生水平。这样的目标需要实现数据自动化,需要建立在数字化、网络化和智能化的基础上。

7.3.2　可视化技术

数字孪生可视化是一项聚焦数字孪生体多源数据视觉表现形式的专项技术,是承担数字孪生体系中人机交互功能的核心技术。数字孪生可视化技术借助图形手段和可视化技术处理孪生体数据信息,结合三维场景实时渲染和数据建模,对多源数据加以可视化解释,实现实时数据可视化交互。数字孪生可视化技术与信息图形、信息可视化、科学可视化以及统计图形等密切相关。通过可视化技术,用户可以直观地了解实体系统的实时情况,从而可以采取相应的措施。数字孪生可视化技术还可以将管理信息可视化,提高管理效率。通过可视化技术,数字孪生的功能将更加强大。

随着新一代信息技术的发展和广泛应用,数字孪生在垂直行业的渗透率不断提升,推动了可视化技术的应用持续走深向实。以离散制造业为例,传统离散制造车间缺乏有效的设备数据采集和车间监控手段,往往导致制品管理不透明、管理层与执行层出现信息断层、实时调控能力差等问题,成为制约生产加工效率的一大瓶颈。同时,由于离散企业的监控系统目前主要以软件二维图表为主,不同维度监控系统数据与管理相互隔离,监控界面人机交互和可视化程度差,难以实现对车间整体生产情况的实时把握。

　　随着我国制造业数字化转型进程的持续推进,如何将万物互联时代带来的海量数据以更高的效率、更低的成本、更好的效果呈现给管理者,如何高效运用数字孪生可视化技术,打造真实可靠的三维实时监控系统和数字孪生车间,帮助管理者及时掌握车间生产制造状态,以快速应对突发情况、调整生产计划、提高生产效率,成为数字孪生在制造业应用的核心命题之一。

　　可视化技术主要分为虚拟现实(VR)技术、增强现实(AR)技术和混合现实(MR)技术。如图 7-5 所示,我们可以看到,现实-虚拟连续图谱存在两个极端,其中虚拟的一端可代表"虚拟现实",它隔绝了现实世界,是完全虚拟的环境;所有不属于两端部分的环境可称之为"混合现实";而"增强现实"使用虚拟信息对现实世界的视频画面进行加强,是"混合现实"的一部分。

混合现实将真实世界和虚拟世界混合在一起,产生新的可视化环境,环境中包含了物理实体和虚拟信息,而且两者是实时的

现实　虚拟

增强现实通过电脑技术,将虚拟的信息应用到真实世界,真实的环境和虚拟世界实时地叠加在同一个画面或空间,同时存在

虚拟现实利用计算机模拟产生一个三维空间的虚拟世界,提供用户关于视觉等感官的模拟,让用户有身临其境的感觉

图 7-5　现实-虚拟连续图谱

　　AR 技术是由 VR 技术发展而来的,是一种可扩展我们的物理世界,并在其中添加数字信息层的技术。与 VR 技术不同,AR 技术不会创建整个人工环境来用虚拟环境代替真实环境。AR 技术将虚拟世界显示在现有环境的直接视图中,并向其中叠加声音、视频和图形。AR 这个词本身是在 1990 年创造的,最早的商业用途之一是在电视和军事领域。随着互联网和智能手机的兴起,AR 技术掀起了第二波热潮,如今的时代主要与交互式概念相关。3D模型直接投影到物理事物上或与其实时融合在一起,各种 AR 技术的应用会影响我们的习惯、社交生活和娱乐行业。

MR 技术是融合真实和虚拟世界的技术,MR 概念由微软公司提出,强调物理实体和数字对象共存并实时相互作用。比较而言,AR 强调的是对真实世界的增强,MR 则更强调虚实的融合,更关注虚拟数字世界与真实现实世界之间的交互,如环境遮挡、人形遮挡、场景深度、物理模拟,也更关注以自然、本能的方式操作虚拟对象。MR 虚实融合效果如图 7-6 所示。

图 7-6　MR 虚实融合效果

MR 技术的发展将改变我们观察世界的方式,世界将不再是我们看到的表面现象集合,而可以有其更深刻和个性化的内涵,从而引发人类对世界认知方式的变革。想象用户行走或者驱车行驶在路上,通过 AR 显示器(AR 眼镜或者全透明挡风玻璃显示器),信息化图像将出现在用户的视野之内(比如路标、导航、提示),这些增强信息实时更新,并且所播放的声音与用户所看到的场景保持同步;或者当我们看到一棵蘑菇时,通过 AR 眼镜即可马上获知其成分和毒性;或者当我们在任何需要帮助的时候,数字人工智能人形助理马上出现在我们面前,以与真人无差异的形象全程为我们服务。

在可视化技术中,最主要的是 VR 技术,它可以将系统的制造、运行、维修状态以超现实的形式呈现,对复杂系统的各个子系统进行多领域、多尺度的状态监测和评估,将智能监测和分析结果附加到系统的各个子系统、部件中,在完美复现实体系统的同时,将数字分析结果以虚拟映射的方式叠加到所创造的孪生系统中,从视觉、听觉、触觉等各个方面提供沉浸式的体验,实现实时且连续的人机互动。

如图 7-7 所示,VR 技术的发展可追溯到 19 世纪,1838 年,英国物理学家查尔斯·惠斯通向世界介绍了立体视觉的概念,人在视物时其中一只眼睛产生的图像不同于另一只眼睛,但绝大部分视野重叠,大脑高级中枢会把来自两眼的视觉信号综合成一个完整的、具有深度和立体感的图像。1849 年,布鲁斯特·戴维在惠斯通的理论基础上发明了透镜式立体镜,并制造出了便携式 3D 眼镜 Lenticular Stereoscope。1960 年,莫顿·海利格推出了第一台头戴式显示器 Telesphere Mask,它具备立体 3D 图像呈现和立体音效。杰伦·拉尼尔和汤玛斯·齐默曼是 1984 年 VPL 公司的创始人,这是第一家销售 VR 眼镜的公司。他们给这一领域取了一

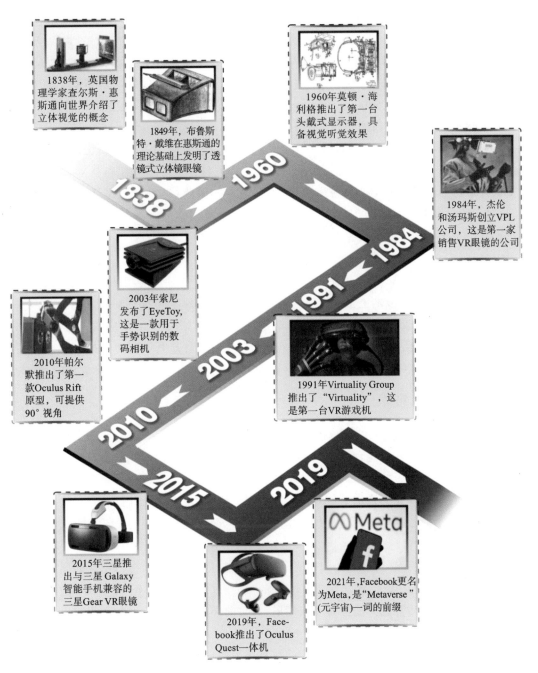

图 7-7　VR 技术发展历程示意图

个名字,即"虚拟现实"。1991 年,Virtuality Group 推出了"Virtuality",这是第一台 VR 游戏机。Virtuality 以全新的沉浸感震惊了整个行业,也实现了 VR 娱乐史上首次大规模的生产。这台机器可以支持网络连接和多人游戏,配备了一系列硬件设备,如虚拟现实眼镜、图形渲染系统、3D 追踪器和类似外骨骼的可穿戴设备。2003 年索尼发布了 PlayStation 2 的 EyeToy,这是一款用于手势识别的数码相机。该设备允许玩家通过身体姿势、颜色,甚至声音与游戏互动,它还有一个内置麦克风。虽然 EyeToy 并没有在商业上取得成功,但它使索尼进入了 VR 市场。2010 年,帕尔默·勒基推出了第一款 Oculus Rift 原型,可以提供 90°的视角,它刷新了 VR 技术的整个创新过程。2015 年三星宣布推出与三星 Galaxy 智能手机兼容的三星 Gear VR 眼镜。2019 年,Facebook 推出了 Oculus Quest 一体机。2021 年,Facebook 更名为 Meta,"Meta"是"Metaverse"(元宇宙)一词的前缀,扎克伯格押注元宇宙,至此 VR 技术的发展有了质的飞跃。

VR 技术能够帮助使用者通过数字孪生系统迅速地了解和学习目标系统的原理、构造、特性、变化趋势、健康状态等各种信息,并能启发其改进目标系统的设计和制造,为优化和创新提供灵感。通过简单的点击和触摸操作,不同层级的系统结构和状态会呈现在使用者面前,这对于监控和指导复杂装备的生产制造、安全运行及视情维修具有十分重要的意义,提供了比实物系统更加丰富的信息和更多的选择,因此 VR 技术成为数字孪生技术中的一个重要组成部分。

数字孪生技术的理念是通过监控物理对象在虚拟模型中的变化,以诊断异常、预测潜在风险,提前排除隐患,从根本上推进全生命周期高效协同并驱动持续创新。可视化技术作为数字孪生系统中人机交互层的核心,通过在数字世界构建与现实世界对应的虚拟场景,利用数据连接、可视化分析展示,模拟其真实运行状态,实现了对复杂管理对象的远程、实时、全方位掌控,方便管理者对庞大数据快速抽丝剥茧,发现其中规律,让信息决策更清晰、精准。

7.3.3 边缘计算技术

得益于工业物联网的发展,很多企业已经创建了反映其运营状态的数字孪生技术。例如,制造商可以在其车间的每台设备上都部署数字孪生设备,以便监视其生产线的状态。然而,当企业中有成千上万的传感器正在传输数字孪生设备的更新数据时,企业就需要具备大量带宽的通信线路,这无疑增加了传输和计算成本。因此,使用边缘计算在现场进行必要的处理,以便将较小的数据子集传输到数字孪生设备,从而实现与云端的交互控制就显得尤为重要。

边缘计算是一种计算资源与用户接近、计算过程与用户协同、整体计算性能高于用户本地计算和云计算的计算模式,是实现无处不在的"泛在算力"的具体手段。其中,边缘设备可以是任意形式的,其计算能力通常高于前端设备,且前端设备与边缘设备之间应当具有相对稳定、低时延的网络连接。

与传统的云数据计算中心相比,边缘计算直接为用户提供服务的计算实体(如移动通信基站、WLAN 网络等)距离用户设备很近,通常只有一跳的距离,即直接相连。这些与用户直接相连的计算服务设备称为网络的"边缘设备"。对于工业场景,配备计算和存储资源的设备即可作为边缘设备,为其前端用户提供边缘计算服务。

边缘计算的架构如图 7-8 所示。边缘计算系统由云、边、端三部分组成,每个部分的职能各不相同。终端负责全面感知,边缘负责局部的数据分析和推理,而云端则汇集所有边缘的感知数据、业务数据以及互联网数据,完成对行业以及跨行业态势的感知和分析。

云是传统云计算的中心节点,是边缘计算的管控端。云端不仅需要提供云计算相关的

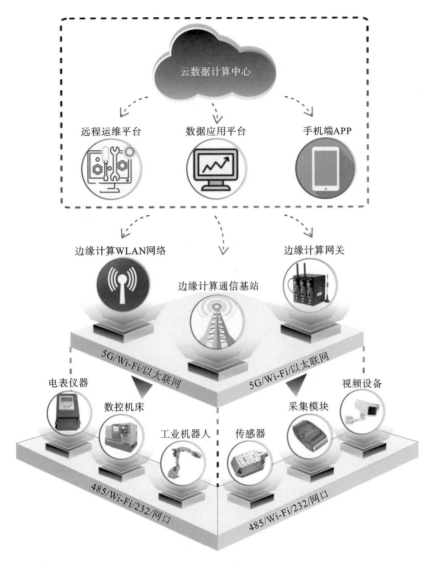

图 7-8　边缘计算的架构

存储、计算、网络、安全资源,还需要汇集、融合所有的数据,提供基于全局数据的智能服务,包括智能调度、运维、宏观决策等。云数据计算中心擅长全局性的、非实时的、长周期的大数据处理与分析,能够在长周期维护、业务决策支撑等领域发挥优势。

边是云计算的边缘侧,分为基础设施边缘和设备边缘,主要负责汇集该域内的局部数据以及相关的业务数据,完成感知数据的分析和推理,并且能够把相关的分析结果或模型传送给感知终端,实现感知终端与边缘云的协同,同时,边缘云与边缘云之间也可以通过联网共享数据、资源、算法等,完成边缘云之间的相互协同。

端是终端设备,如电表仪器、数控机床、各类传感器、摄像头等。在感知终端,AI 技术旨在提高全面感知的敏感性、准确性以及人机交互、物物交互的实时性,完成部署在边上的一系列工业服务,同时也可以通过控制芯片来进行简单的逻辑推理。

边缘计算的发展历程如图 7-9 所示,边缘计算的起源可以追溯到 20 世纪 90 年代,当时 Akamai(阿卡迈,美国 CDN 服务提供商)推出了内容分布网络(CDN),该网络在接近终端用户设立了传输节点。1999 年出现了点对点计算(peer-to-peer computing),2006 年亚马逊公司发布了 EC2(亚马逊弹性计算云)服务,云计算正式问世,自此以后各大规模的企业纷纷采用云计算。2009 年移动计算汇总的、基于虚拟机的 Cloudlets(微云)案例发布,详细介绍了时延与云计算之间的端到端关系,提出了两级架构的概念,第一级是云计算基础设施,第二级是由分布式云元素构成的 Cloudlet,这是现代边缘计算很多方面的理论基础。

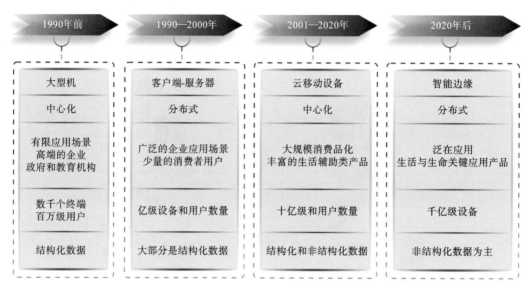

图 7-9　边缘计算的发展历程

目前,边缘计算技术与应用仍处于发展初期阶段,但在"5G＋物联网＋产业互联网"发展的推动下,全球边缘计算产业正在蓬勃发展。国内外边缘计算代表公司及其典型产品如图 7-10 所示。国外亚马逊、微软等云计算巨头是该领域的领跑者。从地球上最大的书店到

图 7-10　国内外边缘计算代表公司及其典型产品

最以客户为中心的企业,亚马逊飙升至各种云产品的排行榜榜首,成为如今市场上领先的边缘计算解决方案提供商之一,其构建的 AWS(亚马逊云服务)以云计算服务闻名,同时也为工业、物联网等市场提供了一系列服务;微软作为全球知名的科技公司,其在边缘计算领域拥有着 300 多项的专利,也推出了许多支持边缘计算的产品服务,所推出的 Azure IoT 服务为云创新者提供了一体化的工具和容器模块包。

国内边缘计算行业虽起步较晚,但以华为、中国移动等为首的先驱企业也同样走在行业发展的前沿。华为是国内最早进入边缘计算领域的企业,如今已是全球边缘计算产业领头羊,具备完善的边缘计算产品和解决方案系列,在 3GPP、ETSI、5GDNA、ECC、AII、5GAIA 等多个产业组织担任关键职位,发起全球首个电信边缘计算开源项目 EdgeGallery,在标准领域贡献第一;中国移动持续构建网、边、云协同的全栈技术体系,推进 IaaS、PaaS、运营、云管、边网、应用产品和集成体系,自研边缘计算通用平台 OpenSigma,实现一站式云资源和应用托管,并通过统一 API 接口实现边缘网络能力和垂直行业能力的对外开放。

7.4 数字孪生在智能制造中的应用案例

7.4.1 基于数字孪生技术的航空机电产品装配

1. 案例背景

随着计算机技术的快速发展,基于数字孪生的数字化装配技术在国际航空制造领域被广泛应用。虚拟现实环境下的装配仿真,使装配工艺设计更科学合理,避免因装配工艺设计方案错误造成返工,进而缩短产品研制时间。航空机电产品是飞行器的重要组成部分,对保障飞行器的飞行安全、完成飞行任务具有非常关键的作用。然而,在实际生产中运用数字化仿真的方法,主要关注的是装配方法和流程,仿真验证关注产品结构和它的大小,对产品其他物理量关注不足。数字孪生是国际上将物理样机数字化的最新成果,借助数字孪生技术为实现装配过程数字化提供了新的思路[4]。

装配工艺设计可继承使用产品设计阶段形成的零件、部件和产品等各级别的模型,这种使用的优势从客观上促进了装配工艺数字化建设的进程。但是随着企业信息化建设进程的推进,装配生产环节对装配工艺建模提出了更高的要求,现行的装配工艺模型难以满足生产的需求。目前装配工艺存在的技术难点:生产过程复杂,要求提供更多制造要素信息;产品的更新要求装配工艺模型能描述更多要素;数字化仿真要求模型数据能参与运算;生产现场要求模型能动态响应生产现场变化。

2. 解决方案

数字孪生概念指出,数字孪生的本质是以数字化的形式对某一物理对象的状态、行为或流程进行实时的动态呈现。数字孪生概念在装配工艺模型中的应用,即运用数字化手段对产品装配实物的结构、状态、特征以及装配的动作和流程进行描述、表征与建立数字模型。

在产品装配过程中应用数字孪生概念,可以获得一种从不同尺度、不同学科和不同层次来描述同一个产品实物的方法,它具备动态修正模型的条件,而且能够实现装配工艺实时决策。

3. 基于数字孪生的装配工艺数字模型

数字孪生模型具有跨学科、多尺度和多物理量的特点,装配工艺数字孪生模型已经不再是传统意义上的某一个或某一类模型,而是由描述产品装配过程的多个不同学科的数字模型所组成的模型集,是能满足不同学科仿真与技术需求的数字模型集。如图7-11所示,装配工艺数字孪生模型具有层次性,即将模型分别从产品、系统、分系统、部件和零件等层级进行划分。根据产品的装配结构特点,每一个高层级模型中均包含若干个低层级模型,不同层级可以关注不同细粒度的指标,用于满足不同层级的仿真需求。

产品级装配

系统级装配

分系统级装配

部件级装配

零件级装配

图 7-11　装配工艺数字孪生模型层级划分

数字孪生环境下的三维装配工艺设计系统整体框架如图7-12所示。系统由模型层、物理层、数据层、技术层、功能层和用户层等组成。模型层即运用数字孪生技术所建立的装配工艺数字孪生模型,它是根据工艺人员承接的产品设计模型的定义,所建立的多学科、多尺度、多层次和多物理量的数字模型。物理层指的是产品和环境所构成的产品装配实物,是产品装配生产的实物对象。数据层包含数字孪生环境下三维装配工艺设计产生的所有数据,包括设计员所定义的产品数据、工艺员所定义的工艺数据、仿真验证所产生的仿真数据、实物运行所产生的运行数据以及所需的企业资源数据,这是整个系统赖以运行的基础。技术层是该系统所包含的主要应用技术,包括装配工艺数字孪生模型建模技术、实时工艺决策技术、多学科建模仿真技术以及仿真结果展示技术等。功能层是该系统所实现的主要功能的分解,主要包括数字孪生环境下的装配工艺设计、装配工艺过程验证与优化、装配工艺实时修正和装配车间现场可视化等功能。用户层是系统涉及的用户和角色,包括设计员、工艺员、生产管理员、装配工和检验工等。

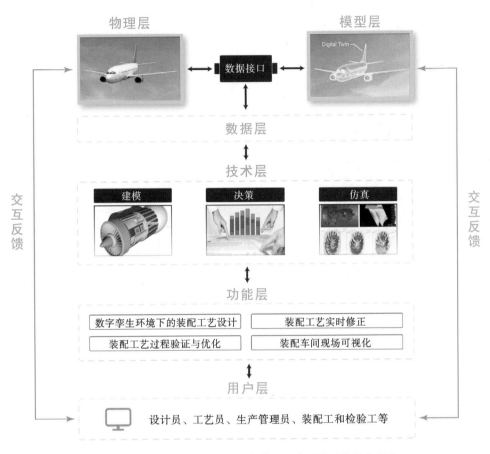

图 7-12 数字孪生环境下的三维装配工艺设计系统整体框架

装配工艺设计的数字化对产品模型提出了更高的要求,传统的产品模型已经难以满足复杂生产变化的要求。所以,引入数字孪生技术,构建更高级的模型集,可弥补传统装配工艺数字模型的不足,真实映射特征和性能指标,满足生产线设计与物流仿真、装配工艺详细设计与仿真等不同方面的需求。数字孪生为航空机电产品装配提供了一个可行的方向,具有很好的前景。

7.4.2 基于数字孪生技术的风机智能运维

1. 案例背景

自 2009 年我国成为全球最大的风电装机市场后,我国风电产业迅速发展,风电场装机容量日益增加。2021 年中国风电装机量再创新高,全国新增装机 15911 台,容量达 5592 万千瓦;累计装机超过 17 万台,容量超 3.4 亿千瓦。风电机组由来自不同厂商的零部件集成,零部件包括叶片、机舱罩、主轴、铸件、变流器、电机、齿轮等。其工作条件十分恶劣,长期暴露在风速突变、沙尘、降雨、积雪、潮湿、台风、雷击等恶劣气候中,如图 7-13 所示。如何有效地对风电机组的状态进行监控,保证风电机组稳定、安全和经济运行,已成为当务之急。风电是实现"碳达峰""碳中和"双碳发展目标的重要途径,随着风电站规模增大,传统运维模式难以为继,风机运维急需智能化转型。

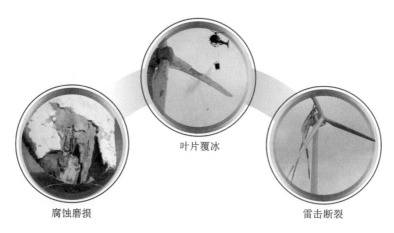

叶片覆冰

腐蚀磨损

雷击断裂

图 7-13 风电机组工作条件恶劣

风电机组的智能运维(风机智能运维)将是风电行业发展的重要环节,需要在传统制造工艺过关的基础上,充分融合互联网技术,运用数字孪生、云计算等新一代信息技术,最终实现远程风机的后台监控和产品生命周期管理,确保风机运行状态最优化。基于数字孪生的风机运维成为风电领域的开发热点,但是风机运维存在着以下几个痛点。

一是外部因素影响大,设备运维成本高。风机运营成本中,维修成本占比超 25%,部分场景下维修成本达到一半以上,而风力发电受天气因素影响大,若遇到极端天气,设备出现故障不能及时工作,将极大影响发电效率,造成安全隐患及风险。

二是传统模式效率低、监测难度大。风机故障往往来自机身内部的核心部件,传统人工方式检测效率低且成本高,无法全面地进行检查管控;面对风机分布广、核心部件复杂、子系统多的情况,过去的信息收集方式较为零散,较难掌握全部风机的健康状态,运维负担重。

三是数据庞杂且实时性要求高。数据量庞大,而且相互交错,增速快,缺乏对数据统一的规范标准以及存储、计算和管理方案。电力数据分析结果需要具备实时性,传统的模式无法快速响应。

2. 解决方案

风机智能运维策略以数字化、信息化、标准化为基础,以管控一体化、大数据、云平台、物联网为平台,以数字孪生技术为辅助,以计算资源的弹性配置为保障,以异构计算为核心任务,高效融合计算、存储和网络,通过"人-机-网-物"跨界融合,形成"边缘+云端"的全层次开放架构,实现不同层级的智能,不断提升风电智能化水平,完成更加友好、安全、高效、可靠的能源供应。

数字孪生技术对风机进行虚拟仿真,实时了解设备响应变化,以利于辅助决策。智能运维支持集成视频监控以及机器人、无人机等前端巡检系统,有效结合视频智能分析、智能定位及研判技术,对故障点位、安全隐患点位等情况进行可视化监测,实现异常事件的实时报警。

通过数字孪生、三维建模等技术手段,将风机的外部轮廓与内部构造进行仿真与还原,接入风机 IoT 感知运行数据,实时反馈风机运行信息及统计数据,同时直观反馈风机故障信息,实现及时预警、实时反应、故障维修的流程闭环。图 7-14 展示了风机智能运维的总体流程。

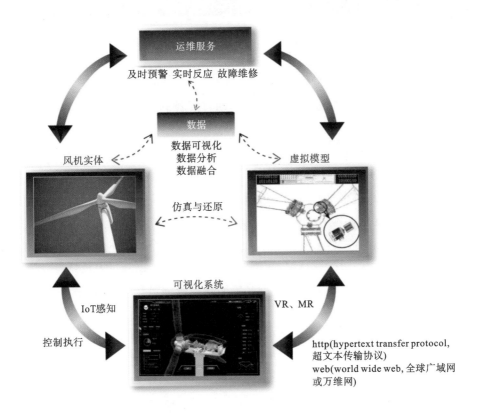

图 7-14　风机智能运维的总体流程

3. 运维成果

借助数字孪生可视化平台,风电企业通过风机智能运维实现了整体价值落地。通过数字孪生,企业从内而外统筹运维成果,基于项目现场机组的数据以及故障预警模型,形成故障预判预案,并生成相应的故障预警工单,根据工单进行排查与维修,事后进行反馈与归档,优化预案模型,降低运维成本,形成一个完整的闭环,整体提高机组的可靠性和稳定性。图 7-15 展示了智慧风机运维可视化平台。

智慧风电运维,应用了大数据、云计算等技术,融合先进的风电技术与智慧的管理经验,提升了企业风电全生命周期数字化运营管理能力。某大型风电公司在省级重点研发计划项目"风电场智能运维系统研发及应用"支撑下完成数字孪生运维平台搭建,自该平台投运以来机组停机时间降低 20%,风场运维成本降低 15%,能源利用效率提高,带来了良好的经济

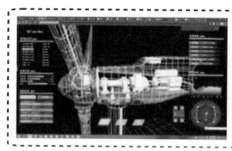

图 7-15　智慧风机运维可视化平台

效益。该平台也是发电过程中数字化、信息化和标准化发展的产物,在国家"双碳"政策方针的指导下,充分发挥绿色低碳技术的创新优势,助力实现中国可再生能源建设。

7.4.3　基于数字孪生技术的机床加工

1. 案例背景

机床被称作工业母机,常用于切削、锻造、焊接、冲压、挤压等加工工序,凡是对加工精度要求较高、表面粗糙度要求较小的零部件都需要通过机床加工,因此机床在下游制造业和国民经济发展中具有举足轻重的地位。国家一直把数控机床作为技术创新和关键技术攻关的重点领域,甚至排在高端芯片、新材料、新能源汽车之前,体现出其重要地位。

随着航空航天、轨道交通、能源电力等领域的高端装备朝着精密化、复杂化、轻量化方向发展,复杂曲面的数控加工精度要求日趋严格。作为数控机床的关键执行部件,多轴进给系统联动过程存在变位姿、变负载等特点,导致数控机床存在明显的时变动态特性与轴间动态特性不匹配问题。与此同时,联动过程中惯性力、摩擦力、切削力等非线性干扰必定会激发数控机床的振动与变形。这些因素均是影响轮廓误差的关键所在,直接决定着数控机床加工复杂曲面零件的轮廓精度。工程中,轮廓精度是评价数控机床加工精度的重要指标之一。因此,轮廓误差抑制对提高数控机床加工复杂曲面零件的精度具有十分重要的意义[5]。

2. 解决方案

多轴进给系统作为数控机床的关键执行部件,其运行过程中产生的轮廓误差直接决定着数控机床加工复杂曲面的轮廓精度。因此,以多轴进给系统为具体对象,构建轮廓误差抑制的"建模—预测—控制"闭环技术框架,如图 7-16 所示,该技术框架包括物理实体、数字孪生体、动态预估模型、轮廓误差综合抑制方法、多粒度信息等部分。

物理空间中的多轴进给系统作为物理实体,存在多种特性,针对多轴进给系统时变动态特性和轴间动态特性不匹配问题,建立其时变耦合机理模型。针对多轴进给系统联动过程中摩擦力的跃变性、惯性力的不确定,建立多轴进给系统的数据驱动模型。将多轴进给系统的几何、物理、控制、通信等多种属性进行多领域、多维度融合,从而获得高保真的数字孪生体。

物理空间中的多轴进给系统和数字空间中的数字孪生体在运行过程中会产生海量的物

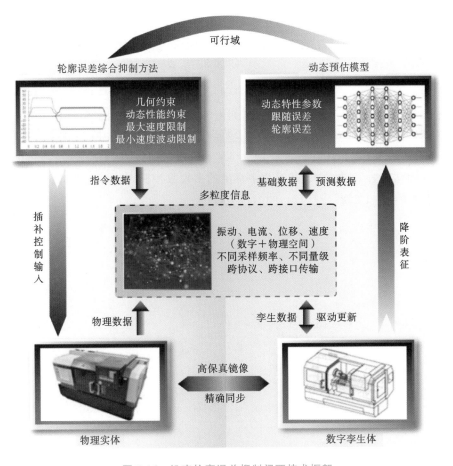

图 7-16　机床轮廓误差抑制闭环技术框架

理数据和孪生数据。这些数据具有频率不同、量级不同、类型异构等特点,被称为多粒度信息。因此,针对上述特点建立"数字-物理"空间双向感知关系,实现其运行全过程的性能状态虚实精确同步。

在该技术框架中,物理空间完成轮廓误差控制指令的输入与执行,数字空间完成与物理空间的同步以及轮廓误差动态预估,物理空间与数字空间通过多粒度信息实现实时交互与感知。该技术框架的整个过程是不断循环往复的,能够实现对多轴进给系统轮廓误差的有效抑制,从而达到提升数控机床加工精度的目的。

随着我国工业结构的优化升级,我国正在经历从高速发展向高质量发展的重要阶段,对作为工业母机的机床的加工精度、效率、稳定性等精细化指标要求逐渐提升,中高端产品的需求日益增加。在此大背景下,数字孪生结合制造工业已逐渐成为未来发展的方向。

参考文献

[1] 魏一雄,郭磊,陈亮希,等. 基于实时数据驱动的数字孪生车间研究及实现[J]. 计算机

集成制造系统，2021,27(2)：352-363.

［2］陶飞,刘蔚然,刘检华,等.数字孪生及其应用探索［J］.计算机集成制造系统,2018,24(1):1-18.

［3］YUAN Y，TANG X，ZHOU W，et al. Data driven discovery of cyber physical systems［J］. Nature Communications，2019，10：4894.

［4］唐竞.数字孪生在航空机电产品装配工艺中的应用研究［J］.航空制造技术,2019,62(15):22-30.

［5］张雷,刘检华,庄存波,等.基于数字孪生的多轴数控机床轮廓误差抑制方法［J］.计算机集成制造系统,2021,27(12):3391-3402.

第3篇

智能制造的发展趋势

第 8 章
智能制造的未来趋势

智能制造技术作为一种利用计算机模拟与分析,对制造业智能信息进行收集、存储、完善、共享、集成、发展而形成的先进制造技术,在经历了几十年的发展以后,对于大众早已不再陌生,它触及社会生活的各个方面。可以说,智能制造将成为未来社会发展的基石。当前,智能制造技术仍在不断吸纳信息、工程等领域的新兴前沿技术以融合发展,呈现出了新的发展趋势。比较具有代表性的包含如下三个方面:人-信息-物理系统、人-机-环境共融、未来工厂。

8.1 人-信息-物理系统

智能制造作为一个涉及多学科领域的宏观概念,经历了从最初的数字化制造,到与互联网结合而产生的数字化网络化制造,再到以智能化为核心的新一代智能制造的发展历程[1],如图 8-1 所示。值得注意的是,随着智能制造的发展,人的作用越来越得到凸显,人-信息-物理系统(HCPS)本质上是一个将人、信息系统、物理系统进行深度融合形成的大系统,与前两个阶段相比,它将人的经验和技能作为智能制造的重要一环引入其中,形成一套新兴的体系,也渐渐成为新一代智能制造的技术核心。

8.1.1 HCPS 的进化过程

在传统制造向智能制造的发展过程中,制造系统经历了从原来的"人-物理"二元系统(HPS)到融入了信息系统后的"人-信息-物理"三元系统,再到近些年来逐步与人相结合的HCPS 1.5 和新一代 HCPS 2.0 的过程。

1. 基于人-物理系统的传统制造

从石器时代到青铜器时代再到铁器时代,人类的发展一直以人力和畜力作为主要的动力源,两次工业革命让人类的生产力得到空前的提高,但是本质上仍然是在人和机器组成的

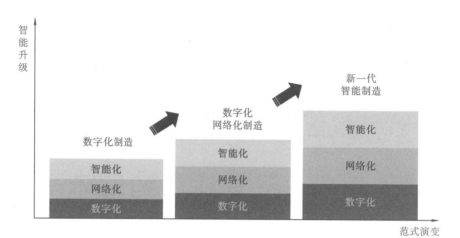

图 8-1　智能制造基本范式演变

二元系统框架内。在整个生产制造过程中,机器无法协助人进行感知、决策、控制等任务,仅仅将人类从繁复的体力劳动中解放出来,这种由人和工具或者机器组成的二元系统称为人-物理系统。图 8-2 是工人使用车床工作的场景,是一个典型的人-物理系统,其中人是整个系统的主导与核心,人创造了以车床为代表的物理系统,并且控制它完成车削任务,而物理系统(physical systems)即图中的车床,直接与任务实体(工件)交互,是系统的主体。图 8-3 展示的是人-物理系统的基本原理。

图 8-2　人-物理系统示例

2. 基于人-信息-物理系统的数字化制造

时间来到 20 世纪下半叶,得益于计算机技术、通信技术和数字控制技术不断取得突破性进展,信息系统持续获得新鲜血液,这同时也极大地推动了制造系统的发展,制造系统进

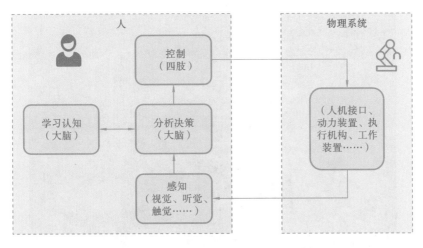

图 8-3　人-物理系统的原理简图

入了数字化制造时代[2],可以说第三次工业革命最重要的标志就是信息技术上的革命。

数字化制造系统指的是在传统的人-物理系统中有机地结合了信息系统(cyber systems),信息系统可替代人自动地完成一部分感知、分析决策和控制等任务。与 HPS 相比,HCPS 将人、信息系统和物理系统各自的优势结合起来,在感知能力、计算分析能力和精准控制能力上实现了飞跃。通过引入信息系统,HCPS 提高了制造系统的自动化水平和解决复杂问题的能力。同时,部分本来由人来承担的脑力劳动可以交给信息系统来完成,一些在制造中总结的知识和技能也可以通过信息系统进行传播,让制造系统在不断学习和总结中实现迭代更新。

制造系统在从传统的人-物理系统向人-信息-物理系统渐变的过程中,信息系统的引入也催生了人-信息系统(human-cyber systems,HCS),而 HCS 使人的部分感知、分析决策与控制功能向信息系统复制迁移;同时也产生了信息-物理系统(cyber-physical systems,CPS),CPS 逐渐实现物理系统和信息系统在感知分析、决策、控制及管理等方面的深度融合,并且已经被德国工业界视作"工业 4.0 的核心技术"[3]。图 8-4 为 CPS 的典型应用——无人工厂。信息系统和物理系统分别代替人完成了繁重的脑力劳动和体力劳动,进而形成了基于 HCPS 的新型制造系统的基础。图 8-5 是由 HPS 向 HCPS 演变的示意图。

3. 基于 HCPS 1.5 的数字化网络化制造

20 世纪末,互联网技术的急速发展给各个行业带来了新的挑战和新的机遇,能否与互联网有机结合已经成为评判一项技术能否长远发展的重要指标,因此数字化制造也开始向数字化网络化制造转变。数字化网络化制造系统仍然基于人、信息系统、物理系统三部分组成的 HCPS,但这三部分相比于数字化制造发生了根本性的变化,因此可以将面向数字化网络化制造的 HCPS 定义为 HCPS 1.5。其最大的变化在于信息系统:互联网和云平台成为信息系统的重要组成部分,加强了信息系统、物理系统和人之间的连接;信息的互通和集成优化成为信息系统的重要内容。图 8-6 为 HCPS 的基本组成部分。

图 8-4　信息-物理系统(CPS)应用示例——无人工厂

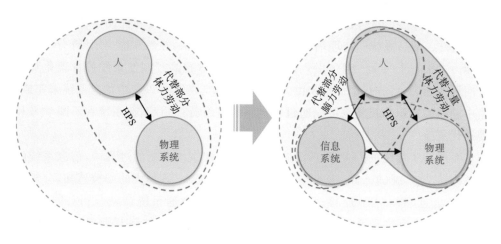

图 8-5　人-物理系统(HPS)向人-信息-物理系统(HCPS)的演变

4. 基于 HCPS 2.0 的新一代智能制造

当今世界,各国制造业都急需一场高效、高质量、人性化的革命性的产业升级。而上述基于 HCPS 1.5 的制造系统无法满足制造业所面临的发展瓶颈和严峻挑战,因此应用于新一代智能制造技术的 HCPS 被提出并于近些年逐渐被完善,为与之前的 HCPS 进行区别,称为 HCPS 2.0。

21 世纪以来,互联网、云计算、大数据等信息技术日新月异,与此同时,市场也对高质量、高效率的制造技术有了更高的需求,制造业急需一场根本性的技术升级来应对数字化网络化制造本身存在的技术瓶颈和挑战。而近些年逐渐发展起来的新一代人工智能技术已经被认为是新一轮科技革命的核心技术。新一代人工智能技术与先进制造技术的深度融合,

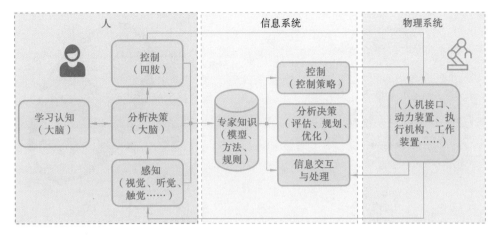

图 8-6 人-信息-物理系统(HCPS)的基本组成部分

形成了新一代智能制造技术。以人工智能为标志的信息革命引领和推动着第四次工业革命。

面向新一代智能制造系统的 HCPS 2.0 相对于 HCPS 1.5 也发生了本质性变化,变化主要发生在信息系统上:信息系统的学习认知部分增加了基于人工智能的新技术,不仅能更好地对环境进行感知、对任务进行决策、对物理系统进行控制,还可以自动地从人和物理系统中学习知识,以及产生新的知识;信息系统为了能更高效、更系统地使用知识,需要由人和信息系统共同建立一个"知识库",该知识库需要添加系统从外界学习到的知识以及由信息系统的计算、泛化等生成的知识,同时知识库可以在使用过程中通过不断学习而不断完善自身的系统,解决更多 HCPS 1.5 无法处理的复杂性、不确定性问题,真正实现从"授之以鱼"到"授之以渔"的转变[4]。

新一代智能制造系统进一步突出了人的中心地位,HCPS 2.0 深度挖掘了人类智慧的潜能,并通过人工智能技术实现了与智能制造的深度融合。一方面,新一代人工智能通过将人的作用或认知模型引入系统中,使人和机器之间能够相互理解,形成"人在回路"的增强型智能[5],人的智慧和机器的智能互相启发、同步增长;另一方面,基于强大的智能的"人-信息-物理"系统,人类能够摆脱体力劳动和冗杂的低级脑力劳动,从而将精力投入更上层的、更具创造力的脑力劳动中去。图 8-7 是 HCPS 2.0 的原理简图。

8.1.2 HCPS 2.0 的技术体系

1. 总体架构

新一代智能制造是由智能产品、智能生产、智能服务、工业互联网和智能制造云平台组成的庞大系统。新一代智能制造 HCPS 2.0 技术具有强大的核心赋能能力,可广泛应用于离散型制造和流程型制造的产品创新、生产创新、服务创新等全过程的创新与优化中。

智能制造的产品创新基于网络化技术设计并由人和信息系统共同完成、互相启发,未来新一代智能设计系统将以强大的、完善的知识库作为支撑,能够对产品性能、可靠性、寿命、

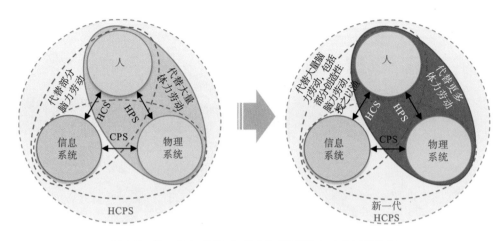

图 8-7　新一代人-信息-物理系统（HCPS 2.0）的原理简图

成本等进行精确的建模和仿真分析。这不仅可大大提高产品设计的效率和质量，还能有效减轻产品设计师的负担。此外，用户也能较为方便地参与到设计流程中，甚至亲自设计符合自身偏好的定制化产品，产品创新的效率得到极大的提高。

　　从生产的智能化角度来看，一方面，信息互联将从企业内部辐射到整个供应链和产业链，另一方面，新一代人工智能技术将攻克由制造车间、企业、供应链组成的这一复杂系统的精确建模技术和实时优化技术难题，同时解决智能制造系统全生命周期的高可靠性、高精度和高适应性等问题，助力构建知识驱动型的智慧工厂和自我提升型的智慧企业。

　　服务的智能化方面，通过数字化、网络化、智能化等技术实现以用户为中心的产品生命周期的各种服务，如定制服务、远程运维等，延伸发展服务型制造业和生产型服务业。由此，服务 HCPS 亦可相应分解为定制服务 HCPS、远程运维 HCPS 等。

2. 单元级 HCPS 2.0 关键技术

　　对于单元级 HCPS 2.0，无论系统的用途如何（设计系统、生产装备等），其关键技术均可划分为制造领域技术、机器智能技术、人机协同技术三大方面。

　　制造领域技术在 HCPS 2.0 中主要通过物理系统得以体现，包括通用制造技术和专用领域技术。制造领域技术按工艺原理可以划分为以下几个部分：切削加工技术、铸造技术、焊接技术、塑性成型技术、热处理技术、增材制造技术等。

　　机器智能技术是指 HCPS 2.0 中的信息系统所涉及的技术，是人工智能技术与制造领域知识深度融合所形成的技术。信息系统是 HCPS 2.0 的主导，其作用是帮助人对物理系统进行感知、认知、分析决策与控制等任务，使得物理系统以最优化的方式运行。机器智能技术主要包括智能感知、自主认知、智能决策和智能控制技术四大部分。

　　人机协同技术方面，由于智能制造面临的许多问题具有不确定性和复杂性，单纯的人类智能和机器智能都很难有效解决，故人机协同的混合增强智能成为新一代人工智能的典型特征，也是实现新一代智能制造 HCPS 2.0 的关键核心技术，主要涉及认知层面、决策层面、控制层面的人机协同以及人机交互技术这几大方面。

3. 系统级 HCPS 2.0 的关键技术

系统级 HCPS 2.0 的本质特征在于系统的集成以及整体资源的优化配置。系统级 HCPS 2.0 技术在单元级 HCPS 2.0 技术的基础上,结合智能制造系统的宏观架构,可以总结出三个方面:一是由工业互联网、云平台、工业大数据等构成的基础支撑技术;二是系统集成技术,需要将企业、产业链、服务等多个子系统纳入一个统一的通信框架中,因此需要建立一个互联互通的标准;三是对整个集成系统进行管理与决策的技术,如智能决策技术、智能生产调度技术、智能安全控制技术等。

8.1.3　HCPS 2.0 的技术应用

HCPS 为制造业的技术革新与融合发展提供了新思路,其影响不断由智能产品对制造装备扩展到智慧交通、智慧建筑[6]、智慧健康办公[7]等领域。HCPS 这一概念,一方面可以系统地解释智能化发展的基本原理,另一方面突出强调信息化进程中"以人为本"的理念,对工业和服务业发展均具有重要参考价值。

1. 智能产品与制造装备

新一代人工智能和新一代智能制造将无限拓宽产品和制造装备的创新空间,并带来革命性的变化,完成从数字化到智能化的极大飞跃。从技术机制上看,"智能一代"的产品和制造装备具有新一代 HCPS 的高智能、宜人、高质量、高性价比的特点。在智能产品与制造装备的设计方面,作为整个创新过程的核心,智能设计的内容包括:智能优化设计、智能协同设计、与用户交互的智能定制、基于群体智能的"群体创新"等。研究开发具有新一代 HCPS 特点的智能设计系统,也是新一代智能制造发展的核心内容之一。

2. 智慧交通

在当下自动驾驶中 CPS 已经足够强大,可以接管过去由人控制的车辆,然而,它们无法管理所有可能对系统和用户产生负面影响的错误行为。在过去几年里,有关自动驾驶汽车的一些致命性事故的新闻广泛传播,引发了关于是否应该完全将人抽离自动驾驶系统的讨论。

基于 HCPS 的自动驾驶控制试图通过探索人类参与的各种方式和他们所扮演的角色来解决这个问题。HCPS 将用户引入自动驾驶汽车 CPS 的控制循环,在用户调整到适应的过程中,其权衡自主权和人类控制,并且始终保证自动驾驶系统与人通过传感器以及屏幕提示等方法在意图上相互理解,始终对人的注意力进行管理。未来自动驾驶将允许不同的人在同一任务中协作,图 8-8 为基于 HCPS 的智能驾驶技术原理简图。

3. 智能建筑

建筑已经从简单的避难所演变为装备了先进技术的智能建筑,智能建筑具有一些 CPS 的特征,即数据收集系统(物联网、传感器等)测量物理建筑环境,并将数据发送给计算机算法,用于建筑运行控制。

然而,建筑是为人类建造的,智能建筑市场在全球逐渐增长的同时,也对智能建筑的节

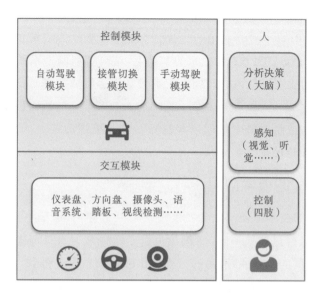

图 8-8　基于 HCPS 的智能驾驶技术原理简图

能和人类友好性提出了要求。因此，智能建筑也在逐渐从 CPS 向 HCPS 进行过渡。基于 HCPS 的智能建筑框架包括信息物理层、人的需求和人的角色三个维度，包含两个主要主题：使用物联网、无线传感器网络和云计算进行自动化控制和能源管理；基于监测系统和机器学习技术的能源效率和人类舒适度之间的平衡。HCPS 的研究主要集中在四个主题：建筑能源管理、室内环境质量、通风供暖和照明。总的来说，人类通过直接控制、间接控制等改进了传统的 CPS。

在未来，基于 HCPS 2.0 的以居住者为中心的智能建筑具有五个研究方向：适应性建筑围护结构、综合建筑管理系统、增强建筑能源管理、适应性热舒适和微电网的采用。

4. 智慧健康办公

近年来，办公人员的健康问题突出，保障和提高办公人员的健康及幸福感成为社会关注的焦点[7]。在新一代信息技术快速发展的基础上，基于"以人为本"的理念，智慧健康办公的概念产生了。基于 HCPS 技术的智慧健康办公具有实时性、个性化、数据驱动和多学科融合的特点，而智慧健康办公的发展是新一代信息技术与健康办公领域深度融合的必然趋势。智慧健康办公的关键在于借助计算机、通信、控制、人工智能等技术，在办公的过程中为办公人员提供主动、适时、个性化的智慧健康服务，使其保持健康的状态。作为新一代智能制造理论体系，HCPS 与智慧健康办公的融合发展具有巨大潜力，有助于构建更完善的"智能社会"生态体系。图 8-9 为基于 HCPS 的智慧健康办公示例。

8.1.4　HCPS 2.0 面临的挑战

作为第四次工业革命的核心技术，基于 HCPS 2.0 的新一代智能制造本质上对智能制造系统的底层架构进行了革新和重组，且几乎涉及制造系统的各个方面和各个层次。这将

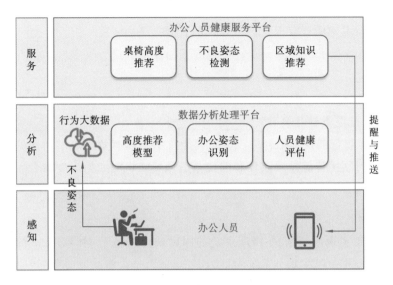

图 8-9　基于 HCPS 的智慧健康办公示例

会带来许多问题和挑战,只有解决了核心问题,才能真正扫清智能制造技术向 HCPS 2.0 升级的障碍。对当下智能制造技术进行调查和分析后,可以总结得出新一代智能制造面临的三个重大难题和严峻挑战:系统建模、知识工程、人机共生。

1. 系统建模

系统建模最主要的目的是对系统各个层次和各个部分的统一规律进行提取和总结,从而实现对整个系统的优化决策和智能控制。现有的建模方法包括:基于系统的数学和物理基本规律进行的建模,以及通过对系统数据进行采集和总结的大数据智能建模。基于数理的建模方法可以反映系统物理世界的客观规律,但是制造系统本身是一个较为混沌的、复杂的系统,数理建模很难全面地反映其规律。而大数据智能建模虽然可以在一定程度上解决对复杂制造系统的建模问题,但是只能停留在应用层面,没有一个放诸四海而皆准的理论支撑。而基于 HCPS 2.0 的新一代智能制造将数理建模与大数据智能建模进行深度混合,可以从根本上提高制造系统的建模能力,但面临以下挑战:

(1) 大数据智能建模如何对智能制造系统大数据的核心信息进行提取? 如何对系统各个层次的大数据信息进行管理? 如何提高智能建模在解决具有不确定性工程问题上的能力? 如何将智能建模技术在各个不同的系统间进行泛化?

(2) 在混合建模方面,如何将两种主要建模方法统一到一个具有通用性和泛化能力的框架中,结合两者的优势并最终形成新的混合建模方法?

2. 知识工程

新一代智能制造需要依赖知识工程,需要结合制造工程的相关知识和智能技术的相关知识。各行各业在各个子领域的制造系统中利用数字化网络技术进行统合与集中,制造业领域的知识可以通过云平台保存在云端,这对于知识的学习和利用起到了巨大作用,让智能制造科学与技术向着更先进、更人性化方向发展,推动了新一轮工业革命。而知识工程在制造业技术和智能技术方面存在以下三个方面的挑战。

(1)制造业本身技术的挑战。如何在制造工艺技术上进行突破?如何开发出更具优势的新型材料?

(2)智能技术的挑战。如何提升知识工程的通用性、稳定性和安全性?现有的人工智能如何在算力、智能性上进行突破?

(3)制造技术与智能技术融合的挑战。智能技术如何有效地总结利用制造技术?制造业的各个领域如何利用智能技术改良和迭代制造领域知识?如何深度融合制造技术和智能技术的相关学科?

3. 人机共生

人机共生需要实现人与信息-物理系统的深度融合。基于 HCPS 2.0 的智能制造显著的特点之一就是人的作用在整个系统中更为突出,即由于人类从繁复而单一的体力、脑力劳动转向了更高级、更上层的决策和创新任务,因此人的作用得到了进一步凸显。由此智能制造形成了人机共生的形态,这同时也带来了以下多方面的挑战。

(1)如何更优地实现人与智能机器的任务分工合作?如何使人的智慧与机器智能的各自优势得以充分发挥并相互启发和增长?

(2)如何进一步将人的智慧与信息系统、物理系统结合,实现人机协同的混合增强智能?

(3)如何解决人工智能与智能制造带来的安全问题、隐私问题和伦理问题?

"天人合一"这一中国古老的哲学思想与新一代的智能制造思想不谋而合,在基于HCPS 2.0 的新一代智能制造系统中,人类需要与信息系统、物理系统紧密合作、深度融合,不断对制造系统进行优化、创新,最终达到人机共生和谐状态,让智能制造更好地造福人类。

8.2 人-机-环境共融

"共融机器人"是一种智能机器人,具有自适应性,可以与人、其他机器人在非结构化的单一环境中开展交互和协同作业。与传统机器人相比,共融机器人具有更强的环境感知能力、集群机器人协同控制能力,同时具有"刚-柔-软"机器人构形设计特点。目前,我国的人机共融技术尚处于初级阶段,未来仍需解决在未知环境动态感知、人机协作安全性、结构与机构技术以及人机交互智能化等方面的问题。

8.2.1 人-机-环境共融的内涵

当前工业机器人的应用场景普遍还停留在单一且结构化的工作环境与传统的人工编程或示教器控制方式[8]。当我们走进工厂,通常会看到这样的场景:工业机器人被安全防护栏围起来,机器人工作时操作人员需要和机器人保持一定的距离,每个机器人负责单一且重复的流水工作,循环往复。而人-机-环境共融的出现将打破这一传统工作模式,人类不但能够与机器人在同一环境下协同工作,并且两者都能适应复杂多变的工作环境与工作模式。工业机器人汽车加工流水线如图 8-10 所示。

图 8-10　工业机器人汽车加工流水线

　　人-机-环境共融的概念包含了人类、机器人与环境三个主体。简单而言,它是指人类与机器人协同互助、优势互补地在同一环境下工作,机器人将具备更高的智能化水平、感知能力和环境适应能力。在这种设想下,人与机器人将会成为伙伴关系,能够相互理解、相互感知、相互帮助。

　　工业机器人是“工业 4.0”的九大支柱之一,当前世界主要国家和地区制定了发展战略或计划推进下一代机器人技术的发展,人机共融技术已经成为学术界和工业界的关注热点[9],共融机器人的研究无疑也已经成为各国科技竞争的重点。美国早在 2012 年就发布了国家机器人计划(national robotics initiative,NRI),重点研究合作机器人,并重点资助制造业、空间和海洋探索、医疗康复等领域机器人基础理论和应用技术的研究[10]。欧盟在 2010 年至 2014 年期间陆续启动了“第七框架”“地平线 2020”等一系列计划,给出了下一代机器人的核心特征:安全、自主、“人-机器人-物理世界”融合。

1. 机器人-环境共融

　　当前工业机器人普遍只能在限定的单一环境下重复操作,机器人的工作环境往往固定,不可预测的物体与人的出现或者操作工件位置变化都有可能导致机器人无法完成任务甚至出现安全性问题。“机器人-环境共融”概念的提出,正是为了解决机器人如何适应复杂多变的环境这一问题。共融机器人是未来机器人领域的重点发展方向,它需要具备感知、理解和快速响应未知环境的能力,能够在非结构化的环境中自主规划道路并保持正常运行[11]。

　　现阶段机器人与环境融合的手段主要以移动机器人的道路规划为主,图 8-11 展示了四种可以自主规划道路的移动机器人,当机器人的工作空间内出现了障碍物,需要合理地重新规划路径来完成躲避。根据障碍物的运动特性是已知的还是未知的,规划问题可以分为障碍物运动已知的路径规划和障碍物运动未知的路径规划两类，当前障碍物运动规律已知的路径规划算法较为成熟。

图 8-11　四种可以自主规划路径的移动机器人

当今的科技水平尚且不能使工业机器人达到对复杂环境感知、理解和快速反应的要求，特别是当机器人需要与环境产生力的接触时，就对机器人的感知和规划能力提出了更高的要求。要想实现机器人与环境融合，机器人需要具备多模态的感知和融合建模技术，即面对种类繁多的传感器信号，如视觉、触觉、听觉、肌电等信号，机器人需要在获取动态信息的同时对庞大的冗余数据进行精确理解，对非结构化的环境进行建模描述。

2. 机器人-人共融

大多数情况下，在工业机器人工作期间严禁任何人进入机器人的工作空间，人类只能远远地看着机器人按照特定的程序运转，机器人是人类命令的绝非服从者。而"机器人-人共融"技术的出现将改变这一局面，在该技术的推动下，机器人不但是帮助人类执行低级机械劳动的好员工，更是与人类协同工作的好伙伴。人机共融的重要意义在于可以使人类与机器人双方进行优势互补，人类具备感知、学习、适应和快速决策的能力，机器人则在运动的精确性、快速性上更有优势，并且不易疲劳，设想一下如果在生活工作中能有一个机器人助手替我们完成一些基本的任务，并且能够时刻根据我们的需求调整任务策略，这将大大提高我们的工作效率并且不必为烦琐的工作细节困扰。

"机器人-人共融"技术将彻底打破人与机器人之间的物理界限，但首先面临的一个关键问题是如何保证安全性[7]，这就要求机器人在作业过程中保证人-机-物的安全。例如，机器人向人传递物品时，人与机器人之间需要有一定距离，在保证人的安全的同时还可以使人以一个舒适的臂姿接收物体[12]。以往的机器人与人类的运动是相互独立的，机器人需要具备环境感知能力,从而确保人员、机器和材料的安全。其次机器人需要具备对人类意图的识别和预测能力,可以自主学习技能并依赖协调控制方法,与人类互动、互补并扩大人类的操作能力。

共融机器人与人的交互方式不局限在键盘、鼠标等设备的简单输入或力觉信息,也可以是更为复杂的语音识别、生物肌电信号识别、眼动信号识别、脑电信号识别、舌动和骨架运动识别等,如图 8-12 所示。

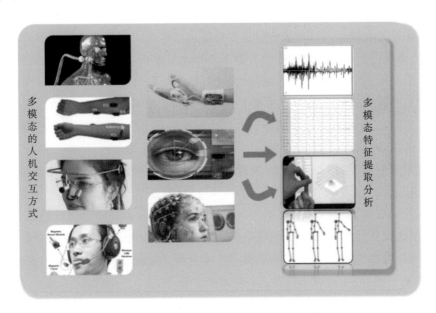

图 8-12　人-机交互中的多模态感知技术

实现"机器人-人共融"主要采取两种方法:人类模拟方法和人类补充方法。人类模拟方法更注重对人类行为能力本身的理解和迁移;人类补充方法视人类与机器人具备相同的度量能力,机器人与人侧重于不同的任务并利用交互通信方式实现协作,这种方式更体现了人机共融的优势和理念。在人类补充方法下,如何合理划分人类与机器人的责任以及控制权是关键问题,通常做法是将绝对控制权留给人类,而机器保留一定的自主性[13]。

"机器人-人共融"技术也是人-机-环境共融的关键技术,得到了广泛的研究和应用,特别在医疗康复辅助领域发展迅速。对于一个患者来说,如何通过脑中的意图让机器人辅助自己完成无法独立完成的动作,进行恢复运动是十分重要的。目前已开展了利用脑机接口技术或肌电信号来识别患者意图的研究[14],并且与传统的人工干预治疗相比,机器人辅助康复的患者在运动功能改善方面没有显著差异。

3. 机器人-机器人共融

在当前科技水平下,工业机器人和特种机器人只能根据编写的程序执行特定任务,缺乏自主协调合作的能力,与共融机器人的群体行为要求相差甚远。共融机器人的群体行为是指在相对自发、不可预测、非结构化和不稳定的环境条件下,面对共同影响或刺激时多个机器人作出反应而发生的行为。这包括协作和合作两种情况:协作是指多个机器人需要一起交互完成任务,同时增加系统的总效用;而合作是指机器人之间的互动,朝着共同的兴趣或奖励工作,共同追求一个目标并产生各种子目标。如今许多领域正在广泛应用集群机器人等多机协同系统,但在当前 AI 技术水平下,机器人的群体行为还被局限在完成预先编程的工作,难以适应智能生产线中需要不同的构型、尺寸和功能的机器人协作配合,以进一步完成更加复杂的分布式装配任务的要求。

在多机器人协同系统中,如何高效地完成协同任务是当前机器人及其集成研究的热点,主要受到控制和协调两方面的影响。在控制方式选择方面,多个机器人之间的协调不一定需要通过领导者集中控制,例如,基于信息素的通信已经被应用到多机协同的沟通中。在协调方式上,协调可以是静态的或动态的。静态协调通常是在参与任务之前采用约定的形式,类似于交通控制问题中的一些规则,例如"保持直行""在路口停车"和"在你和你面前的机器人之间保持足够的空间"等;动态协调发生在任务执行过程中,通常基于对信息的分析和综合来实现。此外,任务分配也是多机器人合作过程中必不可少的环节,一个好的任务分配模式可以有效提高多机器人系统的效率。

越来越多的专家学者们正在研究智能仿生、类脑智能和群体智能基础理论。例如,昆虫集群具有社会性特征,单个昆虫的能力微不足道,但在合理的任务分配和协作下,昆虫集群可以高效完成探索、觅食、重物搬运等复杂任务。如何通过局部简单的低等级作业间的配合,让包含大量简单机器人的多机系统展现出胜任高级复杂的宏观作业任务能力,并具备集群智能,可以执行超出单个简单机器人本身能力的复杂任务,是科学家们研究的重点。图 8-13 是一种异构、跨域多机器人协同系统示意图。

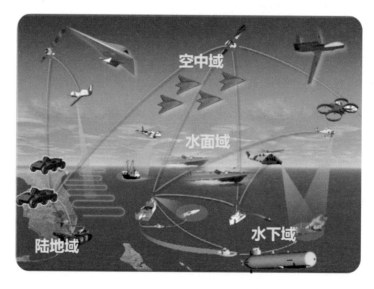

图 8-13　一种异构、跨域多机器人协同系统示意图

8.2.2　人-机-环境共融的关键技术

共融机器人的关键技术与应用如图 8-14 所示,主要包含结构、感知、控制三方面内容。

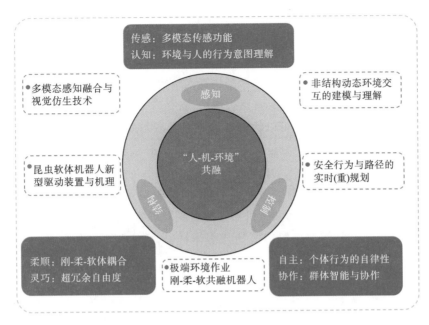

图 8-14 共融机器人关键技术与应用

1. 结构:高冗余度与柔度自适应

仿人机器人一直是专家学者们研究和关注的重点。在结构方面,为了使机器人动态适应复杂环境,超冗余自由度和对周边环境的顺应性对共融机器人来说不可或缺,使用柔软材料设计打造柔软体结构是解决该问题的有效方法。图 8-15 展示了两种刚-柔耦合机械手。然而柔软体结构与柔软材料给机器人设计带来很大挑战:首先是结构主动变形很大,力学和运动学十分复杂;二是柔软材料的运动和力的传递原理与刚体情况显著不同且更为复杂,机器人结构中同时存在刚、柔、软体,就像人一样,有骨头、软关节和肌肉,其运动和力的传递规律尚待突破。

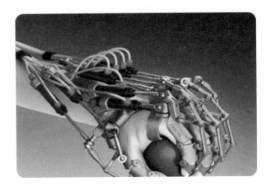

图 8-15 两种刚-柔耦合机械手

在工业制造领域,机器人(或机械臂)经常面临复杂的多模态工作环境并容易因此产生故障,这凸显了仿人机器人的重要性。为了使机器人能够适应不同的工作环境并完成不同的任务,需要开展仿人机器人方面的研究,包括运动学、动力学和行为等方面。这样可以使机器人的结构更加简单,以满足机器人的功能需求,并具有人类的外貌和操作行为,从而更容易被人们所接受。在共同协作任务中,操作者与机器人之间可以实现更高的默契。软体机器人显著的研究成果为共融机器人和新型机器人结构的发展奠定了基础。软体机器人在医疗、探索救援、可穿戴设备等领域具有巨大潜力,备受专家和学者关注。

人机交互过程中的安全问题可以优先考虑研发具有本质安全性的柔顺机构。同时,利用新型材料替代当前的金属材料也是保障人类安全与提升机器人性能的关键方案。

机器人驱动技术目前还有很大的探索空间,图8-16展示了一种昆虫软体机器人,该机器人在被苍蝇拍压扁后仍可以继续爬行。无论是节能高效的驱动装置还是新的驱动机理都仍有巨大的研究潜力。这部分研究能够为共融机器人的发展带来突破性进展,具体可概括为以下方面:灵活操作机构与控制、新型类肌肉驱动与本体材料、柔性驱动与控制、新传感机理与器件等。

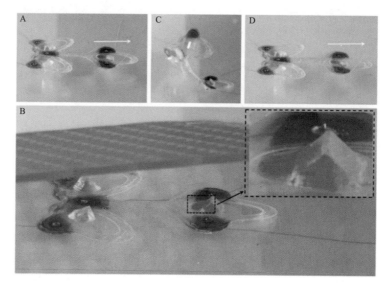

图 8-16　昆虫软体机器人

2. 感知:多模态感知与人类意图预测

共融机器人和一般机器人的本质区别在于感知能力,从多种感官模式中进行学习和感知是开发人机交互智能系统的关键过程。机器人的控制和理解能力与环境以及操作者的操作行为息息相关,为了确保机器人和人类在同一个协作空间内的绝对安全,机器人需要具备更准确的感知能力和快速理解周围机器人、环境以及操作人员行为的能力。共融机器人旨在让机器人更好地融入群体,具有自主交流、学习和协助人的能力。在机器人与人的互动学习及交流中提升人工智能的能力,对实现共融机器人这一目标至关重要。机器人能够回忆过去与人互动的经历并通过之前的行为来重新认知当前环境。此外,将自然环境中各种感官数据整合起来,实现鲁棒感知与机器学习计算也十分关键。

为了让人与机器人在同一自然环境中实现安全协同工作,机器人需要理解身边的不同动态环境和动态世界,独立地处理和应对多变的环境情况,并有效地认知和应对与之合作的人类与其他机器人的活动。这就需要机器人具备认知行为能力。认知行为技术的具体应用可以归纳为以下几点:人类行为姿态预测辨识、非结构化的动态场景交互模型模式认知、机器人多模态感知融合技术、智能机器人视觉方面的仿生技术等。共融机器人各方面的感知能力还应当需要进一步提高,方能使机器人了解环境以及人类的行为。感知技术的应用方面能够总结为:帮助判断协作人员行为、非动态和动态环境在数学上的建模以及理解过程、多维感知信息的融合理解等。此外,感知技术还与生物工程、认知神经科学、互联网大数据等新兴技术进行深入的跨学科融合,以更进一步推动人机一体化产品的发展。

虽然机器视觉、力觉感知、语音识别等技术正在不断发展和完善,但共融机器人技术并不是单一专业技术可以解决的问题。尽管机器人技术和传感技术取得了进步,但要突破机器人与人交互的局限,还需要从由使用专用设备转向使用通用设备,开展人机协作,开发生产机器人与人之间多模态感知与交互的具体方法和相关技术,促进机器人自主学习的实现等角度入手,这些技术的成熟也将成为机器人发展史上最重要的里程碑,预示着共融机器人的问世。人脑智能机理理论的发展、计算机知识的获取、表示抽象概念的具体方法,以及与人协作时知识获取与协调决策过程的完善,都将促进机器人自主学习能力和人机多模态交互技术的飞跃。

3. 控制:自主与集群协同控制

在保证与物理环境的稳定接触以及人类安全的前提下,研究机器人安全行为和路径实时规划、刚-柔智能切换控制等自主行为技术,对实现机器人共融协作的安全性有着重要影响。

学者们一直在寻找更方便、更准确的人机交互方式。传统的键盘输入和机械操作等交互方式已经表现出低效和难操作等弊端。因此,为了创造符合人类自然行为的人机交互模式,虹膜、掌纹、指纹、语音、面部、手势等人体特征识别技术的发展成为人机交互新的研究方向。在与机器人配合的过程中,操作员更注重操作的安全和效率,而直接的物理交互可以满足这两个要求,减少操作人员的工作量,提高可用性。另外,在交互体验方面,共融机器人除了使用更简单方便的交互方式外,还有望产生情感,为人类提供更好的服务。当人类出现消极、悲观等负面心理时,共融机器人还可以承担心理咨询师的角色,具有调节和安抚人类情绪的能力。这种情感技术的进步使集成机器人成为真正的人类伙伴,而不仅仅是共同工作的助手。具有情感系统的机器人也将被广泛应用于人类生活的各个场景,包括公共领域的服务机器人、家庭生活的服务机器人、社会救助机器人以及研究情感相互作用的研究型机器人等。

8.2.3 人-机-环境共融的应用案例

1. 工业制造业

在个性化服务和快速组织车间的高端行业中,共融机器人的需求很大。当前在工业制造业中,机器人的规划通常分为两方面:任务规划和运动规划。任务规划主要是为了解决哪个机器人应该执行哪个任务的问题,这涉及任务分解和任务分配。运动规划主要用于生成每个机器人的路径。此外,机器人应该考虑其他机器人的路径,以避免在工厂内可能发生的任何碰撞、拥塞或死锁。在传统工业机器人生产线场景中,对于机器人工作空间的分析通常基于传统的机器人柔顺性指标,人的因素并不被考虑在内,这使得无法保证人和机器人共同工作时的安全性。Malik 等[15]探讨了使用数字孪生体通过工业案例和演示器,解决协作生产系统复杂性的可能问题,并且介绍和讨论了数字孪生在系统全生命周期中的形式、构成要素和潜在优势,最后提出了今后在合作领域使用数字孪生体的研究和实践建议。

2. 医疗康复辅助

卫生安全是国家战略和全球关注的焦点。近年来,协作机器人在康复领域取得了很大的突破。在康复医疗方面,机器人种类繁多,它们可以进一步划分为动作机器人、护理机器人、通信与学习机器人、远程康复机器人和智能医疗机器人。护理机器人主要充当一名护理人员,帮助患者完成穿衣、进食和如厕等基本活动,该机器人具有与患者沟通和提供心理咨询等功能。远程康复机器人致力于配合患者的康复训练和指导医疗。智能医疗机器人正在引起治疗模式的转变,其中最广泛使用的“达·芬奇手术机器人”系统于 2000 年被美国食品和药物管理局(FDA)批准投入使用。2001 年达·芬奇手术机器人在美国被用于根治性前列腺切除术,这一成就距该系统上市仅 5 年。智能医疗机器人技术的快速增长是由技术的进步(电机、材料和控制理论)、医学成像技术的进步(更高分辨率的检测仪器、核磁共振成像和 3D 超声)以及外科医生/患者接受度的提高共同推动的。智能医疗机器人经常被创造出新的用途,就像在任何技术驱动下的革命初始阶段一样。借助人机共融服务系统,智能医疗机器人既能评估人体能力,辅助展现人体弱化或丧失的原有功能,又能通过反复强化练习,起到功能训练的作用,达到功能康复的效果。图 8-17 展示了一种用于康复辅助的外骨骼机器人。

在健康服务领域,除了利用康复机器人协助患者完成康复治疗,如协助人工智能技术融入医疗系统、协助患者前往门诊看病、对患者进行治疗等,还有专门为患者心理健康而设计的社交机器人,对自闭症儿童和阿尔茨海默病患者有更多特殊的功能。社交机器人被设计出来用于对自闭症儿童开展早期的教育、治疗、玩耍、陪伴和心理健康等服务。借助于数据分析技术和与人类的长期互动,机器人可以感知人类的精神心理状态,并给予适当的反馈以满足用户的精神和心理需求。一个全面发展的机器人应该具有和人类一样的理解、决策、判断能力和同理心,以及类人的情感特征。只有这样,社交机器人在陪同服务领域才能满足人的需求。

3. 国防安全

我们知道,士兵的工作涉及在危险环境中冒险,例如在有地雷的区域中行走,拆除未爆炸的炸弹或清理敌对建筑物。技术在不断地发展,让我们的生活更轻松舒适,那么我们为何不派机器人来完成士兵的工作呢?

在战争期间,军事机器人可用于从敌方区域收集信息并在安全区域监控该信息,再制定安全的反击计划。追踪敌人组织的位置,然后在正确的时间进行攻击,监控任何人类无法前往的受灾害影响的区域。纵观科技史,高科技往往首先出现在战场上,机器人方面也不例外。早在第二次世界大战时,德国人就使用遥控拆除卡车进行扫雷和反坦克。随着科学技术的飞速发展,特别是 20 世纪 90 年代以来,随着自动驾驶等相关技术的迅速发展,军用机器人在世界上受到了广泛关注。图 8-18 展示了波士顿动力公司研制的军用机器人,它可以

流畅地完成后空翻等动作。全球军用机器人的发展一般分为三个阶段:遥控控制特殊任务
的执行阶段、半自主作战阶段和自主式无人作战阶段。遥控控制特殊任务的执行阶段即工
作人员操纵遥控装置远距离控制机器人执行任务。任务的直接执行可能会遇到困难,因此
需要人工远程控制的直接干预才能完成预期的工作,这便是半自主作战阶段。卫星导航系
统和识别系统的稳定性和可靠性足以让机器人成功躲避车辆,识别两侧敌人的数量,无须人
工操作就能够主动执行特殊任务,此为自主式无人作战阶段。目前,陆地上的军事机器人作
战技术较为成熟。这些机器人通常负责危险程度比较高的任务,比如灭火、战斗、侦察。图
8-19 展示了两种美军用机器人。

图 8-17　一种外骨骼机器人

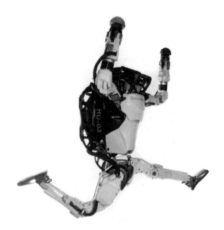

图 8-18　波士顿动力公司研制的
可后空翻机器人

(a)

(b)

图 8-19　美军阿特拉斯(a)与"犬狗"(b)机器人

4. 空间探索

随着时间的推移,机器人与航天技术不断发展和进步,从某种角度来看,智能机器人的
需求逐渐扩大。但对于新一代航空航天领域产品的制造,传统机器人在设备协同、智能化、
自动化、自适应性等方面的劣势更加明显,比如低效的制造、作业以及状态的检测能力,任务
的规划设计精度较低,作业的柔性和扩展性较差,等等。

共融机器人将使航天制造领域变得更高效,因为它能适应更高的精度要求,以更快的速度执行更具体的工艺,具备更灵活的制造能力。这些特性对生产过程的技术和应当需要的设备提出了更严格的要求。以太空探索为例,它需要大量人力资源管理投资,鉴于航天员在太空中的空间站等特殊工作环境中活动,他们的作业范围受到了限制,他们自身的活动面临更大的风险。而航天员在航天协作机器人的帮助下,能在相当复杂的环境中工作,且效率更高,例如非常灵活的姿势协调人形机器人能够帮助航天员完成他们在空间站内外的任务,如设备维修,从而降低航天员离开机舱的风险。图 8-20 展示了用于空间作业任务的两种机械臂。

"天宫"机械臂级联装置　　　　　空间机械臂仿真

图 8-20　用于空间作业任务的两种机械臂

8.3　未来工厂

8.3.1　未来工厂的概念

未来工厂(future factory)是指广泛应用数字孪生、人工智能、大数据等新一代信息技术革新生产方式,以数据驱动生产流程再造,以数字化设计、智能化生产、绿色化制造、数字化管理、安全化管控为基础,以网络化协同、个性化定制、服务化延伸等新模式为特征,以企业价值链和核心竞争力提升为目标,引领新智造发展的现代化工厂,它将深刻改变营销、研发设计、经营管理、生产制造、客户服务等方方面面。图 8-21 是当前未来工厂的基本建设架构示意图。

8.3.2　未来工厂的关键技术

1. 数字化生态组织

未来工厂需要在以人为本的宗旨下,通过强化组织文化、打破信息壁垒、深化数字赋能,实现人力资源的协同驱动、快速决策、自主优化,打造自驱动型创新组织。转型变革的重点

图 8-21　当前未来工厂的基本建设架构示意图

如下：

（1）提供更加灵活的管理制度，激发组织协同，激励员工主动参与经营，充分利用有限资源创造更多价值；

（2）以数据资产的方式共享工艺、知识、创意等技术能力资源，汇聚知识基础、沉淀核心能力、发挥知识洞察价值；

（3）在数字优先和数据驱动决策的理念下，充分利用数字化手段，有效地发现、获取、利用数据，提升制造与服务的质量和效率；

（4）树立以人为核心、机器服务于人的意识，合理利用自动化、数字化、网络化、智能化等技术手段，解放人的体力与脑力，同时拓展人的创造力，发挥协同优势，促进人与企业的创新。

2. 新一代信息技术

未来工厂不可或缺的是新兴的信息技术，需要在企业研发、生产、供应链、销售、服务等环节深度融合数字孪生、人工智能、大数据、云计算、物联网和 5G 等新一代信息技术。创新应用的重点包括：

（1）采用数字孪生技术，通过建立数据模型、逻辑模型和可视化模型，在信息空间构建一个与物理工厂几何高度相似、内部逻辑一致、运行数据契合的虚拟工厂，实现信息流、物料流和控制流的有序流转，以及产品设计、物理设备和生产过程的实时可视化展示和迭代优化；

（2）采用计算机视觉、机器学习、深度学习、自然语言处理、语音识别等人工智能技术，解决劳动强度大、工作条件差、风险高、重复性强、有毒有害等问题，实现研发、生产、物流和服务等的全流程优化；

（3）建设工业互联网平台，通过全面互联和数据驱动，实现基于大数据的设备运行优化与生产运营优化，以及企业协同、用户交互与产品服务优化的智能化闭环；

（4）基于工业网络组网技术建立数据隔离、质量保证的基础通信网络，实现大带宽、低时延、安全可靠的数据传输,满足在生产运行和管理过程中的通信要求。

3. 先进制造技术

先进制造技术也是未来工厂的重要一环,需要在传统制造技术的基础上,吸收机械、电子、材料、能源、信息和现代管理等多学科、多专业的高新技术成果,并综合应用于产品的全生命周期,实现优质、高效、低耗、清洁、灵活的生产,提高企业对动态多变市场的适应能力和竞争能力。现阶段创新应用的重点如下:

(1) 设计技术,广泛应用创成式设计、虚拟设计等数字化设计技术,实现产品的全生命周期的网络协同研发和设计验证优化;

(2) 工艺(加工)技术,探索应用超精密、高速加工、增材制造、微纳制造、再制造等工艺(加工)技术,实现制造过程的优化与协同;

(3) 装备技术,深度融合应用数控装备、工业机器人等新一代制造装备,结合工业互联网、云计算、大数据等新一代信息技术,构建智能装备,提升制造过程的柔性化和智能化。

8.3.3 未来工厂的特点

未来工厂的架构如图 8-22 所示,其中主要的三个特点分别为信息透明、网络化联通和智能化处理。

图 8-22 未来工厂的架构

1. 信息透明——更透彻的感知

1) 社会层面

未来工厂能更深入地感知社会面与企业相关的信息。现代企业面对社会网络中庞杂繁多的信息,如同类与相关合作企业、潜在用户群体与需求、市面上的设备与系统的信息以及流程等,目前还没有一个便捷的手段用于关键信息的检索、整理和归纳,当前的信息感知系统还存在"搜不全"和"找不准"的问题。

2）产业研发层面

未来工厂的感知能力可以帮助企业加速产品研发进程。产品从设计之初的构思到最终效果的反馈,都可以借助未来工厂的感知网络,完成对相关论文、专利、科研成果及最终用户评价的获取。企业研发人员能够知道哪个问题可以求助于哪些专家,对于技术和知识能进行快速准确的筛选和判断,产品经理能够快速定位用户需求和市场趋势。

3）企业管理层面

未来工厂可以帮助企业深度感知企业内部的知识和价值,让企业内部的组织、隐性知识显性化。这样可以激发企业内部人员对于创新、合作以及执行的敏感度,对企业整体运行模式和状态进行准确的评价;同时能够敏锐地感知企业外部的知识和价值,促使员工及时了解外部信息,加速对于新技术和新知识的学习与应用。同时,企业可以知道每道工序、每个产品的价值和时间成本,了解企业的开支情况;具体到员工个人,可以了解每个员工的工作时长、特长、能力和学习情况;了解每个订单和产品的执行情况以及客户的详细信息,对产品进行全生命周期的追踪。总之,未来工厂可以实现管理的"透明化""扁平化""精细化""人性化""智能化"。

4）制造层面

在制造流程处理的关键环节,制造过程中信息处理模式的变革将会是区分未来工厂与现在工厂的重点要素,而信息处理是电子技术、计算机技术发挥作用的重要领域。

未来工厂可以感知原料或零件供货商的整体水平。企业能够了解原料供应商的产品曾用于哪些业务,产品的性能如何;所有零部件的三维模型、性能报告、制造过程的碳排放数据等信息都可以获得,帮助企业更好地进行制造原料的选择。

2. 网络化联通——更安全的互联互通

1）供需层面

借助于互联网、物联网,企业内外信息做到互联互通,用户能够精准地搜寻到想要的产品,企业也能够及时满足需求,让资源充分利用,大大提升了工作效率,降低了资源浪费率;也便于科研人员追踪最新的科研成果,与行业专家直接对话,实现知识供需的快速对接,不同学科的学者也可以进行学科交叉、知识互联,一些创新的想法也更容易产生,研发的思路也能够公开透明地得到评价和利用。

2）产业研发层面

未来工厂的产品设计模式中,研发人员可以快速搜索零件、组合产品并进行仿真测试;用户本人也可以参与设计自己的个性化产品,并对其进行仿真,相应产生的客户需求也可以直接反映给各个供应商,反馈得到回报价格和交货期信息;订单需求也能够迅速分解给各个供货商,有利于行业整体的协同制造和研发;企业能够根据供应商的生产计划动态调整自身计划,也方便了对产品生产的监督、质量的把控和监控。

3）企业管理层面

未来工厂可以借助强大的互联互通网络,实现内部知识的互联互通和高度有序,更有助于知识技术的集成发展。企业与外部互联互通,可以更好地借助社会化的资源,内外科研人员一同管理。企业内部的人、财、物各种信息都可以上传信息平台,可以做到员工职业生涯的跟踪与规划、设备的最大化效率运用和维修更替,产品发生问题时也能够快速定位生产环节、负责的部门,可视化的数据分析报表助力企业管控全局、发现问题。

3. 智能处理——更深入的智能化

1）知识价值和体系的清晰化

智慧工厂能够将现有的论文、专利等科研成果形成一个有机网络,对当前的知识应当处于体系的什么位置一目了然,便于发现新的研究方向,避免重复研究;同时也有利于融合不同学科的知识,集成创新,自动对科技工作者的成果做出有充分根据的评价。

未来工厂通过建立知识之间的关系和知识与人之间的关系,让企业知识网完成化、有序化;随着使用次数的增多,创新网也会变得更加"聪明",创新中需要的知识可以自主筛选和推送,其中烦琐的重复性工作都可以让创新网络完成。

2）制造和管理网络的智能化

未来工厂能够自动搜索需要的零件来组合产品,借助 AI 技术依据历史案例给出客观的综合成本和报价。生产过程中如果出现问题,未来工厂可以做到事先预警和事后快速响应,以最合适的方法进行应对,使制造过程保持稳定或者适应变化。生产过程中,未来工厂可以做到自主分工和协同,提高制造效率,让优势企业充分发挥自己的特长,充分利用已有的零件和制造能力,降低产品的成本。市场方面,可以智能分析客户情况,提出解决方案;为企业提出改进方向和解决预案;智能分析产品试用、服务情况,帮助用户上手产品。

管理上,智能分析每一位员工的个人情况,提出有利于培养、帮助和发挥员工个人效能的途径。借助计算机强大的数据挖掘和分析能力,未来工厂可以快速进行智能管理决策,让企业的管理更加智能可控。未来工厂的智慧管理网络,可以做到管理信息透明,既提高了员工在企业中的主人公意识,激发了员工的积极性,也帮助员工对企业管理中出现的问题进行快速反应。

8.3.4　未来工厂的应用场景

未来工厂将会涉及产品研发整个流程的方方面面,包括营销、研发设计、经营管理、生产制造、客户服务等,如图 8-23 所示。

1. 未来的营销

未来的营销人员将充分应用客户画像系统来构建不同类型的虚拟客户。对于个体客户,要了解他们的个人基本信息、性格、购买需求、行为模式等;对于企业客户,要了解他们的企业属性、经营规模、需求、竞争对手、采购决策机制等。营销人员还会利用市场预测技术为企业制定发展战略,选择营销时机,从而确定营销方向并制订营销计划。在营销中,应用数字孪生技术、虚拟现实技术将成为常态,在互联网平台上生动地展示产品的三维模型、运行状态、企业生产现场等画面,都将成为常见的手段。营销人员还可利用销售助理、营销 App、营销服务机器人拉近与客户的距离,及时交流,增进与客户的感情,并将上述用户画像、市场

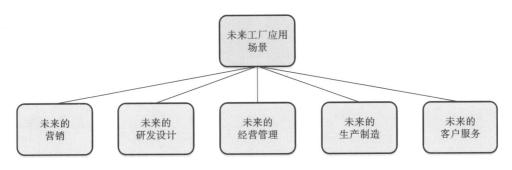

图 8-23　未来工厂的应用场景

预测、市场活动等信息通过客户关系管理系统进行统一管理。

2. 未来的研发设计

未来的研发设计将在设计知识库和工艺知识库的支持下进行,同时以企业产品系列化、模块化、标准化为基础,研发设计人员将所有的原材料、零件、部件、子系统、系统、整机进行几何建模、物理建模、行为建模和规则建模,同时还会创建数字孪生的各类模型并进行仿真,实现迭代优化。在产品加工装配完成后,实际制造数据返回设计数字孪生体,就完成了基于数字孪生的复杂产品设计。这套流程实现了设计与制造的一体化协同,在设计与制造阶段形成紧密的闭环回路。基于数字孪生的设计,极大地缩短了新产品的研发设计周期,在提高创新能力的同时还提高了响应客户个性化定制需求的速度,改善了与客户交互的体验。

3. 未来的经营管理

未来的经营管理由一系列数据模型组成,包括供应链计划模型、成本预算分析模型、财务记账模型、业务流程模型等,根据客户需求快速生成内外供应链计划,通过工业互联网平台与供应商和协作配套厂商的上下游车间共享需求信息,动态监控物流状态,实现对整个供应链需求的动态响应、动态闭环的计划与控制、意外事故的处置。

4. 未来的生产制造

未来的生产车间是一个高度自动化、网络化、智能化的车间,将车间单机、生产线、仓储物流设备等进行数字化建模。同时,虚拟车间逼真的三维可视化效果可使用户产生沉浸感与交互感,有利于激发灵感、提升效率。在高度自动化、智能化的数字孪生车间中,产品加工的效率、质量是由事先设计的工艺流程、加工参数和程序控制的,车间真正的运行维护人员是工艺工程师、软件工程师、人工智能工程师和设备维修技师,而传统的操作工人将大幅度减少,运行维护人员通过人机交互界面参与生产活动,不断地优化各种模型,使其效率和质量得到提高,减少成本,让车间不断适应新的客户需求和环境的变化。

5. 未来的客户服务

未来的客户服务是基于工业互联网的服务模式,在物联网和互联网的支持下,链接众多的设备、设施、客户、服务提供商、供应商。在服务知识库和专家系统的支持下,建立完善的在线服务体系,提供在线、专业、高质量的服务。

参考文献

［1］臧冀原，王柏村，孟柳，等. 智能制造的三个基本范式：从数字化制造、"互联网＋"制造到新一代智能制造［J］. 中国工程科学，2018，20(4)：13-18.

［2］CHRYSSOLOURIS G，MAVRIKIOS D，PAPAKOSTAS N，et al. Digital manuf-acturing：history，perspectives，and outlook［J］. Proceedings of the Institution of Mechanical Engineers，Part B：Journal of Engineering Manufacture，2009，223(5)：451-462.

［3］CAO Y，LI Y，LIN X，et al. Cyber-physical energy and power systems：modeling，analysis and application［M］. Berlin：Springer，2020.

［4］WANG B，ZHANG J，QU X，et al. Research on new-generation intelligent manufacturing based on human-cyber-physical systems［J］. Strategic Study of Chinese Academy of Engineering，2018，20(4)：29-34.

［5］EPHRAIM S. Human-in-the-loop(HITL)：probabilistic modeling of an aerospace mission outcome［M］. Florida：CRC Press LLC，2018.

［6］LI P，LU Y，YAN D，et al. Scientometric mapping of smart building research：towards a framework of human-cyber-physical system (HCPS)［J］. Automation in Construction，2021，129：103776.

［7］何琦琦，张香莹，李黛，等. HCPS 视角下的智慧健康办公［J］. 机械工程学报，2022：1-11.

［8］王志军，刘璐，李占贤. 共融机器人综述及展望［J］. 制造技术与机床，2020(6)：10.

［9］王秋惠，赵瑶瑶. 机器人人机共融技术研究与进展［J］. 机器人技术与应用，2021：16-22.

［10］刘辛军，于靖军，王国彪，等. 机器人研究进展与科学挑战［J］. 中国科学基金，2016，30(5)：7.

［11］张瑞秋，韩威，洪阳慧. 人机共融产品的开发与服务体系研究综述［J］. 包装工程，2016，30(5)：7.

［12］LASOTA P A，FONG T，SHAH J A. A survey of methods for safe human-robot interaction［J］. Foundations and Trends in Robotics，2014(4)：5.

［13］赵磊. 仿人机器人上身运动规划及人机交互研究［D］. 北京：北京工业大学，2015.

［14］SARAC M，KOYAS E，ERDOGAN A，et al. Brain computer interface based robotic rehabilitation with online modification of task speed［J］. IEEE International Conference on Rehabilitation Robotics，2013.

［15］MALIK A A，BREM A. Digital twins for collaborative robots：a case study in human-robot interaction［J］. Robotics and Computer-Integrated Manufacturing，2021，68：102092.

第4篇

智能机器人实践案例

第 9 章
智能机器人实践一之避障小车和擂台机器人

本章以"创意之星"机器人套件为例,介绍避障小车和擂台机器人的搭建及编程,引导同学们掌握机器人原理、机械结构设计、传感器运用、机器人自主识别、自主决策等技术[1],从而让同学们对智能制造的若干核心技术有所认识。本章内容是按照由浅入深、由易到难、由简到繁的顺序进行编排的,首先通过介绍机器人的搭建让同学们熟悉智能机器人的使用,进而引导同学们结合自己的创意进行开放性设计。

9.1 避障小车

对存在未知危险或人类不能到达的地域的探测,我们可以让机器人来完成,在这种场景下自主避障成为机器人必不可少的功能。利用"创意之星"套件搭建一个四轮驱动的避障小车机器人(图 9-1),让机器人完成自主避障,以使同学们学习有关传感器的基本知识和相关原理,进一步感受机器人的智能特点。任务完成后将以计时比赛的形式检验学习成果,参赛团队可自主改装避障小车机器人,包括但不限于调整结构、加装传感器、自主编程。

9.1.1 场地和要求

比赛场地如图 9-2 所示,避障小车机器人在场地内黑色方形跑道绕场一周,赛道上将设置多种不同形态的障碍,可根据障碍物及赛道情况为机器人选择不同的绕场方向,让机器人以最快的速度到达终点。

比赛开始前,参赛队员将机器摆在出发区等待出发,准备好后向裁判举手示意,裁判吹哨后比赛开始。裁判吹哨前,机器人必须处于静止状态,连续三次违规提前运动,取消当场比赛资格。裁判吹哨后,参赛队员启动机器人,且不能再接触机器人,接触一次扣 4 分且机器人需要在出发区重新出发。

机器人在比赛过程中不允许触碰障碍物和围挡,每触碰一次扣 4 分,与同一处障碍物或

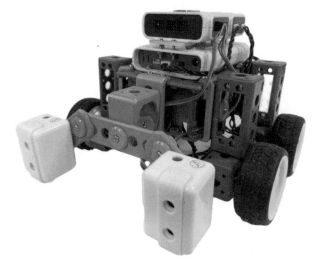

图 9-1 避障小车机器人

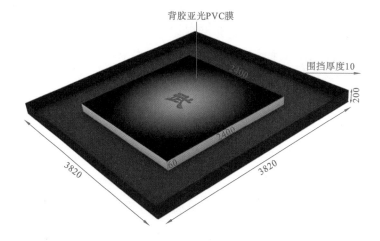

图 9-2 避障小车赛场

围挡多次撞击不重复扣分。比赛过程中可以申请重启机器人,每重启一次扣 4 分,并且机器人需回到出发区重新出发,时间累计。

成绩判定规则如下。

(1) 机器人外观 20 分:评分由其他各组现场打分统计,无负分。

（2）障碍分 60 分：除围挡外共 10 个障碍物，每触碰一次障碍物或围挡扣 4 分，与同一处障碍或围挡多次撞击不重复扣分，无负分。

（3）时间分 20 分：第一名得 20 分，后续每个名次得分依次递减 5 分，无负分。

其他说明如下。

（1）比赛过程中不允许触碰机器人，每触碰一次扣 5 分。

（2）比赛一共两轮，取两轮比赛最好成绩，可自愿放弃第二轮比赛。

（3）分数相同时，障碍分高的组获胜，若障碍分也相同则总用时短的组获胜，其他情况采取加赛分出胜负。

9.1.2　器材

避障小车搭建器材有：电脑一台、多功能调试器一套（含线缆和电源）、螺钉若干，其他如图 9-3 所示[2]。

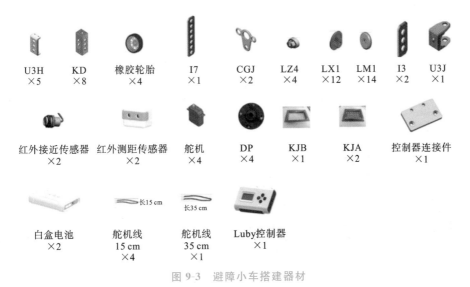

图 9-3　避障小车搭建器材

9.1.3　底盘与车轮搭建

（1）将结构件 KJA、KJB 通过螺钉进行连接，搭建出底盘框架，如图 9-4 所示。

（2）将连接件 LX1 与结构件 KD 相连，在连接件 LX1 中先放入 M3 螺母，方便后续连接，将 CDS5516 数字舵机放入结构件 KD 内，用 M3×8 螺钉进行连接，搭建出舵机框架，如图 9-5 所示。

（3）将结构件 DP 与舵机进行连接，将连接件 LZ4 放在舵盘上，如图 9-6 所示。

（4）将结构件 U3H 与 KD 用连接件 LX1 和 LM1 相连，使用 M3×12 螺钉固定，然后用连接件 LX1 和螺钉将其与装好的舵机相连，最后用 M3×18 螺钉将橡胶轮胎与连接件 LZ4 连接，如图 9-7 所示。

（5）重复上述步骤组装 4 个车轮，注意前后对称、左右对称，如图 9-8 所示。

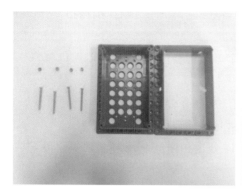

图 9-4　搭建底盘框架

图 9-5　搭建舵机框架　　　　　　　　图 9-6　添加舵机连接件

图 9-7　组装避障小车车轮　　　　　　图 9-8　避障小车 4 个车轮

9.1.4　传感器支架搭建

（1）用连接件 LX1、LM1 和螺钉连接结构件 U3J 与 U3H，再用连接件 LX1、LM1 和螺钉将结构件 I7、I3 与上一步形成的结构件相连，组装成避障小车传感器支架，如图 9-9 所示。

图 9-9　避障小车传感器支架

（2）用螺钉将红外测距传感器固定在结构件 I3 上，如果使用的为红外接近传感器，则先将红外接近传感器与结构件 CGJ 相连，之后再安装在支架上，安装后如图 9-10 所示。

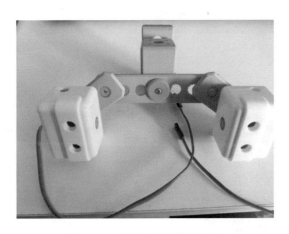

图 9-10　安装红外测距传感器

9.1.5　组装与连线

（1）将搭建好的车轮与底盘进行连接，如图 9-11 所示。

（2）将 2 个控制器连接件通过沉头 M3 螺钉与 Luby 控制器进行固定，一定要注意避免螺钉过长，否则会导致螺钉穿透背板，之后用 M3×10 螺钉将 Luby 控制器与 7.4 V 白盒电池进行固定，如图 9-12 所示。

（3）用螺钉将 Luby 控制器、电池和传感器支架固定在车身上，如图 9-13 所示。

（4）使用三根 15 cm 舵机线将 4 个舵机进行串联，然后用一根 35 cm 舵机线连接舵机和

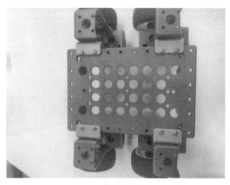

图 9-11　车轮与底盘相连

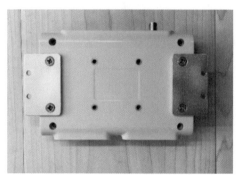

图 9-12　固定 Luby 控制器与电池

图 9-13　组装控制器、传感器与车身

Luby 控制器的舵机总线口,Luby 控制器接口如图 9-14 所示。右侧传感器连线接到 Luby 控制器 ADC0 口,左侧传感器连线接到 Luby 控制器 ADC1 口,注意线上的"▲"要对准 Luby 控制器 ADC 接口处的"▲"。将电池"OUT"口与 Luby 控制器舵机总线口通过一根 15 cm 舵机线相连。接线完成后如图 9-15 所示。

　　CDS5516 数字舵机采用半双工异步串行总线通信方式,即单主机多从机总线结构,控制器是主机,舵机是从机,总线电气连接原理如图 9-16 所示。

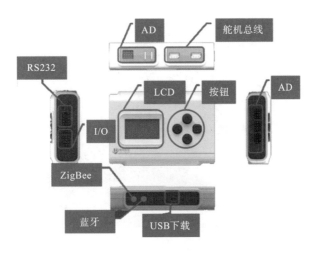

图 9-14　Luby 控制器接口

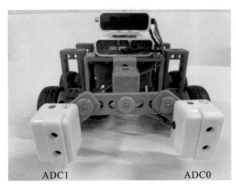

图 9-15　避障小车接线

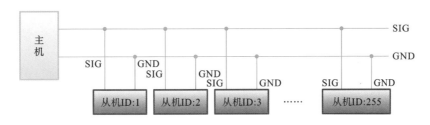

图 9-16　CDS5516 数字舵机通信方式

　　至此,避障小车作为简易机器人的硬件部分已全部组装完成,如图 9-17 所示。该机器人采用红外接近传感器和红外测距传感器作为识别装置,可以把它们比作人的眼睛。底盘部分有 4 组舵机和轮子作为小车的动力输出装置,类似人的手脚。Luby 控制器则用于处理传感器的输入信号并输出信号给舵机,类似人的大脑。

　　在完成以上组装后,我们可以根据实际情况进行结构和传感器的调整,以便更快更好地适应后续的任务。例如用红外接近传感器替换红外测距传感器或在左、右两侧增加红外接近传感器,图 9-18 所示为采用 2 个红外接近传感器和 4 个红外测距传感器的避障小车。

图 9-17　避障小车组装完成

图 9-18　改装传感器的避障小车

9.1.6　软件及驱动安装

软件及驱动安装包可在"创意之星"配套光盘中获取，也可以扫描书封底二维码获取。

1．多功能调试器驱动

多功能调试器驱动安装步骤如下。

图 9-19　多功能调试器

（1）将多功能调试器（图 9-19）接到电脑 USB 接口，弹出"添加新硬件"选项。

（2）选择"从列表或指定位置安装"。

（3）找到多功能调试器驱动安装的路径，点击"下一步"，直到完成，如图 9-20 所示。

（4）在设备管理器里找到该多功能调试器的端口，即用鼠标右击"我的电脑"，选择"属性"→"硬件"→"设备管理器"→"端口"，如图 9-21 所示，当电脑显示

图 9-20　多功能调试器驱动安装

COM3,这就是该 USB 接口连接多功能调试器以后使用的通信端口号(在图 9-22 的软件界面为"通讯端口操作")。

图 9-21　多功能调试器通信端口号

2. 舵机调试软件

Robot Servo Terminal 软件是用于 CDS5516 系列机器人舵机的调试软件,主要用于该系列机器人舵机的功能调试、参数设置以及性能展示。双击"RobotServoTerminal 2.1.10. 330_Setup.exe",根据向导进行安装,安装完成后删除安装目录下的 EnDll.dll 文件,对软件进行汉化,软件图标和界面如图 9-22 所示。

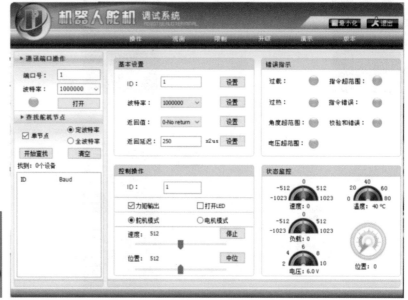

图 9-22 舵机调试软件图标及界面

3. Luby-Crater

Luby-Crater 软件安装过程如图 9-23 所示,具体如下。

(1) 在光盘中找到文件夹"Crater V2.0",用鼠标左键双击文件夹内"Luby_Crater_ Setup.exe",选择简体中文进行安装。

(2) 在安装向导界面点击"下一步",再点击"我接受"。

(3) 选择安装路径,建议安装在 C 盘默认路径即可。

(4) 约 1 分钟后安装完成,默认会安装包括 Crater、ZigBee 监控、舵机监控和 mini 下载器 4 个软件。

Luby-Crater 软件为图形化编程软件,是一个图形化交互式机器人控制程序开发工具。在该软件中,用鼠标拖动类似逻辑框的控件和对控件作简单的属性设置,就可以快捷地编写机器人控制程序。程序编辑完后,可以编译并下载到机器人中运行。Luby-Crater 软件界面如图 9-24 所示。

9.1.7 初步调试

1. 舵机调试

(1) 多功能调试器接口示意图如图 9-25 所示。将右前轮舵机接到多功能调试器对应接口上(图 9-26),用 12 V 外接电源给多功能调试器供电。多功能调试器这时要选择 SERVO

模式:按压左下角的"模式选择"开关,直至 SERVO 指示灯亮起。

图 9-23 Luby-Crater 软件安装过程及图标*

(2) 将多功能调试器 USB 接口接计算机,在计算机的设备管理器里查看其端口号[3],打开舵机调试软件 Robot Servo Terminal,即机器人舵机调试系统,并填写端口号。图 9-27 中计算机接多功能调试器默认端口号为 1,自己安装多功能调试器驱动会随机分配端口号,端口号一般取 1~9。

(3) 波特率选择默认值 1000000,调试单个舵机时需要勾选"单节点"选项,然后点击"开始查找",直到找到舵机,点击停止"Stop",如图 9-28 所示。

---

*:该软件名称在安装和操作两界面不一致,故选择操作界面显示名称"Luby-Crater"于文中统一。

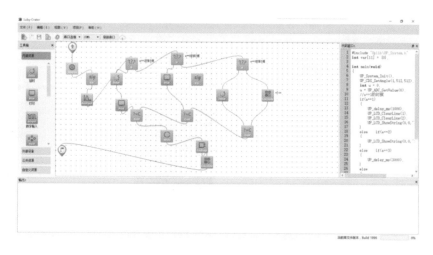

图 9-24　Luby-Crater 软件界面

图 9-25　多功能调试器接口示意图

（4）修改舵机 ID 如图 9-29 所示，首先在下拉框中选中要修改 ID 的舵机，列表里只有一个默认 ID 为 1 的舵机。在"基本设置"窗口"ID"输入框中选中"1"，将其修改为"2"，若直接删除"1"，则软件会报错。更改完成后，点击输入框右边的"设置"按钮，可以看到 ID 号由 1 变成 2，说明修改成功。舵机断电后 ID 会自动保存。

（5）依次修改避障小车四个舵机的 ID 号，左前轮舵机为 ID1，右前轮舵机为 ID2，左后轮舵机为 ID3，右后轮舵机为 ID4，如图 9-30 所示。

（6）全部修改完成后进行验证。将四个舵机串联后接在多功能调试器上。重复（1）、（2）步骤。打开舵机调试软件，此时需要调试多个舵机，故取消勾选"单节点"选项，查找舵机，可找到已设置并连接好的 ID1、ID2、ID3、ID4，如图 9-31 所示。选中 ID1 舵机，在"控制操作"窗口，配置舵机的工作模式为"电机模式"，并试着拖动"速度"滑块，观察对应轮子的旋转速度和方向，按下"停止"按钮后舵机和轮子停止旋转，控制操作如图 9-32 所示。电机模式下舵机可以进行整周旋转，对应速度的设定数值是 −1023～1023，最大速度大约为 1 圈/秒。

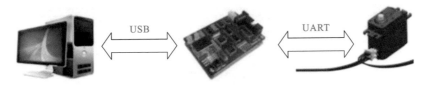

图 9-26　多功能调试器与舵机连接

图 9-27　填写多功能调试器通信端口号

依次验证四个舵机,并注意观察转动方向和速度的对应关系。可以观察到左、右轮前进时电机的速度正负相反,速度值越大,转速越快。验证完成后,在软件中关闭端口,并恢复机器人接线。思考:如何控制四个电机实现小车的前进后退和转弯呢?

2. 传感器调试和标定

现介绍红外接近传感器和红外测距传感器的调试方法,首先了解两种传感器的基本参数。

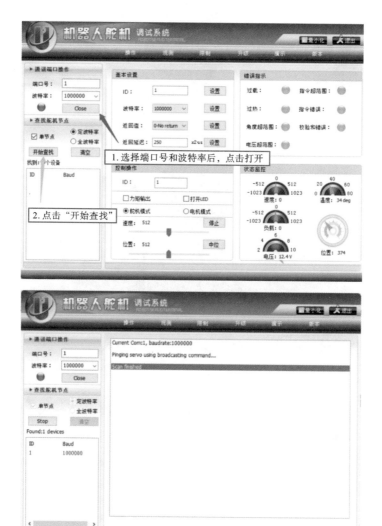

图 9-28　查找舵机

（1）红外接近传感器（图 9-33）。

类型：数字量传感器。

功能：判断有无障碍物。

接口：三针杜邦线。

量程：50 cm。

线序：杜邦线母头带三角一侧为 GND（连接时对应控制器输出接口的三角标志），后依次为 VCC（电源输入）、SIG（数字量信号输出脚）。

使用方法：无障碍物时，传感器自带灯不亮，输出引脚为高电平（5 V），检测到障碍物时，传感器自带灯点亮，输出低电平，传感器检测范围可以通过旋转传感器上的电位器调节。

（2）红外测距传感器（图 9-34）。

类型：模拟量传感器。

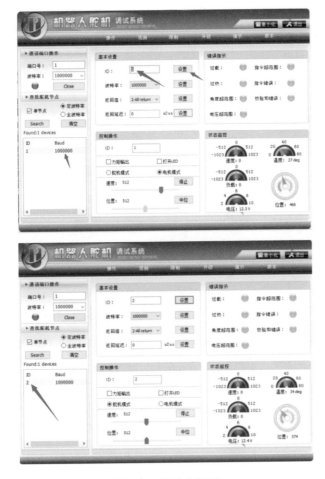

图 9-29　修改舵机 ID

图 9-30　避障小车四个舵机 ID 号

图 9-31 同时查找四个舵机

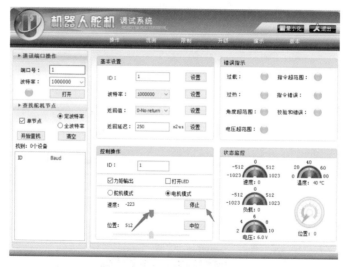

图 9-32 电机模式下控制操作

图 9-33 红外接近传感器

图 9-34 红外测距传感器

功能:获取光照强度。

接口:三针杜邦线。

量程:3～40 cm。

线序:杜邦线母头带三角一侧为 GND,后依次为 VCC、SIG。

使用方法:物体距离传感器越近,读取的数值越大;物体距离传感器越远,读取的数值越小。

　　通过五针杜邦线将 Luby 控制器 RS232 接口区域的 upload 接口与多功能调试器的 RS232 接口相连,杜邦线上的"▲"与 upload 接口上"▲"对应,多功能调试器选择 RS232 模式,多功能调试器 USB 接口与电脑相连,打开电池开关给控制器供电,红外测距传感器已接至 ADC0、ADC1,将红外接近传感器接在 ADC2 口。右键点击 Luby-Crater 软件,点击"以管理员方式运行"打开软件,在菜单栏上选择"项目"→"Luby 常规监控器",弹出"Luby 监控器",在"端口"栏选择正确的端口号,并点击"连接",连接成功后"连接"变为"已连接",可在 AD/IO 显示区域观察到传感器的返回值变化。传感器调试界面如图 9-35 所示。

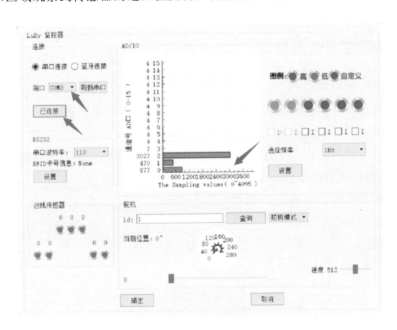

图 9-35　传感器调试

　　用手遮挡红外接近传感器,观察 AD2 的返回值变化情况,并观察红外接近传感器尾部指示灯情况。尝试前后移动手掌,直至 AD2 的返回值变为高电平,指示灯灭,记录手掌和传感器间的距离,将手掌换为白纸和黑纸,重复操作并记录。红外接近传感器的尾部有一个电位器的调整旋钮,调整它可以改变检测距离,试着观察并记录该传感器的检测量程。

　　当红外接近传感器安装位置确定后,将机器人放置于比赛场地的不同位置,调节传感器末端的灵敏度调节旋钮,使其能够判断场地中障碍物,即检测到障碍物时返回"0",没有检测到障碍物时返回"1"。

在距离两个红外测距传感器约 10 cm 处分别用白纸和黑纸进行遮挡,观察 ADC0 和 ADC1 的返回值大小,观察不同光线环境下和障碍物不同灰度情况时红外测距传感器的返回值变化。

将避障小车置于场地中,模拟小车遇到障碍物的情况,并记录此时传感器的返回值,多次标定取平均值。需要模拟左侧有障碍物、右侧有障碍物、前方有障碍物三种场景进行标定。

红外测距传感器利用红外信号与障碍物的距离不同导致反射的强度也不同这一原理,进行障碍物远近的检测。红外测距传感器具有一对红外信号发射与接收二极管,发射管发射特定频率的红外信号,接收管接收这种频率的红外信号,当红外信号在检测方向遇到障碍物时,红外信号会被反射回来并被接收管接收,经过处理之后,通过数字传感器接口返回到机器人主机,机器人即可利用红外返回信号来识别周围环境的变化。红外测距传感器是一种模拟量传感器,测量距离不同时,返回的电压也不同,对应的量化值也不同。将红外测距传感器置于赛道,模拟小车遇到障碍物的情况,多次标定并记录左、右传感器的返回值,该返回值用于后续程序判断阈值。

9.1.8 示例程序分析及烧写

1. 规则分析和解决方案

以仅安装两个红外接近传感器的避障小车为例,传感器作为识别装置,四个舵机轮子作为动力输出装置。

避障小车在运动的过程中一直要确保自身位置在赛道中央,如果左侧检测到物体就后退右转,如果右侧检测到物体就后退左转,如果没有检测到物体就保持前进,直至到达终点。避障小车避障程序流程图如图 9-36 所示。

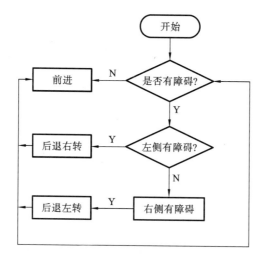

图 9-36　避障小车避障程序流程图

2. 图形化编程

Luby-Crater 是 Luby 控制器配套的图形化编程软件,软件界面大致分为菜单栏、工具栏、工具箱、绘图区、代码区、输出窗口等几个主要部分,如图 9-37 所示,使用方法是拖动连接相应模块来实现程序的编写。

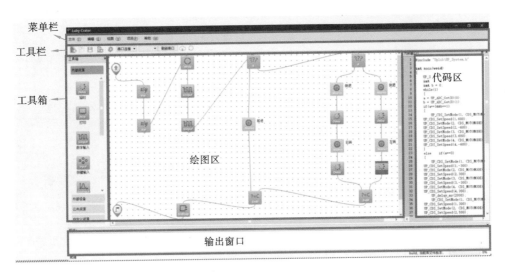

图 9-37　Luby-Crater 软件界面

程序流程图编写操作如下。

(1) 创建工程。

打开"Luby-Crater"软件,在软件图标上用鼠标右键单击,选择"以管理员身份运行"。单击选择菜单栏"文件"→"新建项目",在"项目名称"处填写"my robot",点击"确定"。可以在存档路径中看到新建的工程"my robot"文件夹内有两个文件"my robot.c"和"my robot.ncrater"。

(2) 添加变量。

需要添加两个变量来存储传感器获得的返回值,在左侧工具箱中的"公共资源"内选中"变量"模块,拖入右侧绘图区。双击"var"模块进入变量设置界面。由于红外接近传感器是数字量传感器,拖入两个"数字输入",参考图 9-38 进行设置。

(3) 电机控制。

电机是避障小车的动力输出装置,控制电机的速度即可实现机器人的前进、后退和转弯。从工具箱拖动"舵机"模块至绘图区,参考图 9-39 设置舵机属性。

(4) 程序逻辑设计。

在获取了传感器的返回值后,开始设计程序的逻辑框架,此时用到的传感器为调试标定好的红外接近传感器。

情况 1:前方无障碍物,小车前进,此时左、右两个传感器均未检测到障碍物,返回值均为高电平,"a==1,b==1"。

图 9-38　添加变量

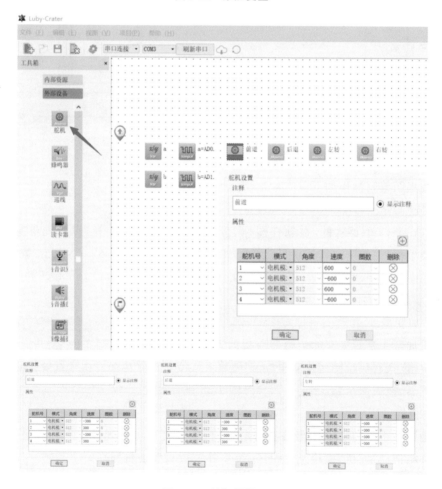

图 9-39　舵机属性设置

情况 2：左前方有障碍物，小车右转，此时左侧传感器返回低电平，右侧传感器返回高电平，"a＝＝0,b＝＝1"。

情况 3：右前方有障碍物，小车左转，此时"a＝＝1,b＝＝0"。

情况 4:由于赛道是环绕式,默认小车沿顺时针方向前进,前方遇赛道转弯处,需要右转,此时两个传感器均检测到前方障碍物,"a==0,b==0。"

从工具箱中选中"条件判断"模块拖入绘图区,出现 if 和 end 配套模块,if 模块对应 C/C++语言中的 if,属性框中可以输入多个不同的条件,选择"&&"(与)或者"||"(或)来组合条件。满足条件执行左侧指令,否则执行右侧指令,指令完成则可将线连至 if-end 模块,该条件判断结束。多个 if 模块可嵌套使用。选中 if 模块,下方出现红色小方框,该小方框是模块的引脚,可以直接进行连线。结合以上逻辑分析,可参考图 9-40 和图 9-41 进行条件设置和连线。

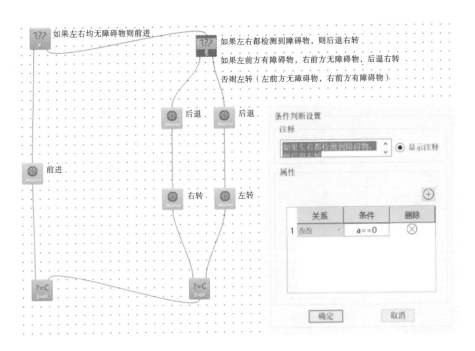

图 9-40　第一个 if 模块设置

(5)添加延时。

舵机连续收到指令可能导致数据总线拥堵,需要添加延时指令。通常在两次指令间添加"延时"模块,在工具箱中找到"延时"模块拖入绘图区,其设置及连线如图 9-42 所示。

(6)完整程序流程图。

传感器的返回值需要实时获取,舵机执行指令需要实时发送,那么程序需要加入循环。在工具箱中找到"条件循环"模块拖入绘图区。当条件为真时执行循环内部指令,当条件为假时,循环终止。为了让循环不中断,条件中填入真值"1"即可。完成循环模块设置及连线后最终的完整程序流程图如图 9-43 所示。

3. 程序编译与载入

程序流程图设置完成后,点击"编译"按钮进行编译(图 9-44),编译完成后工程目录下生成"my robot. bin"文件,代码窗口生成相应的 C 语言代码,程序源代码可通过扫描书封底二

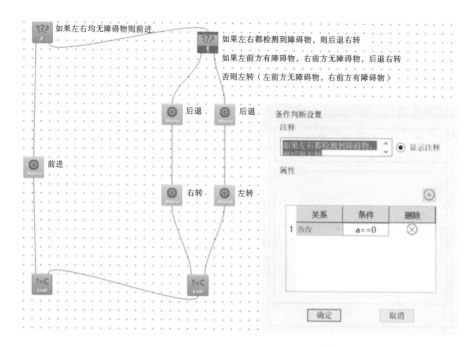

图 9-41　第二个 if 模块设置及连线

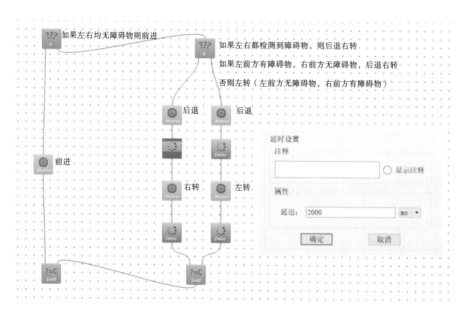

图 9-42　延时模块设置及连线

维码获取。

　　此时我们可以通过 Luby 控制器 U 盘模式进行程序下载,也可以使用多功能调试器进行程序在线下载。

　　通过 Luby 控制器 U 盘模式进行下载的方法是:启动 Luby 控制器,在进度条消失之前,按住"Back"键(右键)进入程序选择模式,再按一次"Back"键,即进入 U 盘拷贝模式,此时控

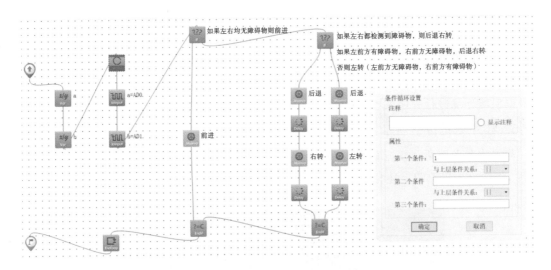

图 9-43　完整程序流程图

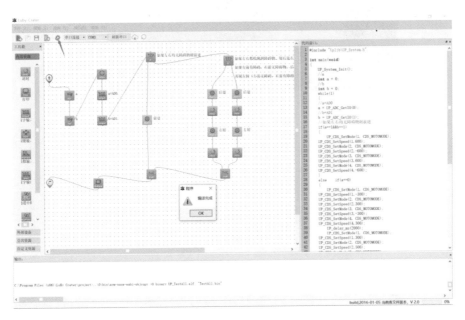

图 9-44　编译

制器的 LCD 上显示"USB Connected"字样,插入 USB 线缆,则在 PC 上会显示一个 1 M 大小的 U 盘,将 bin 文件拷贝到 U 盘的根目录下即完成了下载。所有 bin 文件必须放在 U 盘的根目录下,并且为了减少控制器的扫描时间,请不要在 U 盘里放置其他的文件。

使用多功能调试器进行程序下载的方法是:参考传感器调试部分进行接线,多功能调试器选择 RS232 模式,打开电池电源给 Luby 控制器供电,在"Luby-Crater"工具栏选择正确的 COM 口并点击右侧下载,直至控制器进度条消失且多功能调试器红灯停止闪烁,表示下载完成。

4. 赛场调试

将避障小车放入赛道中,启动 Luby 控制器,在进度条消失之前,按住"Back"键(右键)进入程序选择模式,按上下键选择"my robot. bin"文件,按"确认"键跳转到该程序。此时避障小车可按程序进行自主避障运行。若赛场环境光线有变化,或延时不足以完成转弯,则需要根据现场环境进行程序调整。

5. 红外测距传感器示例程序

若传感器采用两个模拟量红外测距传感器,默认小车在赛道上沿逆时针方向行进(图9-45),程序分析思路与上述相似。

图 9-45 红外测距传感器避障小车

红外测距传感器避障小车程序流程图如图 9-46 所示,阈值及其他参数需要根据传感器调试标定情况和赛场环境进行调整。程序源代码可通过扫描书封底二维码获取。

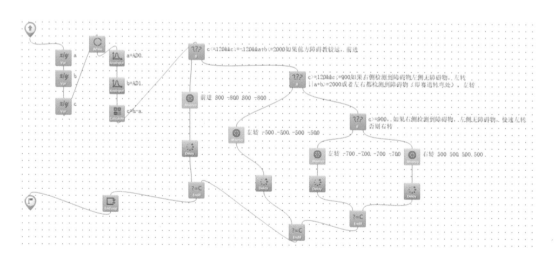

图 9-46 红外测距传感器避障小车程序流程图

9.1.9　思考题

（1）小车前进时，四个舵机 ID1、ID2、ID3、ID4 的速度是正还是负？后退时呢？小车左转时四个舵机的速度值和符号有什么要求？右转时呢？

（2）红外接近传感器的返回值范围是多少？红外测距传感器的返回值是多少呢？红外接近传感器的检测范围是多少？请绘制红外测距传感器"返回值"和"障碍物与传感器间距离"的关系曲线图。当障碍物距离传感器约 10 cm、15 cm、20 cm 时，传感器的返回值分别是多少？

（3）图 9-43 和图 9-46 中的两段示例程序均为机器人开启则前进，能否进行调整实现机器人触发启动呢？

9.2　擂台机器人

轮式自主格斗是一种对抗性的机器人竞赛，类似人类的擂台赛，即两个自制的机器人在一个正方形的擂台上，找到对手并利用规则允许的执行器互相攻击，达到击倒对手或将对手打下擂台的目的。该项目不仅是机器人速度和力量的对抗，更需要参赛选手掌握机器人原理和机械结构设计、传感器技术运用、机器人自主识别、自主决策等技术，是一项非常有趣且富有挑战性的任务。擂台机器人如图 9-47 所示。

图 9-47　擂台机器人

9.2.1 场地和要求

擂台机器人需要自主登上 6 cm 高的比赛场地,寻找到对手并将对手推下擂台(图 9-48),在此过程中,如机器人掉下或被推下擂台,机器人能够检测到自身情况,迅速进行校准并登上擂台继续比赛。

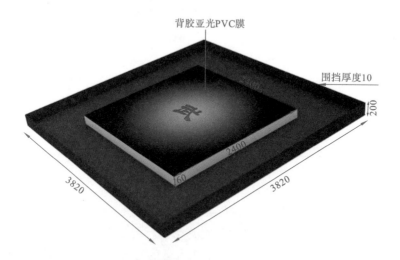

图 9-48　擂台

机器人擂台赛具体要求:

(1) 以普通轮式运动作为机器人的运动方式;

(2) 能够检测到机器人是在擂台上还是在擂台下;

(3) 当机器人在擂台下时,机器人能够自主登台;

(4) 传感器能够发现对手并对对手进行定位。

9.2.2 器材和工具

3 mm 钻头,18 mm 钻头或扩孔器,十字螺丝刀,小一字螺丝刀,剪线钳,尖嘴钳,斜口钳,扎带若干,电脑一台,"创意之星"高级版/标准版一套,武术擂台组件包开环/闭环一套,倾角传感器一个。图 9-49 所示为需要用到的"创意之星"零件示意图。

武术擂台开环一套包含:BDMC1203 驱动器 2 个、14.8 开环电池组 1 个、16.8 开环充电器 1 个、2324 开环电机 4 个及其他配套附件。

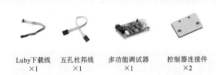

图 9-49　"创意之星"高级版套件

9.2.3　机器人搭建

（1）底盘是机器人运动的核心运动组件，由底板 DB、电机、轮子等构成。电机 L 支架安装方式如图 9-50 所示。

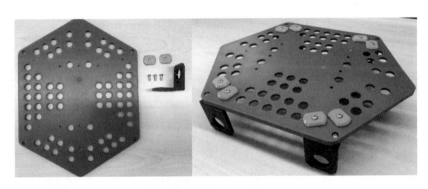

图 9-50　电机 L 支架的安装

（2）将电机、轴套、轮子固定。将电机放入 L 支架中，用三个端螺钉固定，再放入六方轴套，并用螺钉固定，最后安装轮子，如图 9-51 所示。

（3）在底板适当位置打所需数量的 3 mm 孔安装驱动器，安装效果如图 9-52 所示。

（4）在底盘前、后两个位置打孔，方便后续在底部安装红外接近传感器支架。将两个结构件 KD 安装到机器底盘两边的中心位置，如图 9-53(a)所示，注意结构件 KD 下方两个连接件 LX1 要垂直于车身摆放，如图 9-53(b)所示。其上方两个连接件 LM2 也要垂直于车身

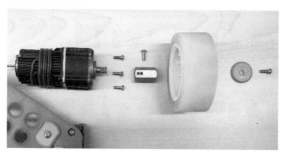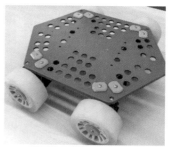

图 9-51　电机和轮子的安装

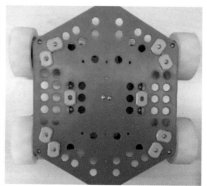

图 9-52　驱动器安装效果图

固定。再将另外一个结构件 KD 用连接件 LX1L 安装到其下部,如图 9-53(c)所示。上面的结构件用于搭建其他传感器,下面的结构件直接放入红外接近传感器。

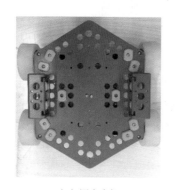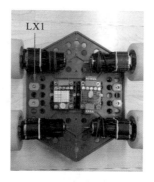

（a）固定支架　　　　　　　　　（b）支架安装孔　　　　　　　　　（c）固定底部支架

图 9-53　安装传感器支架

　　（5）在两个结构件 L2-1 上打两个红外安装孔,孔径为 18 mm,打孔位置在两个结构件上孔的同一侧边缘,如图 9-54(a)所示。然后将其安装到底盘下侧,如图 9-54(b)所示。在底部前后左右四个方向安装红外接近传感器,如图 9-54(c)所示。

（a）打孔　　　　　　　　　　（b）安装　　　　　　　（c）安装红外接近传感器

图 9-54　安装底部红外接近传感器

（6）将舵机安装到结构件 KD 中（图 9-55（a）），安装前在其下部的中间孔位放入一个连接件 LX1 和螺母，安装完成如图 9-55（b）所示。再将安装好的结构件固定到底盘上，安装时，舵机需要向内倾斜一点，如图 9-55（c）所示。为保护舵机和红外接近传感器，在底盘底部安装结构件 KD，如图 9-55（d）所示，将结构件 KD 固定到已在舵机支架 KD 内部的连接件上，然后用自攻螺钉将结构件 KD 固定在底盘底部。继续搭建其他三个支撑结构，完成效果

（a）舵机安装　　　　　　　（b）舵机安装效果　　　　　　（c）安装到底盘上

（d）固定位置　　　　　　　　（e）底部效果　　　　　　　（f）上部效果

图 9-55　舵机支撑的搭建

如图 9-55(e)和(f)所示。安装时注意要对称安装。此结构为机器人上台的前后支撑结构，务必要拧紧螺钉，固定牢固。

（7）将 14.8 V 电源放到机器的中心位置，然后用电钻在图 9-56(a)所示圈出的四个位置打孔，固定动力电池，如图 9-56(b)所示。再将控制器连接件（图 9-56(c)）安装到电池上，最后将控制器固定到电池组上，如图 9-56(d)所示。

（a）打孔位置

（b）安装7.4 V电池

（c）控制器安装连接件

（d）固定控制单元

图 9-56　安装电池和控制器

（8）在四个结构件 L1-1 上打孔，孔径为 18 mm，打孔示意图如图 9-57(a)所示，后续安装红外光电传感器（即红外接近传感器），将结构件 I5 安装到底盘结构上，再用一个结构件 L1-1 调节红外接近传感器方向，如图 9-57(b)所示，然后安装其他三个红外接近传感器支架，完成效果如图 9-57(c)所示。

（9）在车身上方的前后左右四个方向安装红外测距传感器支架，前后安装结构件 L3-1 如图 9-58(a)所示。左右两侧安装结构件 L2-1 如图 9-58(b)所示。然后用扎带将四个红外测距传感器固定到四个方位上，如图 9-58(c)、(d)所示。

（10）将结构件 KD 和 L5-1 组到一起，如图 9-59(a)所示。将舵机装入舵盘（图 9-59(b)），连接上多功能调试器，再将舵机调到中位，水平安装搭建好的支撑结构，注意一定要调节到中位后再水平安装支撑结构，因为其涉及舵机转动角度的问题，所以此步骤很关键，装入支撑如图 9-59(c)所示。搭建其他三个支撑结构，效果如图 9-59(d)所示。

（11）在顶部四个传感器支架上安装红外接近传感器，这四个红外接近传感器能够防止

（a）打孔示意　　　　　　（b）右前方红外接近传感器支架　　　　　（c）支架效果图

图 9-57　传感器支架安装

（a）前后支架　　　　　　　　　　　　　　　　（b）左右支架

 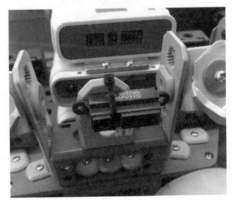

（c）前后红外测距传感器固定　　　　　　　　　（d）左右红外测距传感器固定

图 9-58　装入红外测距传感器

机器人掉下擂台,如图 9-60(a)所示。在机器人车身前面的结构件 KD 上安装倾角传感器(图 9-60(b)),箭头朝机器人车身的左侧或者右侧,倾角传感器可检测机器人登上擂台失败而卡在擂台上的情况。至此,机器人的搭建已经完成。

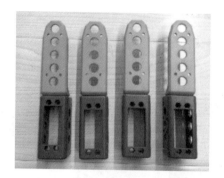

（a）支撑组件

（b）将舵机装入舵盘

（c）装入支撑

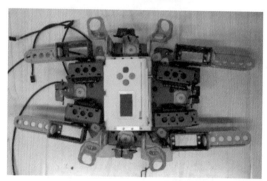

（d）整体效果

图 9-59　装入上台结构

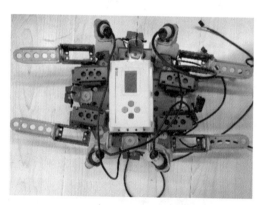

（a）装入红外接近传感器

（b）安装倾角传感器

图 9-60　安装红外接近传感器和倾角传感器

9.2.4　调试与接线

1. 驱动器及舵机

BDMC1203 驱动器采取半双工异步串行总线通信方式,如图 9-61 所示,即单主机多从机总线结构,控制器是主机,CDS5516 舵机或者 BDMC1203 驱动器是从机,总线电气连接原理如图 9-16 所示。

左侧接线端子 L1～L5

编号	文字	定义
L1	+12 V	电源正
L2	PGND	电源负
L3	EGND	机壳地
L4	MOTO+	电机绕组正
L5	MOTO−	电机绕组负

右侧接线端子 R1～R4

编号	文字	定义
R1	SGND	信号地
R2	SIG	信号
R3	SGND	信号地
R4	SIG	信号

图 9-61　BDMC1203 驱动器

　　BDMC1203 右边接口的 R1 和 R3、R2 和 R4 电气定义是一样的,用于多个 BDMC1203 串接。BDMC1203 驱动器与 CDS5516 舵机的通信协议相同。BDMC1203 和控制器的接线如图 9-62 所示。

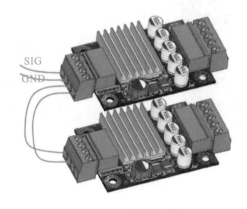

图 9-62　驱动器串联图

　　电机、电源(14.8 V)和 BDMC1203 驱动器的连接如图 9-63 所示。

14.8 V 电源给驱动器供电,将机器人底部左侧两个电机接在左侧驱动器上,右侧两个

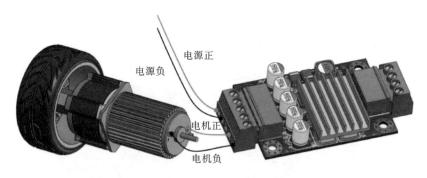

图 9-63　电机、电源与驱动器连接

电机接在右侧驱动器上,两个驱动器串联后接在 7.4 V 电池舵机总线上,再将 7.4 V 电池通过舵机总线与 Luby 控制器相连。

设置好舵机 ID 号是机器人准确运动的前提。按照 9.1.7 节的方法和以下的对应关系逐一设置好两个驱动器和六个舵机的 ID 号(图 9-64)。ID3 和 ID4 留空,以便于后续的升级工作。设置完成后,逐个将舵机连在一起,并接入控制器。舵机 ID 号的对应关系如下。

ID1:左侧驱动器;

ID2:右侧驱动器;

ID5:左前支撑舵机;

ID6:右前支撑舵机;

ID7:左后支撑舵机;

ID8:右后支撑舵机。

图 9-64　驱动器及舵机的 ID 设置

2. 传感器

按照以下的对应关系,逐个将传感器接到相应的控制器接口上,传感器接线示意图如图 9-65 所示。注意,传感器杜邦头上带有三角标的是 GND(不一定黑线是 GND)。线接好后用扎带固定。

　　AD1：底部前方红外接近传感器；

　　AD2：底部右侧红外接近传感器；

　　AD3：底部后方红外接近传感器；

　　AD4：底部左侧红外接近传感器；

　　AD5：前红外测距传感器；

　　AD6：右红外测距传感器；

　　AD7：后红外测距传感器；

　　AD8：左红外测距传感器；

　　AD9：左前防掉台红外接近传感器；

　　AD10：右前防掉台红外接近传感器；

　　AD11：右后防掉台红外接近传感器；

　　AD12：左后防掉台红外接近传感器；

　　AD15：倾角传感器。

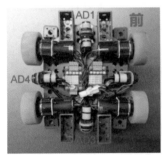

图 9-65　传感器接线示意图

　　AD1～AD8 调试原则：当机器人在台下，且前方正对擂台时，AD1 检测到擂台，AD7 检测到擂台围挡，AD5 未检测到信号，若 AD5 检测到信号则说明擂台上有对手机器人。其他 3 个方向原理相同。当机器人在台下一个角落时，至少有两个相邻的红外测距传感器检测到信号；当机器人在擂台边沿时，正对围挡的红外光电传感器检测不到围挡。

　　调整时，先打开控制器读取 AD 值的程序，让控制器显示 16 个 AD 值。将机器人置于擂台下且前方紧靠擂台，如图 9-66(a)所示，调整底部后方的红外接近传感器直到其检测到围挡信号，同时记下后方红外测距传感器此时的 AD 值并做好记录。然后右侧正对擂台，调整左侧的红外接近传感器并记录此时红外测距传感器的 AD 值。依次校正好后、左、前、右四组传感器，然后将相应的数据填写到程序对应 AD5～AD8 的阈值。

　　为保证机器人在擂台上时不会误以为自己在擂台下，将调整完毕后的机器人放到擂台边缘，如图 9-66(b)所示，确保此时正对两侧围挡的红外接近传感器没有检测到信号，以及此时正对两侧围挡的红外测距传感器的 AD 值比刚刚记录的 AD 值小。若此时的 AD 值比刚刚记录的 AD 值大或者两个值相差不多，则需要将 AD5～AD8 的阈值增大。

（a）擂台下调试位置　　　　　　　　　　　　　　（b）擂台上调试位置

图 9-66　传感器调试示意图

防掉台传感器 AD9～AD12 的调整原则：将机器人完全放在擂台上，四个红外传感器都能检测到信号；将机器人移动到擂台边缘时，相关传感器没有检测到信号。

倾角传感器是一种模拟量传感器，其使用的是三针杜邦线接口，面对传感器正面（白色外壳面），接口在右侧，从下至上依次为 GND、5 V、模拟输出脚。当沿箭头方向倾角发生变化时，模拟量输出电压值也不同。使用倾角传感器是为了检测如图 9-67 所示的状态，因为机器人存在登上擂台失败以及被对手推到图示位置的可能，而且，一旦处于这个状态，如果机器人不具有合适的结构进行自身状态检测，机器人将失去运动能力。所以，能够检测这种状态并适当地做出调整是很关键的。

图 9-67　倾角传感器检测状态

9.2.5　示例程序分析

程序开始后，先等待开始信号，当收到开始信号后机器人开始登台，之后在保证不掉台的前提下，在擂台上检测其他机器人，并进行攻击，当机器人掉下擂台后，机器人迅速检测自身状态，然后对准擂台并再次进行登台动作。程序源码可通过扫描书封底二维码获取。

1. 程序函数

zhong()：此函数为上台默认动作，即四个支撑全部朝正上方。

qding()：此函数为收前爪动作，即前方两个支撑运动到底部最低处。

hding()：此函数为收后爪动作，即后方两个支撑运动到底部最低处。

chanzi()：此函数为前支撑降到与地齐平，充当铲子。

hding()：此函数为收后爪动作，即后方两个支撑运动到底部最低处。

move(x,x)：此函数为运动函数，通过对括号内两个量赋值实现前进、后退、转弯等动作。

qianshangtai()：此函数为前方上台程序，调用此函数，机器人将正面上台。

houshangtai()：此函数为后方上台程序，调用此函数，机器人将后面上台。

Stage()：此函数用来检测机器人是否在擂台上，若在擂台上，返回"1"，若不在则返回"0"。

Fence()：此函数为检测自身状态函数，在擂台下时调用此函数。

Edge()：此函数用来检测机器人是否到擂台边缘以及机器人朝什么方位到达擂台边缘。

Enemy()：此函数用来检测敌人和小擂台。

程序返回值与对应状态关系如下：

```
unsigned char Stage()    //检测自身状态,屏幕显示坐标(0,0)
    return 0;            //在台下
    return 1;            //在台上
    return 3;            //卡在擂台左侧,在地面,右侧对擂台
    return 4;            //卡在擂台右侧,在地面,左侧对擂台

unsigned char Fence()    //在台下检测朝向,屏幕显示坐标(1,1)
    return 1;            //在台下,后方对擂台
    return 2;            //在台下,左侧对擂台
    return 3;            //在台下,前方对擂台
    return 4;            //在台下,右侧对擂台
    return 5;            //在台下,前左检测到围挡
    return 6;            //在台下,前右检测到围挡
    return 7;            //在台下,后右检测到围挡
    return 8;            //在台下,后左检测到围挡
    return 9;            //在台下,前方或后方台上有对手
    return 10;           //在台下,左侧或右侧台上有对手
    return 11;           //在台下,前方、左侧和右侧检测到围挡
    return 12;           //在台下,前方、右侧和后方检测到围挡
    return 13;           //在台下,前方、左侧和后方检测到围挡
    return 14;           //在台下,前方和右侧对擂台,其他传感器没检测到对手
    return 15;           //在台下,前方和左侧对擂台,其他传感器没检测到对手
    return 101;          //错误
```

243

```
unsigned char Edge()      //检测边缘,屏幕显示坐标(2,2)
    return 0;             //没有检测到边缘
    return 1;             //左前检测到边缘
    return 2;             //右前检测到边缘
    return 3;             //右后检测到边缘
    return 4;             //左后检测到边缘
    return 5;             //前方两个传感器检测到边缘
    return 11;            //前后搁浅前在台下
    return 6;             //后方两个传感器检测到边缘
    return 7;             //左侧两个传感器检测到边缘
    return 8;             //右侧两个传感器检测到边缘
    return 102;           //错误

unsigned char Enemy()     //检测对手,屏幕显示坐标(3,3)
    return 0;             //无对手
    return 11;            //前方是箱子
    return 1;             //前方有棋子
    return 2;             //右侧有对手或棋子
    return 3;             //后方有对手或棋子
    return 4;             //左侧有对手或棋子
    return 103;           //错误
```

2. 程序逻辑分析

整个程序的逻辑是先调用 Stage()函数来检测机器人在擂台上还是在擂台下,若返回"1"则说明在擂台上,若返回"0"则说明在擂台下。若在擂台上,则调用 Edge()函数检测边缘并保证机器人在擂台上。若在擂台下即 Stage()返回"0",则调用 Fence()函数,检测并调整机器人的朝向,然后进行登台动作。若此时 Fence()函数返回"1"则代表机器人在台下且后方对擂台边缘,此时调用函数 houshangtai()机器执行倒退登台动作;若返回"2"则代表机器人在擂台下且左侧对擂台,机器人执行左转程序直到机器人前方红外光电传感器检测到东西,并且右侧红外测距传感器没有检测到信号,然后退出 Fence()函数。之后程序将会继续跳进到 Fence()函数,然后返回前方对擂台情况,也就是返回"3"。之后机器人执行前方登擂台动作。

3. 程序调试与载入

由于示例程序较复杂,建议直接用软件"Keil uVision5"进行调试和修改。也可以参考 9.1.8 节将示例程序 bin 文件通过 U 盘拷贝至 Luby 控制器,机器人即可执行示例程序进行擂台赛,具体程序流程图如图 9-68 所示。

同学们可以扫描书封底的二维码,下载本章所涉及的软件安装包和程序源代码进行学习。

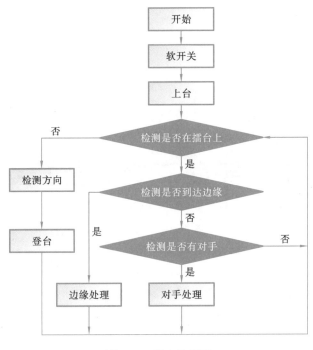

图 9-68　程序流程图

参考文献

[1] 李卫国，张文增，梁建宏，等. 创意之星:模块化机器人设计与竞赛[M]. 北京：北京航空航天大学出版社，2016.

[2] 器材"创意之星"为北京博创尚和科技有限公司生产的模块化机器人套[EB/OL].
[2024-03-01]. http://www.uptech-robot.com/.

[3] 李卫国，陈巍，梁建宏，等. 自己动手做智能机器人[M]. 北京：人民邮电出版社，2016.

本章以"VEX V5"机器人系统套装为实验器材,通过智能搬运机器人的搭建及图形化编程,带领初学者学习简单轮式机器人的搭建及机械臂的应用。结构搭建和图形化编程有助于初学者了解机器人技术的模式和结构,获得更广泛的计算机思维技能,以及更普遍的编程和解决问题的方法。

10.1 "VEX V5"机器人套件简介

V5 是 VEX 机器人套件的第五个版本,图 10-1 所示为"VEX V5"教学超级套件(官方全英文标注),包含主控器、遥控器、电机、视觉传感器等主要电子件,轴、齿轮、万向轮等传动件,螺钉、螺母、槽钢等结构件。"VEX V5"还提供了图形化和 C++、Python 等多种编程模式,不仅易于初学者入门,同时也适合有编程基础的同学[1]。

在全球的 70 多个国家中,100 多万名学生正在使用 VEX 机器人套件进行学习和参加竞赛。VEX 机器人世界锦标赛多次被吉尼斯世界纪录认证为全球规模最大的机器人赛事。在中国,VEX 机器人赛项也被纳入中国高校智能机器人创意大赛、世界机器人大赛、全国青少年科技教育成果展示大赛、中国青少年机器人竞赛等教育部认可的白名单赛事。

VEX 机器人大赛,即 VEX 机器人世界锦标赛,面向小学生、中学生以及大学生,要求参加比赛的代表队自行设计、制作机器人并进行编程。参赛的机器人既能使用自动程序控制,又能通过遥控器控制,并可以在特定的竞赛场地上按照一定的规则要求进行比赛活动。图 10-2 所示为曾参加比赛的机器人原型机。

10.2 智能搬运机器人搭建

智能搬运机器人通过轮式结构移动,利用机械臂实现货物的抓取,能自动到达货物所在

图 10-1　"VEX V5"教学超级套装

的位置,并用机械臂抓取货物,然后将货物运送至指定位置。智能搬运机器人如图 10-3 所示,该机器人能帮助人类完成单一、重复的劳动。

10.2.1　器材

智能搬运机器人搭建所需器材有电脑一台、易拉罐(货物)一个、其他设备,如图 10-4 所示。

10.2.2　底盘搭建

智能搬运机器人底盘由金属框架和四个轮子组成,其中前轮为主动轮,后轮为从动轮,两个前轮由两个电机分别驱动控制,智能搬运机器人可实现前进、后退和转弯的平面自由移动。其具体搭建步骤如下。

图 10-2　VEX V5 竞赛原型机

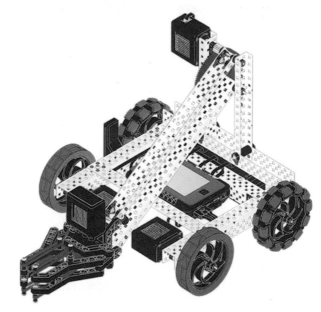

图 10-3　智能搬运机器人

3x - 2 in Shaft

2x - 3 in Shaft

1x - 3.5 in Shaft

3x - 4 in Shaft

5x - Bearing Flat

15x - 1 Post Hex Nut Retainer w/ Bearing Flat

7x - 4 Post Hex Nut Retainer

5x - 1 Post Hex Nut Retainer

30x - 8-32 x 0.375 in Screw

4x - 8-32 x 0.5 in Locking Screw

2x - 8-32 x 1 in Screw

6x - 8-32 x 1.5 in Locking Screw

8x - 0.125 in Spacer

4x - 0.375 in Spacer

3 - 0.5 in Spacer

2x - 0.875 in Spacer

3x - 300mm V5 Smart Cable

1x - 600mm V5 Smart Cable

1x - 900mm V5 Smart Cable

2x - Rubber Bands

1x - Claw Assembly

10x - High Strength Shaft Insert

4x - 0x2 Connector Pin

30x - 8-32 Nut

21x - Rubber Shaft Collar

4x - V5 Smart Motor

1x - V5 Battery Cable

1x - V5 Robot Brain

1x - V5 Radio

2x - V5 Battery Clip

1x - V5 Battery

2x - 1x2x1x25 C-Channel

3x - 2x2x2x20 U-Channel

2x - Angle 2x2x14x20

2x - 1x2x1x15 C-Channel

2x - 4 in Wheel

1x - 12 Tooth Gear

1x - High Strength Pinion Insert

2x - 4 in Omni Wheel

1x - High Strength 12 Tooth Pinion

1x - High Strength 84 Tooth Gear

图 10-4　智能搬运机器人搭建器材 *

*：该教学超级套件全球官方标注为英文，实际操作中也是按英文名称查找器材。

(1) 用 8-32×0.375 in(1 in＝2.54 cm)螺钉（screw）、螺母（nut）、四柱六角螺母固定器（post hex nut retainer）将两个 2×2×2×20 铝制 U 形槽（U-channel）和两个 2×2×14×20 铝角材（angle）固定在一起，形成底盘框架，注意两个角材安装位置并非对称的，按图 10-5 所示完成底盘框架搭建。

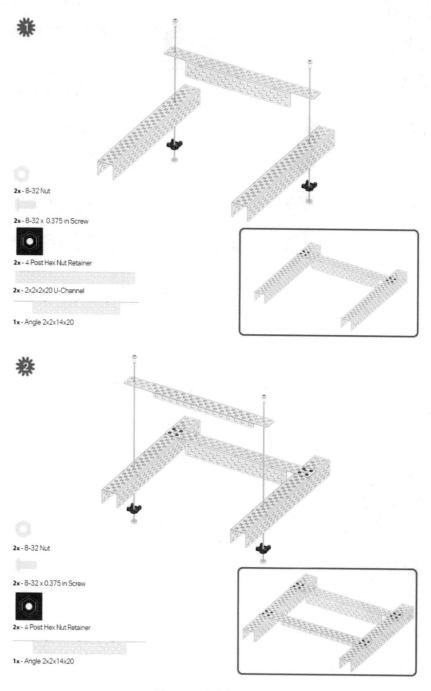

图 10-5 底盘框架搭建

（2）在底盘框架后部固定一个 $2\times2\times2\times20$ 铝制 U 形槽，该 U 形槽用于后续固定电池并充当机械臂底座，如图 10-6 所示。此时可标记好智能搬运机器人上下、前后、左右方位，便于后续搭建。

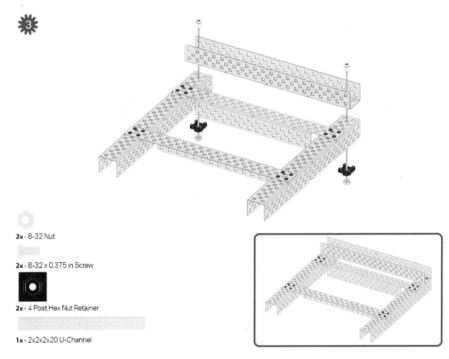

2x - 8-32 Nut

2x - 8-32 x 0.375 in Screw

2x - 4 Post Hex Nut Retainer

1x - 2x2x2x20 U-Channel

图 10-6　机械臂底座

（3）上下前后翻转底盘框架后，用 $8\text{-}32\times0.375$ in 螺钉、螺母将四个带轴承座的单柱六角螺母固定器（post hex nut retainer wl bearing flat）固定在框架两侧，用于后续固定智能搬运机器人后轮，如图 10-7 所示。

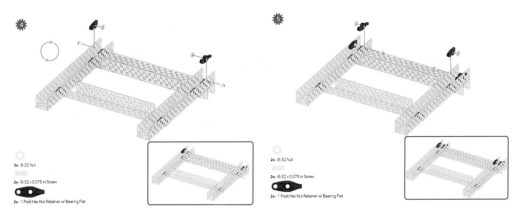

2x - 8-32 Nut

2x - 8-32 x 0.375 in Screw

2x - 1 Post Hex Nut Retainer w/ Bearing Flat

2x - 8-32 Nut

2x - 8-32 x 0.375 in Screw

2x - 1 Post Hex Nut Retainer w/ Bearing Flat

图 10-7　安装后轮轴承座

（4）将 4 in 轴（shaft）插入橡胶轴套，然后依次穿过轴承座、侧面框架内侧、轴承座、侧面

框架外侧,然后将轴承插入电机(smart motor)内侧方孔。用 8-32×0.5 in 螺钉将电机外侧
孔和铝型材紧固。最后用 8-32×1.5 in 螺钉和 0.5 in 塑料垫片(spacer)将电机中间孔固定
在铝型材上。固定右前轮电机安装过程如图 10-8 所示。另一侧的电机用相同的方法固定,
如图 10-9 所示。

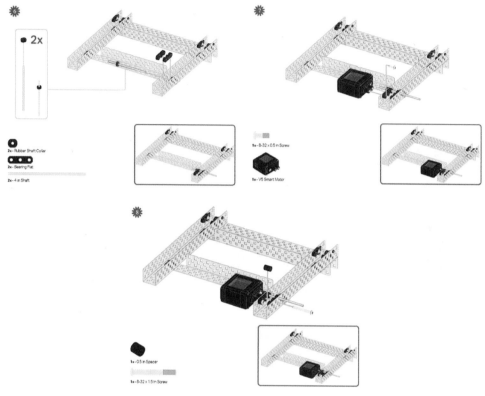

图 10-8　固定右前轮电机

图 10-9　固定左前轮电机

　　(5) 如图 10-10 所示,依次将 0.375 in 塑料垫片、高强度轴键(hight strength shaft
insert)、车轮(wheel)、高强度轴键、两个橡胶轴套(rubber shaft collar)穿入与电机相连的轴
内,完成零件间紧固,即右前轮安装完成。与之对称的左前轮用相同的方法安装,如图 10-11
所示。

　　(6) 接下来安装两个后轮,后轮采用可左右移动的全向车轮(omni wheel)。按图 10-12 所

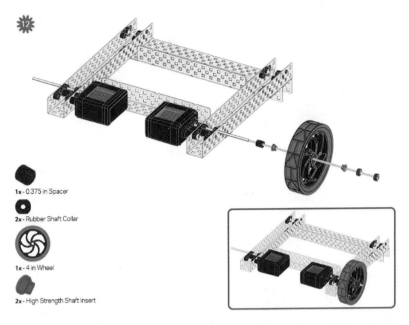

图 10-10　右前轮安装

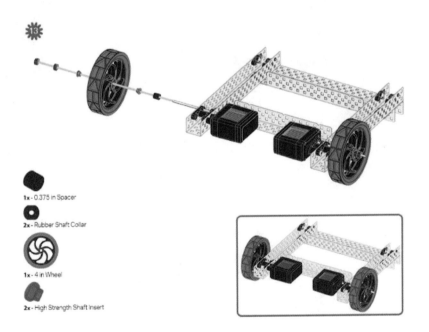

图 10-11　左前轮安装

示安装右后轮,在 U 形槽的两个轴承座间加入一枚橡胶轴套,将 3 in 轴插入并紧固,然后按与安装前轮相同的方式安装后轮,依次将 0.375 in 塑料垫片、高强度轴键、全向车轮、高强度轴键、两个橡胶轴套穿入与电机相连的轴内并紧固。与之对称的左后轮用相同的方法安装,如图 10-13 所示。

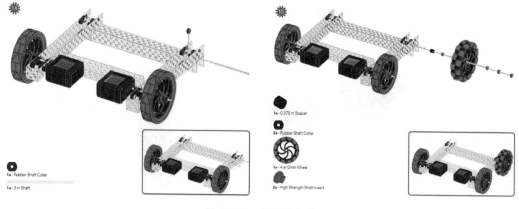

图 10-12　右后轮安装

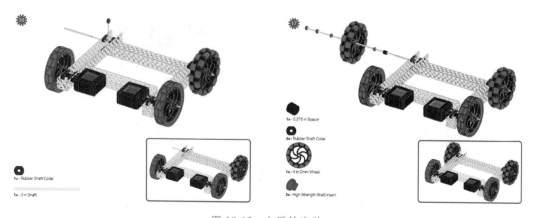

图 10-13　左后轮安装

（7）将智能搬运机器人底盘前后翻转，用 8-32×0.375 in 螺钉和螺母将电池卡扣（battery clip）固定在底盘尾部下方最右侧，且两个卡扣间预留距离约为电池长度，如图 10-14 所示。

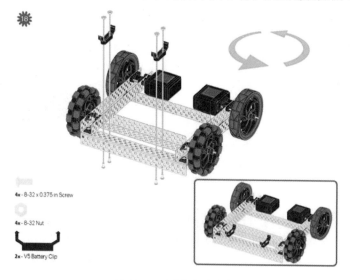

图 10-14　固定电池卡扣

（8）将无线收发器（radio）用螺钉固定在车右侧的铝型材上，如图 10-15 所示。

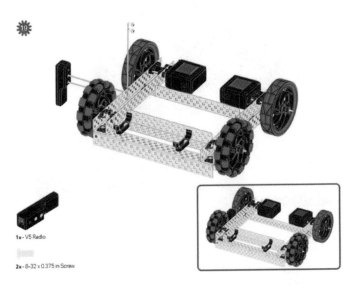

图 10-15　安装无线收发器

（9）将主控器按屏幕（robot brain）朝上、电源键朝左固定在两个角材上，主控器位置尽量居中，为后续主控器接线留足空间。主控器位置和方向如图 10-16 所示。主控器固定完成后即可将电池（robot battery）卡入卡扣内，如图 10-17 所示。

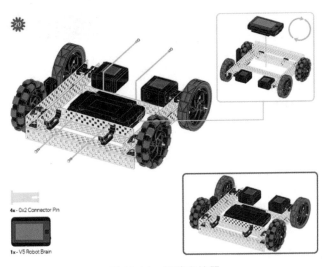

图 10-16　安装主控器

（10）用两根 300 mm 长的电缆（smart cable）将左前轮和右前轮分别就近接在电机的 1 口和 10 口。无线收发器用 300 mm 长电缆接在主控器 6 口。主控器电池接口标有"＋""－"，通过电池电缆（battery cable）将主控器与电池相连。底盘接线示意图如图 10-18 所示，至此智能搬运机器人底盘搭建完成。

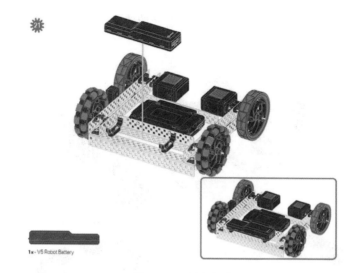

图 10-17　固定电池

图 10-18　底盘接线示意图

10.2.3　机械臂搭建

机械臂和人的手臂类似,分为大臂、小臂和机械手(包含手指),大臂和机械臂底座固定,机械臂肩关节不可自由运动,肘关节和手指通过电机控制,可实现小臂上下移动和手指的开合。其具体搭建步骤如下。

(1) 机械臂大臂由左、右两个连杆组成,如图 10-19 和图 10-20 所示,在 $1\times2\times1\times15$ 的 C 形槽(C-channel)上安装带轴承座的单柱六角螺母固定器,大臂左侧连杆安装两个固定器,大臂右侧连杆安装一个固定器,方便后续固定齿轮和电机。

(2) 如图 10-21 所示,将电机固定在大臂右侧连杆肘关节处。轴依次穿过轴承座、铝型材、橡胶轴套、电机方形孔,并紧固。电机用两个 8-32×0.375 in 螺钉与固定器和铝型材固定。

(3) 如图 10-22 所示,将大臂右侧连杆与底座固定。从后往前用 8-32×1.5 in 螺钉依次穿过单柱六角螺母固定器、底座和大臂铝型材、0.875 英寸塑料垫片、大臂和底座铝型材、单柱六角螺母固定器、螺母,并紧固。

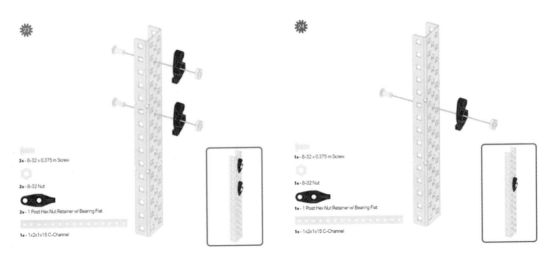

图 10-19　大臂左侧连杆　　　　　　　　　　图 10-20　大臂右侧连杆

图 10-21　肘关节电机固定

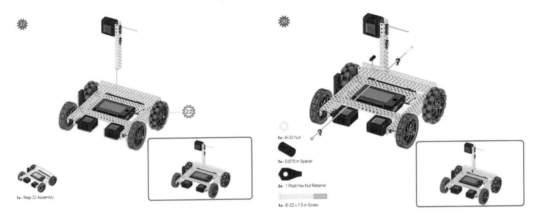

图 10-22　大臂与底座固定

（4）用两根 $1\times2\times1\times25$ 的 C 形槽作为机械臂小臂上、下连杆，在两根连杆内部固定四个带轴承座的单柱六角螺母固定器，分别用 8-32×0.375 in 螺钉和螺母固定。取其中一个连杆作为小臂下连杆，加装四柱六角螺母固定器，用 8-32×1 in 螺钉、螺母和 0.5 in 塑料垫片固定，安装位置如图 10-23 所示。将 8-32 螺母放入单柱六角螺母固定器并预固定在图示位置，便于后续安装固定齿轮。

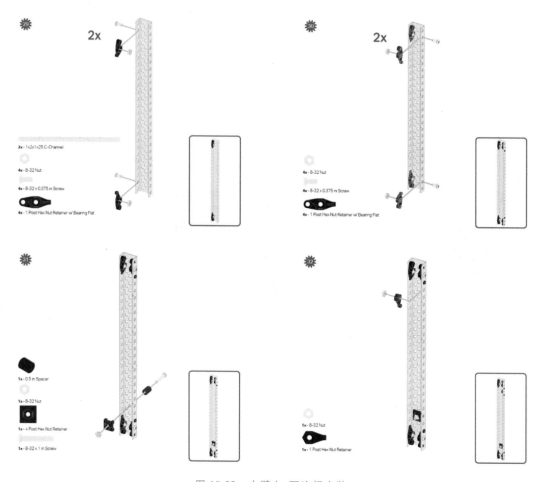

图 10-23　小臂上、下连杆安装

（5）如图 10-24 所示，高强度 84 齿齿轮（high strength 84 tooth gear）通过中心轴和某一个固定孔位这两点固定在机械臂肘关节处。固定齿轮的连杆为小臂上连杆。

（6）如图 10-25 所示，将小臂下连杆和高强度 12 齿小齿轮（high strength 12 tool pinion）通过高强度 84 齿齿轮嵌件（hight strength pinion insert）及其他零件固定在与肘关节电机相连的轴承上，并确保高强度 12 齿小齿轮与高强度 84 齿齿轮相互紧密啮合、小臂下连杆紧固。

（7）如图 10-26 所示，大臂左侧连杆通过轴承套等固定在肘部轴承上，并与机器人底座固定连接。

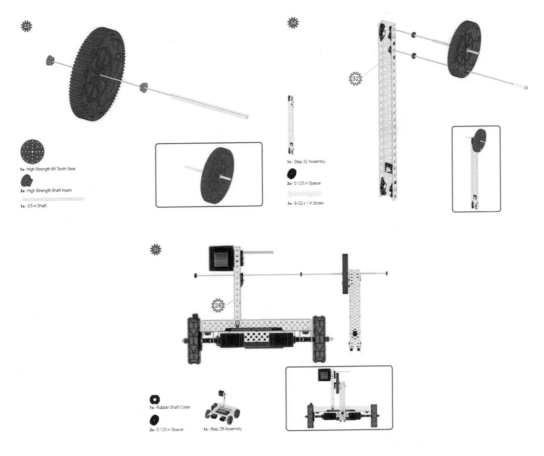

图 10-24　齿轮固定在肘关节处

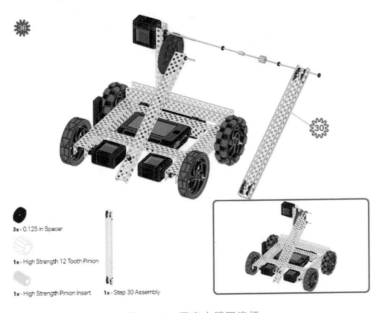

图 10-25　固定小臂下连杆

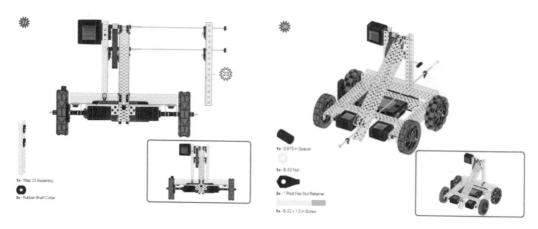

图 10-26　固定大臂左侧连杆

（8）如图 10-27 所示，机械手（claw assembly）反向摆放，用轴承将高强度 12 齿小齿轮固定在机械手左侧第二个孔位（图 10-27(a)），翻转机械手后用 8-32×1.5 in 螺钉将电机固定在中间两个孔位（图 10-27(b)）。

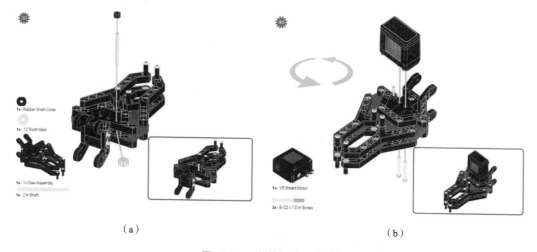

（a）　　　　　　　　　　　　　　　　　　（b）

图 10-27　安装机械手电机

（9）如图 10-28 所示，用两根橡皮筋（rubber band）分别对机械手的两个手指进行"8"字形缠绕，此时手指具有自然张力，将机械手用 2 in 轴与小臂固定。

（10）如图 10-29 所示，进行机械臂接线，将手肘和手腕处的电机分别用 600 mm 和 900 mm 的电缆接至主控器的 8 口和 3 口。

至此，智能搬运机器人搭建已全部完成。在主控器关闭情况下试着轻轻地抬起它的手臂，当感觉到阻力时，测量机械手距离地面的高度并记录。思考：机械手夹持货物并移动时，放在什么高度合适呢？

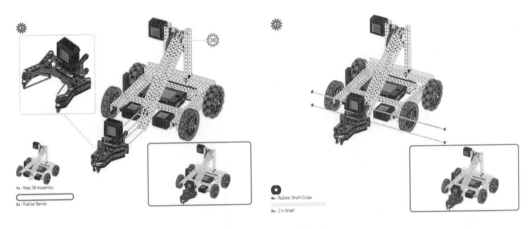

图 10-28 固定机械手

图 10-29 机械臂接线

10.3 图形化编程

接下来用几个简单的任务带领同学们快速熟悉图形化编程。

10.3.1 抬升机械臂

开始练习之前,检查以下各项准备工作。

(1) 软件 VEXcode V5 是否安装并更新至最新版本。

(2) 电机是否已插入正确的端口。

(3) 智能电缆是否已完全插入所有电机。

(4) 主控器是否启动。

（5）电池是否充电。

以上工作都准备好后，开始正式编程。抬升机械臂编程具体操作步骤如下。

（1）打开样例工程（见图 10-30），选择"Clawbot（Drivetrain 2-motor，No Gyro）"，可以看到该样例程序设备列表中接线与搭建部分一致。

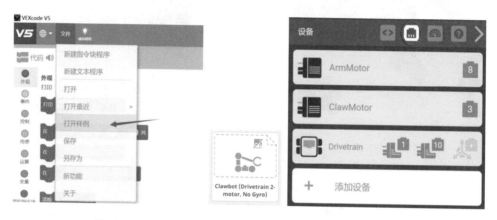

图 10-30　打开样例工程

（2）如果要编写机械臂控制程序，可重命名工程为"ArmControl"并保存，保存成功后在默认槽口 1 处会显示工程名及其当前保存状态，如图 10-31 所示。

图 10-31　保存工程

（3）选择相应的指令块拖入程序中，如图 10-32 所示。

（4）将主控器通过 USB 线接入电脑，连接成功后主控器图标高亮为绿色，此时点击"DOWNLOAD"，可将程序下载到主控器中，如图 10-33 所示。

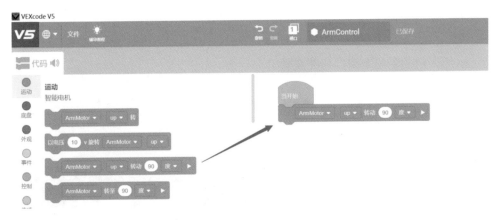

图 10-32　拖入抬升机械臂指令块

（5）可在电脑上直接运行程序，也可以通过阅览程序代码学习 C＋＋和 Python 语言编程。代码阅览学习如图 10-34 所示。

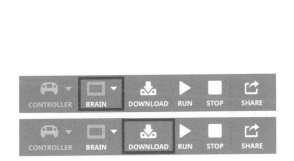

图 10-33　程序下载至主控器

图 10-34　代码阅览学习

10.3.2　简单任务练习

参考图 10-35 所示示例程序，试着控制智能搬运机器人进行如下简单操作：

（1）调试（如前进、后退、左转、右转）；

（2）抬升手臂，张开手臂，夹持货物，下降手臂；

（3）前进 5 m 然后停车；

（4）抓取机器人前方 2 m 的货物；

（5）抓起一个远处的物体，转身，行驶 2 m，放下物体。

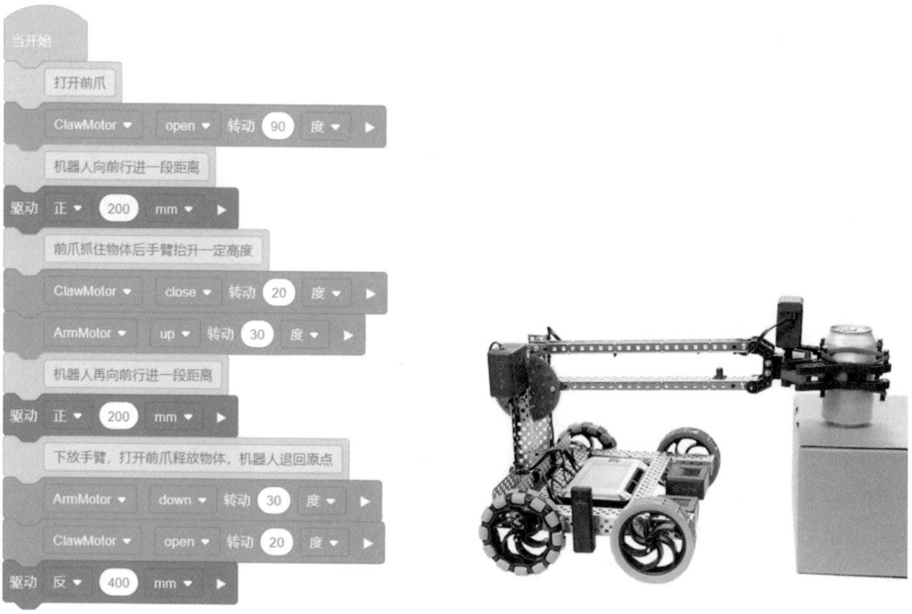

```
当开始
  打开前爪
  ClawMotor ▼  open ▼  转动 90 度 ▼ ▶
  机器人向前行进一段距离
驱动 正 ▼  200  mm ▼ ▶
  前爪抓住物体后手臂抬升一定高度
  ClawMotor ▼  close ▼  转动 20 度 ▼ ▶
  ArmMotor ▼  up ▼  转动 30 度 ▼ ▶
  机器人再向前行进一段距离
驱动 正 ▼  200  mm ▼ ▶
  下放手臂，打开前爪释放物体，机器人退回原点
  ArmMotor ▼  down ▼  转动 30 度 ▼ ▶
  ClawMotor ▼  open ▼  转动 20 度 ▼ ▶
驱动 反 ▼  400  mm ▼ ▶
```

图 10-35　示例程序

10.4　加装视觉传感器

在以上操作完成后，我们已经能够通过编程控制智能搬运机器人了。但该机器人的路径规划和物体识别仍需要人为参与，这时可以通过给该机器人加装视觉传感器，让其变得更智能，如图 10-36 所示。

图 10-36　增加视觉传感器的机器人

视觉传感器可用于识别颜色和图案，可以用来跟踪物体，还可以用来收集有关环境的信息。如图 10-37 所示，参考 VEXcode V5 软件自带的辅导教程对视觉传感器进行调试。

图 10-37　视觉传感器调试

　　如图 10-38 所示,运行样例程序"Detecting Objects（Vision）",调试视觉传感器,有了视觉传感器的加持,智能搬运机器人就可以完成更复杂的任务,例如,机器人可以取出黄色货物上的紫色货物,将其搬运至红色货物上方（图 10-39）;让机器人遵守交通规则,沿线行驶;机器人通过识别周围环境的标志性图标和标志线,将允许堆放区以外的货物搬运至堆放区内;等等。

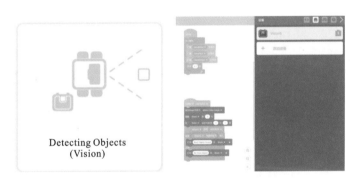

图 10-38　视觉传感器调试

图 10-39　智能搬运机器人搬运紫色货物

智能搬运机器人的核心技能和概念可以应用于解决其他问题,例如无人驾驶汽车(图10-40)使用各种各样的传感器来感知周围环境,车载计算机能组合和处理所有这些传感器的数据。

图 10-40　无人驾驶汽车

参考文献

[1] 韩恭恩. VEX 机器人全攻略:玩转 V5 编程与竞赛[M]. 北京:人民邮电出版社,2020.

中文	英文	缩写
先进制造业伙伴计划	advanced manufacturing partnership	AMP
亚马逊云服务	amazon web services	AWS
美国国家标准局	American National Standards Institute	ANSI
模数转换器	analog to digital converter	A/D
应用编程接口	application programming interface	API
专用集成电路	application specific integrated circuit	ASIC
人工智能	artificial intelligence	AI
人机交互界面	as i understand it	AIUI
增强现实	augmented reality	AR
反向传播	back propagation	BP
中央处理器	central processing unit	CPU
电荷耦合器件	charge coupled device	CCD
闭环控制	closed-loop-control	CLC
微云	cloudlets	
互补金属氧化物半导体	complementary metal-oxide-semiconductor	CMOS
统一计算设备架构	compute unified device architecture	CUDA
计算机辅助设计	computer aided design	CAD
计算机辅助工程分析	computer aided engineering analysis	CAE
计算机辅助制造	computer aided manufacturing	CAM
计算机辅助工艺规划	computer aided process planning	CAPP
计算机图形学	computer graphics	CG

中文	英文	缩写
计算机集成制造系统	computer integrated manufacturing system	CIMS
计算机集成制造	computer integrated manufacturing	CIM
计算机数控系统	computer numerical control	CNC
并行工程	concurrent engineering	CE
内容分发网络	content delivery network	CDN
卷积神经网络	convolutional neural network	CNN
信息物理生产系统	cyber-physical production system	CPPS
信息系统	cyber systems	
信息物理系统	cyber-physical systems	CPS
缺陷模式识别	defect pattern recognition	DPR
美国国防部高级研究计划局	Defense Advanced Research Projects Agency	DARPA
数字化制造	digital manufacturing	
全机数字样机	digital mock-up	DMU
数字孪生	digital twin	DT
电力调度系统	E800	
亚马逊弹性计算云	elastic compute cloud	EC2
企业资源计划	enterprise resource planning	ERP
现场可编程门阵列	field programmable gate array	FPGA
有限元分析	finite element analysis	FEA
美国食品药品监督管理局	Food and Drug Administration	FDA
未来工厂	future factory	
通用问题求解器	general problem solver	GPS
全球协同环境	global concurrent engineering	GCE
图形处理器	graphics processing unit	GPU
特征提取	hand-crafted feature	
梯度方向直方图	histogram of oriented gradient	HOG
人-信息系统	human-cyber systems	HCS
人-信息-物理系统	human-cyber-physical systems	HCPS
人-物理系统	human-physical systems	HPS
图像识别	image recognition	
ImageNet 大规模视觉识别挑战赛	ImageNet Large Scale Visual Recognition Challenge	ILSVRC
美国工业互联网联盟	Industrial Internet Consortium	IIC

续表

中文	英文	缩写
工业物联网	industrial internet of things	IIoT
工业机器人	industrial robot	IR
工业价值链计划	Industrial Value Chain Initiative	IVI
信息处理语言	information processing language	IPL
基础设施即服务	infrastructure as a service	IaaS
智能制造	intelligent manufacturing	
国际商业机器公司	International Business Machines Corporation	IBM
物联网	internet of things	IoT
网际协议	internet protocol	IP
逻辑理论家	logic theorist	LT
市场数据预测	market data forecast	
麦卡洛克-皮茨	McCulloch-Pitts	MP
混合现实	mixed reality	MR
基于模型定义	model based definition	MBD
多模态感知技术	multimodal sensing technology	MST
美国航空航天局	National Aeronautics and Space Administration	NASA
国家制造业创新中心网络计划	national network for manufacturing innovation	NNMI
美国国家机器人计划	national robotics initiative	NRI
美国国家科学基金会	National Science Foundation	NSF
自然语言处理	natural language processing	NLP
数字控制	numerical control	NC
数控机床	numerical control machine tools	NC machine tools
数控加工	numerical control machining	NC machining
目标检测	object detection	
跨平台计算机视觉库	open source computer vision library	OpenCV
开环控制	open-loop-control	OLC
PASCAL 视觉对象挑战	PASCAL visual object challenge	
点对点计算	peer-to-peer computing	
印制线路板	printed circuit board	PCB
产品数据管理	product data management	PDM
产品生命周期管理	product lifecycle management	PLM

续表

中文	英文	缩写
脉冲宽度调制	pulse width modulation	PWM
远程过程调用	remote procedure call	RPC
机器人操作系统	robot operating system	ROS
机器人可视化平台	robot visualization	Rviz
尺度不变特征变换	scale-invariant feature transform	SIFT
选择性激光烧结	selective laser sintering	SLS
语义分割	semantic segmentation	
智能制造	smart manufacturing	
立体光固化成型	stereo lithography apparatus	SLA
集群机器人	swarm robotics	
美国供应管理协会	The Institute for Supply Management	ISM
时间敏感网络	time-sensitive networking	TSN
传输控制协议	transmission control protocol	TCP
图灵机	Turing machine	
虚拟现实	visual reality	VR
激光熔覆成型技术	laser metal deposition	LMD